"1+X"职业技能等级证书系列教材

建筑信息模型（BIM）技术员培训教程

U0210778

建筑信息模型（BIM）建模技术

中国建设教育协会　组织编写

王　鑫　主编

中国建筑工业出版社

图书在版编目（CIP）数据

建筑信息模型（BIM）建模技术/王鑫主编. —北京：
中国建筑工业出版社，2019.11（2023.3重印）
"1+X"职业技能等级证书系列教材　建筑信息模型
（BIM）技术员培训教程
ISBN 978-7-112-24363-1

Ⅰ.①建…　Ⅱ.①王…　Ⅲ.①建筑设计-计算机辅助
设计-应用软件-技术培训-教材　Ⅳ.①TU201.4

中国版本图书馆CIP数据核字（2019）第233362号

本书为"1+X"职业技能等级证书系列教材和建筑信息模型（BIM）技术员培训教程系列教材之一，共7个教学单元，包括BIM建模的基础知识、族和体量、MEP综合、二层小别墅、办公楼、剪力墙住宅和餐饮中心，并配有详细操作视频微课，可扫描书中二维码观看。

本教材适用于大中专院校"1+X"建筑信息模型（BIM）职业技能等级证书考试人员、BIM技术员，以及各类BIM技能等级考试和培训人员。

本书另提供免费ppt课件、正文及习题建模CAD图纸、模型文件、族文件等海量数字资源，索取方式为：邮箱jckj@cabp.com.cn，电话010-58337285，建工书院网址http://edu.cabplink.com。

"1+X"
交流QQ群

责任编辑：李　阳　李天虹
责任校对：赵听雨

"1+X"职业技能等级证书系列教材
建筑信息模型（BIM）技术员培训教程

建筑信息模型（BIM）建模技术
中国建设教育协会　组织编写
王　鑫　主编

*

中国建筑工业出版社出版、发行(北京海淀三里河路9号)
各地新华书店、建筑书店经销
北京鸿文瀚海文化传媒有限公司制版
北京君升印刷有限公司印刷

*

开本：787×1092毫米　1/16　印张：30　字数：746千字
2019年11月第一版　2023年3月第八次印刷
定价：79.00元（赠教师课件）
ISBN 978-7-112-24363-1
（34869）

前　言

2019年1月，国务院印发了《国家职业教育改革实施方案》（以下简称"职教20条"）。把学历证书与职业技能等级证书结合起来，探索实施"1+X"证书制度，是职教20条的重要改革部署，也是重大创新。职教20条明确提出"深化复合型技术技能人才培养培训模式改革，借鉴国际职业教育培训普遍做法，制定工作方案和具体管理办法，启'1+X'证书制度试点工作"。2019年《政府工作报告》进一步指出"要加快学历证书与职业技能等级证书的互通衔接"。

教育部职业技术教育中心研究所发布了《关于首批1+X证书制度试点院校名单的公告》，确定了首批职业教育培训评价组织及职业技能等级证书名单，建筑信息模型（BIM）职业技能等级证书就在其中，也就意味着BIM证书的含金量会进一步提升。

"1+X"证书制度体现了职业教育作为一种类型教育的重要特征，是落实立德树人根本任务、完善职业教育和培训体系、深化产教融合校企合作的一项重要制度设计。实施"1+X"证书制度试点具有以下三个方面的意义：

一是，提高人才培养质量的重要举措。更好地服务建设现代化经济体系和实现更高质量更充分就业需要，是新时代赋予职业教育的新使命。随着新一轮科技革命、产业转型升级的不断加快，职业教育在人才培养的适应性、吻合度、前瞻性上还存在一定差距。学校通过引导以社会化机制建设的职业技能等级证书，加快人才供给侧结构性改革，有利于增强人才培养与产业需求的吻合度，培养复合型技术技能人才，拓展就业创业本领。

二是，深化人才培养培训模式和评价模式改革的重要途径。通过实施"1+X"证书制度试点，调动社会力量参与职业教育的积极性，引领创新培养培训模式和评价模式，深化教师、教材、教法改革，并将引导院校育训结合、长短结合、内外结合，进一步落实学历教育与职业培训并举并重的法定职责，高质量开展社会培训。

三是，探索构建国家资历框架的基础性工程。职业技能等级证书是职业技能水平的凭证，也是对学习成果的认定。结合实施"1+X"证书制度试点，积极推进探索职业教育国家"学分银行"，制度设计与构建国家资历框架相衔接，畅通技术技能人才成长通道。

为了做好"1+X"建筑信息模型（BIM）职业技能等级证书人才培养工作，落实"放管服"改革要求，将"1+X"证书制度试点与专业建设、课程建设、教师队伍建设等紧密结合，推进"1"和"X"的有机衔接，提升职业教育质量和学生就业能力，培养合格的BIM技术员，我们编写了本教材，旨在为考生复习考试做出参考和指明方向。

本教材以Revit2018中文版为操作平台，以《建筑工程设计信息模型制图标准》JGJ/T 448—2018和《建筑信息模型设计交付标准》GB/T 51301—2018为标准。全面介绍使用该软件进行建筑建模的方法和技巧。全书共分为七个教学单元，核心内容包括BIM建模的基础知识、族和体量、MEP综合、二层小别墅、办公楼、剪力墙住宅以及餐饮中心。本书内容力求详细，既具有一定的理论深度，又有很强的实用性和可操作性。本书提供了多个不同建筑结构形式的案例建模工作流程样例，按照详细的操作步骤，读者可以学习到Revit建模思路、方法及注意事项，快速掌握Revit土建建模的方法和流程，熟练高效地利用Revit建模软件。本书内容结构严谨、分析讲解透彻，且实例针对性极强，难度适中，教学讲解模式符合中高职院校学生学习，特别适合作为"1＋X"建筑信息模型（BIM）职业技能等级证书的培训教材、广大BIM工程师BIM入门学习的教材；也可以作为建设、施工、设计、监理、咨询等单位的BIM人才培训教材和BIM等级考试机构的培训授课教材。

本教材由中国建设教育协会组织企业和院校专家编写。本教材由辽宁城市建设职业技术学院王鑫担任主编；辽宁城市建设职业技术学院董羽、赵海燕担任副主编；辽宁生态工程职业学院张鹤、张莺，辽宁建筑职业学院刘新月，辽宁地质工程职业学院夏怡参与编写，其中教学单元5～7由王鑫编写；教学单元4由董羽和赵海燕编写；教学单元1由张鹤和张莺编写；教学单元2由刘新月编写；教学单元3由夏怡编写。

在教材编写的过程中，沈阳嘉图工程管理咨询有限公司总经理、辽宁省建筑业协会BIM中心主任徐恒君，大连市绿色建筑行业协会常务副会长徐梦鸿，沈阳艾立特工程管理有限公司总经理高级工程师于海志、事业部经理郭勇，北京建谊投资发展（集团）有限公司工程师赵腾飞，沈阳卫德住宅工业化科技有限公司工程师王太鑫，亚泰集团沈阳建材有限公司总工程师于奇，北京盈建科软件股份有限公司工程师范希多，大连民族大学土木工程学院安泓达等参与编写制定大纲并审稿。参与本教材视频录制的还有：辽宁城市建设职业技术学院的夏志强、赵鑫、胡宇、高鑫茹、林嘉敏、张鑫龙、王鹏等。

本教材配带教学视频和PPT，结合教材，希望能对有需要的同学起到一定的帮助，由于编写人员水平所限，书中存在纰漏之处，恳请多加批评指教。在此，我代表所有编写人员对中国建筑工业出版社以及对本教材提供帮助的人员深表谢意，我们也将继续努力，与同学们共同进步。

目　录

教学单元 1 BIM 建模的基础知识

1.1 BIM 简介

1.1.1 BIM 概述

BIM 是以三维数字技术为基础，集成了建筑工程项目中各种相关信息的工程数据模型，目前已经在全球范围内得到业界的广泛认可，它可以帮助实现建筑信息的集成。从建筑的设计、施工、运行直至建筑全寿命周期的终结，各种信息始终整合于一个三维模型信息数据库中，设计团队、施工单位、设施运营部门和业主等各方人员可以基于 BIM 进行协同工作，有效提高工作效率、节省资源、降低成本，以实现可持续发展。

简单来说，BIM 是指通过数字化技术建立虚拟的建筑模型，也就是提供了单一的、完整一致的、有逻辑性的建筑信息库。通过计算机建立三维模型，并在模型中，储存了设计师需要的所有信息，例如平面、立面和剖面图纸、统计表格、文字说明和工程清单等，这些信息全部根据模型自动生成，并与模型实时关联。该信息库不仅包含描述建筑物构件的几何信息、专业属性及状态信息，还包含了非构件对象（如空间、运动行为）的状态信息。它是三维数字设计、施工、运维等建设工程全生命周期解决方案。

借助这个包含建筑工程信息的三维模型，大大提高了建筑工程的信息集成化程度，从而为建筑工程项目的相关利益方提供了一个工程信息交换和共享的平台。可以为设计和施工提供相协调的、内部保持一致的并可进行运算的信息。它不仅可以在设计中应用，还可应用于建设工程项目的全寿命周期中；用 BIM 进行设计属于数字化设计；BIM 的数据库是动态变化的，在应用过程中不断在更新、丰富和充实。如图 1-1-1 所示。

1.1.2 BIM 技术的基本特点

1. 可视化

可视化即"所见所得"的形式，BIM 提供了可视化的思路，让人们将以往的线条式的构件形成一种三维的立体实物图形展示在人们的面前（图 1-1-2）。

2. 协调性

BIM 建筑信息模型可在建筑物建造前期对各专业的碰撞问题进行协调，生成协调数据，并提供出来。它还可以解决电梯井布置与其他设计布置及净空要求的协调、防火分区

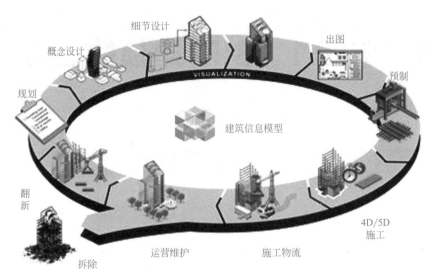

图 1-1-1 应用过程

图 1-1-2 可视化效果图

与其他设计布置的协调、地下排水布置与其他设计布置的协调等问题。如图 1-1-3 所示。

3. 模拟性

模拟性并不是只能模拟设计出的建筑物模型，还可以模拟不能够在真实世界中进行操作的事物。如图 1-1-4 所示。

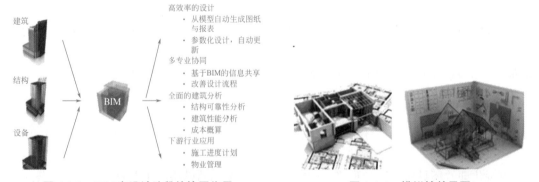

图 1-1-3 BIM 在设计阶段的协同作用　　　　图 1-1-4 模拟性效果图

4. 优化性

BIM 技术提供了建筑物的实际存在的信息，其配套的各种优化工具提供了对复杂项目进行优化的可能，效果如图 1-1-5 所示。

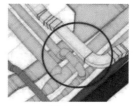

碰撞调整前　　　　　　　　　　碰撞调节后

图 1-1-5　优化性效果图

5. 可出图性

通过对建筑物进行可视化展示、协调、模拟和优化以后，绘制出的综合管线图（经过碰撞检查和设计修改，消除了相应错误）、综合结构留洞图（预埋套管图）以及碰撞检查侦错报告和建议改进方案。如图 1-1-6 所示。

图 1-1-6　可出图性效果图

1.1.3　BIM 和 Revit 关系

BIM 是一种理念、一种技术，而 Revit 是一个软件，来支持 BIM 的理念，是设计阶段用于建立模型的软件，是 BIM 软件之一。

建筑信息化模型（BIM）的英文全称是 Building Information Modeling，是一个完备的信息模型，能够将工程项目在全生命周期中各个不同阶段的工程信息、过程和资源集成在一个模型中，方便地被工程各参与方使用。通过三维数字技术模拟建筑物所具有的真实信息，为工程设计和施工提供相互协调、内部一致的信息模型，使该模型达到设计施工的一体化，各专业协同工作，从而降低了工程生产成本，保障工程按时按质完成。

BIM 能够帮助建筑师减少错误和浪费，以提高利润和客户满意度，进而创建可持续性更高的精确设计。BIM 能够优化团队协作，其支持建筑师与工程师、承包商、建造人员与业主更加清晰、可靠地沟通设计意图。Revit 是 Autodesk 公司一套系列软件的名称。Revit 系列软件是为建筑信息模型（BIM）构建的，可帮助建筑设计师设计、建造和维护质量更好、能效更高的建筑。

1.1.4　BIM 建模及建模环境

1. BIM 建模的软件、硬件环境设置

（1）软件

目前国内 BIM 常用软件分 Autodesk 系列、鲁班系列、广联达系列等，其中 Autodesk

系列为主流。常用软件有：

① 设计建模类：Revit（主要用于建筑、结构、MEP 建模）、SU、Tekla（钢结构）、Allplan、CATIA（异形）、ETABS（结构分析与设计）。

② 其他类：Navisworks（碰撞检查）、Solibri（消防疏散模拟）、3ds Max（动画）、Lumion（漫游）。

（2）电脑硬件

电脑方面看模型大小、工作需求来定，主要在于 CPU 和显卡上，显卡应选绘图型显卡。建议一个主机配置两台显示器。图 1-1-7 所示为示例配置，仅供参考。

CPU	Intel 酷睿i7 4770K（盒）
主板	华硕Z87-A
内存	金士顿4GB DDR3 1600
硬盘	希捷Barracuda 3TB 7200转 64MB（ST3000DM001）
固态硬盘	闪迪至尊高速系列 128GB SATA3 固态硬盘（SDSSDHP-128G-Z25）
显卡	微星N760 GAMING 2G
机箱	先马影子战士
电源	ANTEC EA-650
散热器	超频三红海至尊版
显示器	华硕VX239H
鼠标	罗技G300鼠标
键盘	Cherry MX board2.0机械键盘（红轴）
合计金额：10072 元	

CPU	Intel 酷睿i7 4960X
主板	华擎X79 极限玩家 11
内存	金士顿骇客神条 8GB DDR3 1866（KHX1866C9D3K2/8GX）
硬盘	西部数据4TB 7200转 64MB SATA3（WD4000FYYZ）
固态硬盘	闪迪至尊极速 固态硬盘（240GB）
显卡	丽台Quadro K5000 for Mac
机箱	酷冷至尊克斯摩运动版(RC-1100)
电源	ANTEC HCP-1000
散热器	九州风神GAMER STORM 阿萨辛
显示器	戴尔U2713HM
鼠标	罗技G500s鼠标
键盘	Cherry MX board2.0机械键盘（红轴）
光驱	华硕DRW-24D1ST
合计金额：59207 元	

CPU	Intel 酷睿i7 4770
主板	华硕Z87-K
内存	金士顿8GB DDR3 1600
硬盘	希捷Desktop 1TB 7200转 8GB混合硬盘（ST1000DX001）
显卡	七彩虹iGame650 烈焰战神U-Twin-2GD5
机箱	鑫谷雷诺塔G3超跃
电源	航嘉MVP500
散热器	九州风神玄冰400
显示器	戴尔U2312HM
鼠标	罗技M100R二代鼠标
键盘	罗技经典K100键盘
合计金额：8664 元	

图 1-1-7 示例配置

2. 参数化设计的概念与方法

参数化设计是将工程本身编写为函数，通过修改初始条件并经计算机计算得到工程结果的设计过程，实现设计过程的自动化。

（1）使用范围

CAD、CAE。

（2）概念

参数化设计是 Revit Building 的一个，它分为两个部分：参数化图元和参数化修改引擎。Revit Building 中的图元都是以构件的形式出现，这些构件之间的不同，是通过参数的调整反映出来的，参数保存了图元作为数字化建筑构件的所有信息。参数化修改引擎提供的参数更改技术使用户对建筑设计或文档部分作的任何改动都可以自动在其他相关联的部分反映出来，采用智能建筑构件、视图和注释符号，使每一个构件都通过一个变更传播引擎互相关联。构件的移动、删除和尺寸的改动所引起的参数变化会引起相关构件的参数产生关联的变化，任一视图下所发生的变更都能参数化地、双向地传播到所有视图，以保证所有图纸的一致性，无需逐一对所有视图进行修改，从而提高了工作效率和工作质量。

开发产品时，零件设计模型的建立速度是决定整个产品开发效率的关键。产品开发初期，零件形状和尺寸有一定模糊性，要在装配验证、性能分析和数控编程之后才能确定。这就希望零件模型具有易于修改的柔性。参数化设计方法就是将模型中的定量信息变量化，使之成为任意调整的参数。对于变量化参数赋予不同数值，就可得到不同大小和形状的零件模型。

在 CAD 中要实现参数化设计，参数化模型的建立是关键。参数化模型表示了零件图形的几何约束和工程约束。几何约束包括结构约束和尺寸约束。结构约束是指几何元素之间的拓扑约束关系，如平行、垂直、相切、对称等；尺寸约束则是通过尺寸标注表示的约束，如距离尺寸、角度尺寸、半径尺寸等。工程约束是指尺寸之间的约束关系，通过定义尺寸变量及它们之间在数值上和逻辑上的关系来表示。

（3）本质意义

在参数化设计系统中，设计人员根据工程关系和几何关系来指定设计要求。要满足这些设计要求，不仅需要考虑尺寸或工程参数的初值，而且要在每次改变这些设计参数时来维护这些基本关系，即将参数分为两类：其一为各种尺寸值，称为可变参数；其二为几何元素间的各种连续几何信息，称为不变参数。参数化设计的本质是在可变参数的作用下，系统能够自动维护所有的不变参数。因此，参数化模型中建立的各种约束关系，正是体现了设计人员的设计意图。

常用的参数化设计 CAD 软件中，主流的应用软件有 Pro/Engineer、UGNX、CATIA 和 Solidworks 四大软件，四大软件各有特点并在不同的领域分别占据一定的市场份额。Pro/Engineer 是参数化设计的鼻祖，参数化设计的实现最先就是由 Pro/Engineer 实现，而 Pro/Engineer 也因为参数化的特点在横空出世后迅速抢占了传统 CAD 软件巨头 UG 和 CATIA 的部分市场份额，主要应用于消费电子、小家电和日用品、发动机设计等行业；UG 和 CATIA 两个传统的软件巨头也不甘落后，紧随 Pro/Engineer 之后加入了参数化设计的功能。

（4）建模流程

1）创建标高

2）建立轴网

3）基础

4）结构柱

5）结构梁

6）结构板

7）构建支撑

8）创建墙

9）楼梯

10）添加门

11）吊顶

12）幕墙

13）构建其他设施

（5）相关软件功能

1）Autodesk Revit

Revit 作为主流的 BIM 软件之一，在国内外 BIM 领域都是比较流行的，而且很多 BIM 的初学者都会对这款软件比较有兴趣。简单来说有以下特点：易上手（Revit 和 AutoCAD 同是 Autodesk 发行的软件），族种类丰富，兼容性好，交互性和可开发性都不错。支持建筑项目所需的设计图面、数量计算、干涉检查。Revit 建筑、结构和机电系列，在民用建筑市场借助 AutoCAD 的天然优势，有相当不错的市场表现。

2）Bentley 系列

Bentley 产品在工厂设计（石油、化工、电力、医药等）和基础设施（道路、桥梁、市政、水利等）领域有无可争辩的优势。从建筑结构的 ABD，道路专业的 Open Roads，到桥梁专业的 OpenBridge Designer，再到工厂设计的 OpenPlant，在特定的专业领域都有不俗的表现。

对任何形态、规模的建筑进行建筑设计、结构设计、MEP 设计、能源耗源分析、文件档案以及可视化的呈现效果。

3）AutoCAD Civil 3D

Autodesk Civil 3D 就是根据专业需要进行了专门定制的 AutoCAD，是业界认可的土木工程道路与土石方解决的软件包，可以加快设计理念的实现过程。它的三维动态工程模型有助于快速完成道路工程、场地、雨水/污水排放系统以及场地规划设计。所有曲面、横断面、纵断面、标注等均以动态方式链接，可更快、更轻松地评估多种设计方案，做出更明智的决策并生成最新的图纸。

4）Tekla Structures

Tekla Structures 是 Tekla 公司出品的钢结构详图设计软件。Tekla Structures 的功能包括 3D 实体结构模型与结构分析完全整合、3D 钢结构细部设计、3D 钢筋混凝土设计、专案管理、自动 Shop Drawing、BOM 表自动产生系统。

5）ArchiCAD

ArchiCAD 提供独一无二的、基于 BIM 的施工文档解决方案。ArchiCAD 简化了建筑的建模和文档过程，即使模型达到前所未有的详细程度。ArchiCAD 自始至终的 BIM 工作流程，使得模型可以一直使用到项目结束。

设计档案能在 3D 环境下呈现出来，能建置建筑结构与机电模型及冲突检讨、产出数量报表、彩现仿真及动画，并可同时支持 IFC 及 BCF。

6）3ds Max

3D Studio Max，常简称为 3ds Max 或 MAX，是 Discreet 公司开发的（后被 Autodesk 公司合并）基于 PC 系统的三维动画渲染和制作软件。

渲染可非常好地呈现材质及灯光效果，广泛应用于多媒体制作、游戏、工业设计、建筑设计、三维动画等，Revit 模型可直接导入 3ds Max。

7）MagiCAD

致力于专业建筑设备领域的 BIM 软件，主要包含采暖、通风、空调、给水排水、喷洒和电气等专业模块。

为机电【BIM 建模软件】，有专业机电产品 BIM 组件数据库，与其他 BIM 软件档案皆兼容。

1.1.5　不同专业的 BIM 建模应用

1. BIM 模型维护

根据项目建设进度建立和维护 BIM 模型，实质是使用 BIM 平台汇总各项目团队所有的建筑工程信息，消除项目中的信息孤岛，并且将得到的信息结合三维模型进行整理和储存，以备项目全过程中项目各相关利益方随时共享。由于 BIM 的用途决定了 BIM 模型细节的精度，同时仅靠一个 BIM 工具并不能完成所有的工作，所以目前业内主要采用"分布式"BIM 模型的方法，建立符合工程项目现有条件和使用用途的 BIM 模型。这些模型根据需要可能包括：设计模型、施工模型、进度模型、成本模型、制造模型、操作模型等。BIM "分布式"模型还体现在 BIM 模型往往由相关的设计单位、施工单位或者运营单位根据各自工作范围单独建立，最后通过统一的标准合成。这将增加对 BIM 建模标准、版本管理、数据安全的管理难度，所以有时候业主也会委托独立的 BIM 服务商统一规划、维护和管理整个工程项目的 BIM 应用，以确保 BIM 模型信息的准确、时效和安全。

2. 场地分析

场地分析是研究影响建筑物定位的主要因素，是确定建筑物的空间方位和外观、建立建筑物与周围景观的联系的过程。在规划阶段，场地的地貌、植被、气候条件都是影响设计决策的重要因素，往往需要通过场地分析来对景观规划、环境现状、施工配套及建成后交通流量等各种影响因素进行评价及分析。传统的场地分析存在诸如定量分析不足、主观因素过重、无法处理大量数据信息等弊端，通过 BIM 结合地理信息系统（Geographi Information System，简称 GIS），对场地及拟建的建筑物空间数据进行建模，通过 BIM 及 GIS 软件的强大功能，迅速得出令人信服的分析结果，帮助项目在规划阶段评估场地的使用条件和特点，从而做出新建项目最理想的场地规划、交通流线组织关系、建筑布局等关键决策。

3. 建筑策划

建筑策划是在总体规划目标确定后，根据定量分析得出设计依据的过程。相对于根据经验确定设计内容及依据（设计任务书）的传统方法，建筑策划利用对建设目标所处社会环境及相关因素的逻辑数理分析，研究项目任务书对设计的合理导向，制定和论证建筑设计依据，科学地确定设计的内容，并寻找达到这一目标的科学方法。在这一过程中，除了需要运用建筑学的原理，借鉴过去的经验和遵守规范，更重要的是要以实态调查为基础，用计算机等现代化手段对目标进行研究。BIM 能够帮助项目团队在建筑规划阶段，通过对空间进行分析来理解复杂空间的标准和法规，从而节省时间，提供对团队更多增值活动的可能。特别是在客户讨论需求、选择以及分析最佳方案时，能借助 BIM 及相关分析数据，做出关键性的决定。BIM 在建筑策划阶段的应用成果还会帮助建筑师在建筑设计阶段随时查看初步设计是否符合业主的要求，是否满足建筑策划阶段得到的设计依据，通过 BIM 连贯的信息传递或追溯，大大减少以后详图设计阶段发现不合格需要修改设计的巨大浪费。

4. 方案论证

在方案论证阶段，项目投资方可以使用 BIM 来评估设计方案的布局、视野、照明、安全、人体工程学、声学、纹理、色彩及规范的遵守情况。BIM 甚至可以做到建筑局部的细节推敲，迅速分析设计和施工中可能需要应对的问题。方案论证阶段还可以借助 BIM 提供方便的、低成本的不同解决方案供项目投资方进行选择，通过数据对比和模拟分析，找出不同解决方案的优缺点，帮助项目投资方迅速评估建筑投资方案的成本和时间。对设计师来说，通过 BIM 来评估所设计的空间，可以获得较高的互动效应，以便从使用者和业主处获得积极的反馈。设计的实时修改往往基于最终用户的反馈，在 BIM 平台下，项目各方关注的焦点问题比较容易得到直观的展现并迅速达成共识，相应的需要决策的时间也会比以往减少。

5. 可视化设计

3ds Max、Sketchup 等三维可视化设计软件的出现有力地弥补了业主及最终用户因缺乏对传统建筑图纸的理解能力而造成的和设计师之间的交流鸿沟，但由于这些软件设计理念和功能上的局限，使得这样的三维可视化展现不论用于前期方案推敲还是用于阶段性的效果图展现，与真正的设计方案之间都存在相当大的差距。对于设计师而言，除了用于前期推敲和阶段展现，大量的设计工作还是要基于传统 CAD 平台，使用平、立、剖等三视图的方式表达和展现自己的设计成果。这种由于工具原因造成的信息割裂，在遇到项目复杂、工期紧的情况下，非常容易出错。BIM 的出现使得设计师不仅拥有了三维可视化的设计工具，所见即所得，更重要的是通过工具的提升，使设计师能使用三维的思考方式来完成建筑设计，同时也使业主及最终用户真正摆脱了技术壁垒的限制，随时知道自己的投资能获得什么。可视化即"所见所得"的形式，对于建筑行业来说，可视化的真正运用在建筑业的作用是非常大的，例如经常拿到的施工图纸，只是各个构件的信息在图纸上的采用线条绘制表达，但是其真正的构造形式就需要建筑业参与人员去自行想象了。对于一般简单的东西来说，这种想象也未尝不可，但是现在建筑业的建筑形式各异，复杂造型在不断推出，那么这种光靠人脑去想象的东西就未免有点不太现实了。所以 BIM 提供了可视化的思路，让人们将以往的线条式的构件形成一种三维的立体实物图形展示在人们的面前；现在建筑业也有设计方面出效果图的事情，但是这种效果图是分包给专业的效果图制作团队进行识读设计制作出的线条式信息制作出来的，并不是通过构件的信息自动生成的，缺少了同构件之间的互动性和反馈性，然而 BIM 提到的可视化是一种能够同构件之间形成互动性和反馈性的可视，在 BIM 建筑信息模型中，由于整个过程都是可视化的，所以，可视化的结果不仅可以用来效果图的展示及报表的生成，更重要的是，项目设计、建造、运营过程中的沟通、讨论、决策都在可视化的状态下进行。

6. 协同设计

协同设计是一种新兴的建筑设计方式，它可以使分布在不同地理位置的不同专业的设计人员通过网络的协同展开设计工作。协同设计是在建筑业环境发生深刻变化、建筑的传统设计方式必须得到改变的背景下出现的，也是数字化建筑设计技术与快速发展的网络技术相结合的产物。现有的协同设计主要是基于 CAD 平台，并不能充分实现专业间的信息交流，这是因为 CAD 的通用文件格式仅仅是对图形的描述，无法加载附加信息，导致专业间的数据不具有关联性。BIM 的出现使协同已经不再是简单的文件参照，BIM 技术为协同设计提供底层支撑，大幅提升协同设计的技术含量。借助 BIM 的技术优势，协同的范畴也从单纯的设计阶段扩展到建筑全生命周期，需要规划、设计、施工、运营等各方的集体参与，因此具备了更广泛的意义，从而带来综合效益的大幅提升。

7. 性能化分析

利用计算机进行建筑物理性能化分析始于 20 世纪 60 年代甚至更早，早已形成成熟的理论支持，开发出丰富的工具软件。但是在 CAD 时代，无论什么样的分析软件都必须通过手工的方式输入相关数据才能开展分析计算，而操作和使用这些软件不仅需要专业技术人员经过培训才能完成，同时由于设计方案的调整，造成原本就耗时耗力的数据录入工作需要经常性的重复录入或者校核，导致包括建筑能量分析在内的建筑物理性能化分析通常被安排在设计的最终阶段，成为一种象征性的工作，使建筑设计与性能化分析计算之间严重脱节。利用 BIM 技术，建筑师在设计过程中创建的虚拟建筑模型已经包含了大量的设计信息（几何信息、材料性能、构件属性等），只要将模型导入相关的性能化分析软件，就可以得到相应的分析结果，原本需要专业人士花费大量时间输入大量专业数据的过程，如今可以自动完成，这大大降低了性能化分析的周期，提高了设计质量，同时也使设计公司能够为业主提供更专业的技能和服务。

8. 工程量统计

在 CAD 时代，由于 CAD 无法存储可以让计算机自动计算工程项目构件的必要信息，所以需要依靠人工根据图纸或者 CAD 文件进行测量和统计，或者使用专门的造价计算软件根据图纸或者 CAD 文件重新进行建模后由计算机自动进行统计。前者不仅需要消耗大量的人工，而且比较容易出现手工计算带来的差错，而后者同样需要不断地根据调整后的设计方案及时更新模型，如果滞后，得到的工程量统计数据也往往失效了。而 BIM 是一个富含工程信息的数据库，可以真实地提供造价管理需要的工程量信息，借助这些信息，计算机可以快速对各种构件进行统计分析，大大减少了繁琐的人工操作和潜在错误，非常容易实现工程量信息与设计方案的完全一致。通过 BIM 获得的准确的工程量统计可以用于前期设计过程中的成本估算、在业主预算范围内不同设计方案的探索或者不同设计方案建造成本的比较，以及施工开始前的工程量预算和施工完成后的工程量决算。

9. 管线综合

随着建筑物规模和使用功能复杂程度的增加，无论设计企业还是施工企业甚至是业主对机电管线综合的要求愈加强烈。在 CAD 时代，设计企业主要由建筑或者机电专业牵头，将所有图纸打印成硫酸图，然后各专业将图纸叠在一起进行管线综合，由于二维图纸的信息缺失以及缺失直观的交流平台，导致管线综合成为建筑施工前让业主最不放心的技术环节。利用 BIM 技术，通过搭建各专业的 BIM 模型，设计师能够在虚拟的三维环境下方便地发现设计中的碰撞冲突，从而大大提高了管线综合的设计能力和工作效率。这不仅能及时排除项目施工环节中可以遇到的碰撞冲突，显著减少由此产生的变更申请单，更大大提高了施工现场的生产效率，降低了由于施工协调造成的成本增长和工期延误。

10. 施工进度模拟

建筑施工是一个高度动态的过程，随着建筑工程规模不断扩大，复杂程度不断提高，使得施工项目管理变得极为复杂。当前建筑工程项目管理中经常用于表示进度计划的甘特图，由于专业性强，可视化程度低，无法清晰描述施工进度以及各种复杂关系，难以准确表达工程施工的动态变化过程。通过将 BIM 与施工进度计划相链接，将空间信息与时间信息整合在一个可视的 4D（3D+Time）模型中，可以直观、精确地反映整个建筑的施工过程。施工模拟技术可以在项目建造过程中合理制定施工计划、精确掌握施工进度，优化使用施工资源以及科学地进行场地布置，对整个工程的施工进度、资源和质量进行统一管理和控制，以缩短工期、降低成本、提高质量。此外借助 4D 模型，施工企业在工程项目投标中将获得竞标优势，BIM 可以协助评标专家从 4D 模型中很快了解投标单位对投标项目主要施工的控制方法、施工安排是否均衡、总体计划是否基本合理等，从而对投标单位的施工经验和实力作出有效评估。

11. 施工组织模拟

施工组织是对施工活动实行科学管理的重要手段，它决定了各阶段的施工准备工作内容，协调了施工过程中各施工单位、各施工工种、各项资源之间的相互关系。施工组织设计是用来指导施工项目全过程各项活动的技术、经济和组织的综合性解决方案，是施工技术与施工项目管理有机结合的产物。通过 BIM 可以对项目的重点或难点部分进行可建性模拟，按月、日、时进行施工安装方案的分析优化。对于一些重要的施工环节或采用新施工工艺的关键部位、施工现场平面布置等施工指导措施进行模拟和分析，以提高计划的可行性；也可以利用 BIM 技术结合施工组织计划进行预演以提高复杂建筑体系的可造性（例如：施工模板、玻璃装配、锚固等）。借助 BIM 对施工组织的模拟，项目管理方能够非常直观地了解整个施工安装环节的时间节点和安装工序，并清晰把握在安装过程中的难点和要点，施工方也可以进一步对原有安装方案进行优化和改善，以提高施工效率和施工方案的安全性。

12. 数字化建造

制造行业目前的生产效率极高，其中部分原因是利用数字化数据模型实现了制造方法的自动化。同样，BIM 结合数字化制造也能够提高建筑行业的生产效率。通过 BIM 模型与数字化建造系统的结合，建筑行业也可以采用类似的方法来实现建筑施工流程的自动化。建筑中的许多构件可以异地加工，然后运到建筑施工现场，装配到建筑中（例如门窗、预制混凝土结构和钢结构等构件）。通过数字化建造，可以自动完成建筑物构件的预制，这些通过工厂精密机械技术制造出来的构件不仅降低了建造误差，并且大幅度提高构件制造的生产率，使得整个建筑建造的工期缩短并且容易掌控。BIM 模型直接用于制造环节还可以在制造商与设计人员之间形成一种自然的反馈循环，即在建筑设计流程中提前考虑尽可能多地实现数字化建造。同样与参与竞标的制造商共享构件模型也有助于缩短招标周期，便于制造商根据设计要求的构件用量编制更为统一的投标文件。同时标准化构件之间的协调也有助于减少现场发生的问题，降低不断上升的建造、安装成本。

13. 物料跟踪

随着建筑行业标准化、工厂化、数字化水平的提升，以及建筑使用设备复杂性的提高，越来越多的建筑及设备构件通过工厂加工并运送到施工现场进行高效的组装。而这些建筑构件及设备是否能够及时运到现场，是否满足设计要求，质量是否合格将成为整个建筑施工建造过程中影响施工计划关键路径的重要环节。在 BIM 出现以前，建筑行业往往借助较为成熟的物流行业的管理经验及技术方案（例如 RFID 无线射频识别电子标签）。通过 RFID 可以把建筑物内各个设备构件贴上标签，以实现对这些物体的跟踪管理，但 RFID 本身无法进一步获取物体更详细的信息（如生产日期、生产厂家、构件尺寸等），而 BIM 模型恰好详细记录了建筑物及构件和设备的所有信息。此外 BIM 模型作为一个建筑物的多维度数据库，并不擅长记录各种构件的状态信息，而基于 RFID 技术的物流管理信息系统对物体的过程信息都有非常好的数据库记录和管理功能，这样 BIM 与 RFID 正好互补，从而可以解决建筑行业对日益增长的物料跟踪带来的管理压力。

14. 施工现场配合

BIM 不仅集成了建筑物的完整信息，同时还提供了一个三维的交流环境。与传统模式下项目各方人员在现场从图纸堆中找到有效信息后再进行交流相比，效率大大提高。BIM 逐渐成为一个便于施工现场各方交流的沟通平台，可以让项目各方人员方便地协调项目方案，论证项目的可造性，及时排除风险隐患，减少由此产生的变更，从而缩短施工时间，降低由于设计协调造成的成本增加，提高施工现场生产效率。

15. 竣工模型交付

建筑作为一个系统，当完成建造过程准备投入使用时，首先需要对建筑进行必要的测试和调整，以确保它可以按照当初的设计来运营。在项目完成后的移交环节，物业管理部门需要得到的不只是常规的设计图纸、竣工图纸，还需要能正确反映真实的设备状态、材料安装使用情况等与运营维护相关的文档和资料。BIM 能将建筑物空间信息和设备参数信息有机地整合起来，从而为业主获取完整的建筑物全局信息提供途径。通过 BIM 与施工过程记录信息的关联，甚至能够实现包括隐蔽工程资料在内的竣工信息集成，不仅为后续的物业管理带来便利，并且可以在未来进行的翻新、改造、扩建过程中为业主及项目团队提供有效的历史信息。

16. 维护计划

在建筑物使用寿命期间，建筑物结构设施（如墙、楼板、屋顶等）和设备设施（如设备、管道等）都需要不断得到维护。一个成功的维护方案将提高建筑物性能，降低能耗和修理费用，进而降低总体维护成本。BIM 模型结合运营维护管理系统可以充分发挥空间定位和数据记录的优势，合理制定维护计划，分配专人专项维护工作，以降低建筑物在使用过程中出现突发状况的概率。对一些重要设备还可以跟踪维护工作的历史记录，以便对设备的适用状态提前作出判断。

17. 资产管理

一套有序的资产管理系统将有效提升建筑资产或设施的管理水平，但由于建筑施工和运营的信息割裂，使得这些资产信息需要在运营初期依赖大量的人工操作来录入，而且很容易出现数据录入错误。BIM 中包含的大量建筑信息能够顺利导入资产管理系统，大大减少了系统初始化在数据准备方面的时间及人力投入。此外由于传统的资产管理系统本身无法准确定位资产位置，通过 BIM 结合 RFID 的资产标签芯片还可以使资产在建筑物中的定位及相关参数信息一目了然，快速查询。

18. 空间管理

空间管理是业主为节省空间成本，有效利用空间，为最终用户提供良好工作生活环境而对建筑空间所做的管理。BIM 不仅可以用于有效管理建筑设施及资产等资源，也可以帮助管理团队记录空间的使用情况，处理最终用户要求空间变更的请求，分析现有空间的使用情况，合理分配建筑物空间，确保空间资源的最大利用率。

19. 建筑系统分析

建筑系统分析是对照业主使用需求及设计规定来衡量建筑物性能的过程，包括机械系统如何操作和建筑物能耗分析、内外部气流模拟、照明分析、人流分析等涉及建筑物性能的评估。BIM 结合专业的建筑物系统分析软件避免了重复建立模型和采集系统参数。通过 BIM 可以验证建筑物是否按照特定的设计规定和可持续标准建造，通过这些分析模拟，最终确定、修改系统参数甚至系统改造计划，以提高整个建筑的性能。

20. 灾害应急模拟

利用 BIM 及相应灾害分析模拟软件，可以在灾害发生前，模拟灾害发生的过程，分析灾害发生的原因，制定避免灾害发生的措施，以及发生灾害后人员疏散、救援支持的应急预案。当灾害发生后，BIM 模型可以提供救援人员紧急状况点的完整信息，这将有效提高突发状况应对措施。

1.2 Revit 基本命令介绍

1.2.1 专业术语

Revit基本
命令介绍

1. 项目

项目是指单个设计信息数据库，建筑信息模型。项目文件包含了建筑的所有设计信息（从几何图形到构造数据），包括完整的三维建筑模型、所有设计视图（平、立、剖、明细表等）和施工图图纸等信息。

2. 图元

在创建项目时，用户可以通过向设计中添加参数化建筑图元来创建建筑。

（1）模型图元　表示建筑的实际三维几何图形，其将显示在模型的相关视图中。

1）主体　通常在项目现场构建的建筑主体图元。

2）模型构建　指建筑主体模型之外的其他所有类型的图元。

（2）基准图元　可以帮助定义项目定位的图元。

（3）视图专有图元　该类图元只显示在放置这些图元的视图中，可以帮助对模型进行描述和归档。

1）注释图元　指对模型进行标记注释并在图纸上保持比例的二维构件。

2）详图　指在特定视图中提供有关建筑模型详细信息的二维设计信息图元。

3. 类别

类别是一组用于对建筑设计进行建模或记录的图元，用于对建筑模型图元、基准图元、视图专有图元进一步分类。

4. 族

族是某一类别中图元的类，用于根据图元参数的共用、使用方式的相同或图形表示的相似来对图元类别进一步分组。一个族中不同图元的部分或全部属性可能有不同的值，但是属性的设置（其名称和含义）是相同的。

5. 类型

每一个族都可以拥有多个类型。类型可以是族的特定尺寸，也可以是样式。

6. 实例

实例是放置在项目中的每一个实际的图元。每一实例都属于一个族，且在该族中属于特定类型。

1.2.2　Revit 工作界面

1. 启动界面

双击桌面的 Revit 2018 软件快捷启动图标，系统将打开如图 1-2-1 所示的软件操作界面。

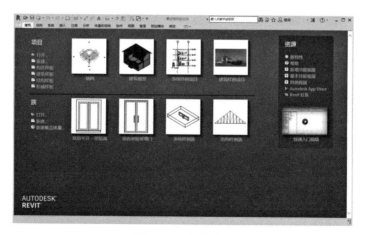

图 1-2-1　启动界面

选项中还能设置"保存提醒时间间隔"、【选项卡】的显示和隐藏、文件保存位置等。如图 1-2-2 所示。

图 1-2-2　Revit 用户界面

2. 项目文件

在 Revit 建筑设计中，新建一个文件是指新建一个"项目文件"，创建新的项目文件是开始建筑设计的第一步。当在 Revit 中新建项目时，系统会自动以一个后缀名为.rte 的文件作为项目的初始条件，这个.rte 格式文件即是样板文件。其定义了新建项目中默认的初始参数，如项目默认的度量单位、默认的楼层数量设置、层高信息、线型设置和显示设置等。在 Revit 2018 中创建项目文件时，可以选择系统默认配置的相关样板文件作为模板。如图 1-2-3 所示。

图 1-2-3　系统默认样板文件

3. 新建项目

单击该工具栏中的新建按钮，然后即可在打开的对话框中选择项目按钮，然后单击浏览，选择自己需要的项目样板即可。

4. 项目信息

切换至管理选项卡，在设置面板中单击项目信息按钮，系统将打开项目属性对话框，如图所示，即可依次在【项目发布日期】【项目状态】【客户姓名】【项目名称】和【项目编号】文本框中输入相应的项目基本信息。且若单击【项目地址】参数后的【编辑】按钮，还可以输入相应的项目地址信息。如图 1-2-4 所示。

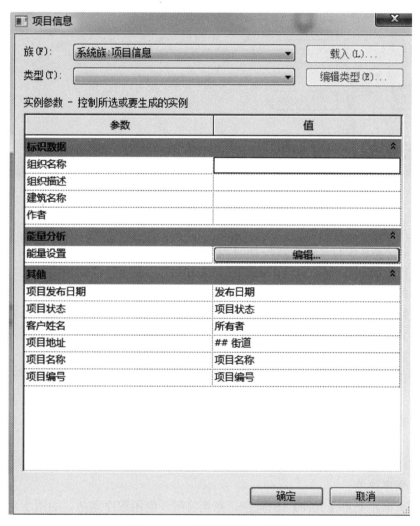

图 1-2-4　【项目属性】对话框

5. 操作页面

单击界面中的最近使用过的项目文件，或者单击【项目】选项组中的【新建】按钮，然后选择一个样本文件，并单击【确定】按钮，即可进入 Revit 2018 操作界面，效果如图 1-2-5 所示。

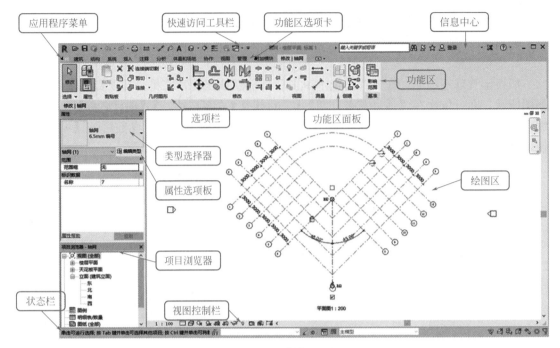

图 1-2-5　操作页面

6. 项目单位

首先，在 Revit 中打开待编辑的 BIM 模型。

依次单击"管理"选项卡→"项目单位"按钮。

在弹出的"项目单位"对话框中，首先设置对应的规程，比如"结构"。

在需要修改的项目，比如力矩或者体量后点击"格式"按钮，依据自己的实际需要，可以设置格式为公制的毫米或英制的英尺。单位符号建议设置为"无"，最后点击"确定"即完成了所有设置。

7. 捕捉设置

有两种方法：第一种，在"管理"→"捕捉"里面进行设置，在里面我们可以勾选所需要的捕捉方式；第二种，在画一个"参照平面"的时候，点击右键，就可以选择需要捕捉的方式。

在完成图形的创建和编辑后，用户可以将当前图形保存到指定文件夹中。

8. 应用程序菜单

单击主页面左上角【文件】图标文件，系统将展开应用程序菜单，如图 1-2-6 所示，该菜单中提供了【新建】【打开】【保存】【另存为】和【导出】等常用文件换作命令，在该菜单的右侧，系统还列出了最近使用的文档名称列表，用户可以快速打开近期使用的文件。

9. 快速访问工具栏

在主界面左上角 R 图标的右侧，系统列出了一排相应的工具图标，即快速访问工具栏，用户可以直接方便快捷地单击相应的按钮进行命令操作。

若单击该工具栏最后端的下拉三角箭头，系统将展开工具列表，如图 1-2-7 所示。此时，从下拉列表中勾选或取消勾选命令即可显示或隐藏命令。

图 1-2-6　应用程序菜单

图 1-2-7　快速访问工具栏下拉菜单

此时，若选择【自定义快速访问工具栏】选项，系统将打开【自定义快速访问工具栏】对话框，如图 1-2-8 所示。用户可以自定义快速访问工具栏中显示的命令及顺序。

而若选择【在功能区下方显示】选项，则该工具栏的位置将移动到功能区下方显示，且该选项命令将同时变为【在功能区上方显示】，如图 1-2-9 所示。

图 1-2-8　【自定义快速访问工具栏】对话框

图 1-2-9　变换工具栏位置

10. 功能区

功能区位于快速访问工具栏下方，是创建建筑设计项目所有工具的集合。Revit 2018将这些命令工具按类别分别放在不同的选项卡面板中，如图 1-2-10 所示。

图 1-2-10　功能区

　　功能区包含功能区选项卡、功能区子选项卡和面板等部分。其中，每个选项卡都将其命令工具细分为几个面板进行集中管理。而当选择某图元或者激活某命令时，系统将在功能区选项卡后添加相应的子选项卡，且该子选项卡中列出了和该图元或该命令相关的所有子命令工具，用户不必再在下拉菜单中逐级查找子命令。

　　11. 选项栏

　　功能区下方即为选项栏，当用户选择不同的工具命令，或者选择不同的图元时，选项栏中将显示与该命令或图元相关的选项，可以进行相应参数的设置和编辑。

　　12. 使用项目浏览器

　　项目浏览器用于组织和管理当前项目中包括的所有信息，包括项目中所有视图、明细表、图纸、族、组和链接的 Revit 模型等项目资源。如图 1-2-11 所示。

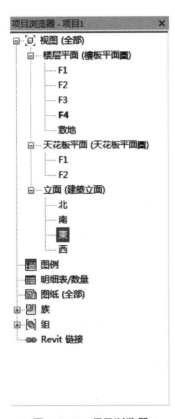

图 1-2-11　项目浏览器

在 Revit2018 中进行项目设计时，最常用的操作就是利用项目浏览器在各视图中进行切换，用户可以通过双击项目浏览器中相应的视图名称实现该操作。如图 1-2-12 所示就是双击指定楼层平面视图名称，切换至该视图的效果。

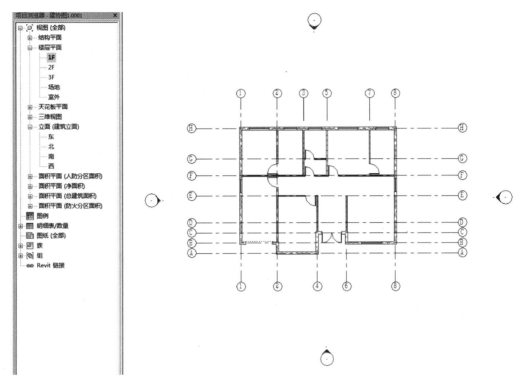

图 1-2-12　切换视图

13. 属性选项板

项目浏览器下方的浮动面板即为属性选项板。当选择某图元时，属性选择板会显示该图元类型和属性参数等，如图 1-2-13 所示。该选项板主要由以下三部分组成：

1）类型选择器　选项板上面一行的预览框和类型名称即为图元类型选择器。用户可以单击右侧的下拉箭头，从列表中选择已有的合适的构件类型直接替换现有类型，而不需要反复修改图元参数。

2）实例属性参数　选项板下面的各种参数列表框显示了当前选择图元的各种限制条件类、图形类、尺寸标注类、标识数据类、阶段类等实例参数及其值。用户可以方便地通过修改参数值来改变当前选择图元的外观尺寸等。

3）编辑类型　单击该按钮，系统将打开【类型属性】对话框，如图 1-2-14 所示。用户可以复制、重命名对象类型，并可以通过编辑其中的类型参数值来改变与当前选择图元同类型的所有图元的外观尺寸等。

14. 使用视图控制栏

在视窗口中，位于绘图区左下角的视图控制栏用于控制视图的显示状态，如图 1-2-15 所示。且其中的视觉样式、阴影控制和临时隐藏/隔离工具是最常用的视图显示工具，现分别介绍如下。

图 1-2-13　属性选项板

图 1-2-14　【类型属性】对话框

图 1-2-15　视图控制栏

Revit2018 提供了 6 种模型视觉样式：线框、隐藏线、着色、一致的颜色、真实和光线追踪。其显示效果逐渐增强，如图 1-2-16 所示。

控制盘工具　　　　　　　　　二维控制盘　　　　　　　　　全导航控制盘

图 1-2-16　视图导航

此外，【视觉样式】工具栏中的【图形显示选项】选项，系统将打开【图形显示选项】对话框，即可对相关的视图显示参数选项进行设置。

使用 Viewcube 工具，方便将视图定位至东南轴测、顶部视图等常用三维视点。默认情况下，该工具位于三视图的右上角。如图 1-2-17 所示。

15. 阴影控制

当指定的视图视觉样式为隐藏线、着色、一致的颜色和真实等类型时，用户可以打开视图控制栏中的阴影开关，此时视图将根据项目设置的阳光位置投射阴影，效果如图 1-2-18 所示。

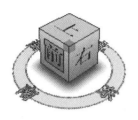  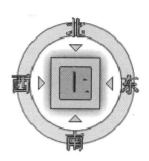

图 1-2-17　视图工具

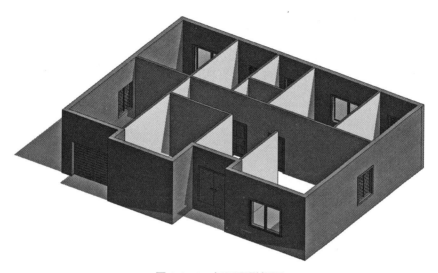

图 1-2-18　打开阴影视图

1. 2. 3　功能区命令

功能区位于快速访问工具栏下方，是创建建筑设计项目所有工具的集合。Revit 2018 将这些命令工具按类别分别放在不同的选项卡面板中，如图 1-2-19 所示。

图 1-2-19　功能区

1. 移动

移动是图元的重定位操作，是对图元对象的位置进行操作，而方向和大小不变。该操作是图元编辑命令中使用最多的操作之一。用户可以通过以下几种方式对图元进行相应的移动操作：

（1）单击拖曳

启用状态栏中的【选择时拖曳图元】功能，然后在平面视图上单击选择相应的图元，并按住鼠标左键不放，此时拖动光标即可移动该图元。

（2）箭头方向键

单击选择某图元后，用户可以通过单击键盘的方向箭头来移动该图元。

（3）移动工具

单击选择某图元后，在激活展开的相应选项卡中单击【移动】按钮🔀，然后在平面视图中选择一点作为移动的起点，并输入相应的距离参数，或者指定移动终点，即可完成该图元的移动操作，效果如图 1-2-20 所示。

（4）对齐工具

单击选择某图元后，在激活展开的相应选项卡中单击【对齐】按钮🔲，系统将展开【对齐】选项栏。在该选项栏的【首选】列表框中，用户可以选择相应的对齐参照方式，效果如图 1-2-21 所示。

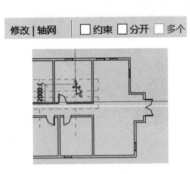

图 1-2-20　移动图元

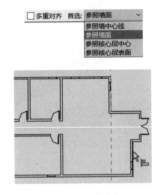

图 1-2-21　对齐图元

2. 旋转

旋转同样是重定位操作，其是对图元对象的方向进行调整，而位置和大小不改变。该操作可以将对象绕指定点旋转任意角度。

选择平面视图中要旋转的图元后，在激活展开的相应选项卡中单击【旋转】按钮🔄，此时在所选图元外围将出现一个虚线矩形框，且中心位置显示一个旋转中心符号。用户可以通过移动光标依次指定旋转的起始和终止位置来旋转该图元，效果如图 1-2-22 所示。

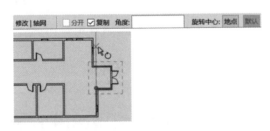

图 1-2-22　旋转图元

3. 复制

复制主要用于绘制两个或两个以上的重复性图元，且各重复图元的相对位置不存在一定的规律性。复制操作可以省去重复绘制相同图元的步骤，大大提高了绘图效率。

单击选择某图元后，在激活展开的相应选项卡中单击【复制】按钮，然后在平面视图上单击捕捉一点作为参考点，并移动光标至目标点，或者输入指定距离参数，即可完成该图元的复制操作，效果如图 1-2-23 所示。

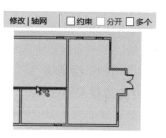

图 1-2-23 复制图元

4. 偏移

利用该工具可以创建出与原对象成一定距离，且形状相同或相似的新图元对象。对于直线来说，可以绘制出与其平行的多个相同副本对象；对于圆、椭圆、矩形以及由多段线围成的图元来说，可以绘制出成一定偏移距离的同心圆或近似图形。

在 Revit 中，用户可以通过以下两种方式偏移相应的图元对象，各方式的具体操作如下所述：

（1）数值方式

该方式是指先设置偏移距离，然后再选取要偏移的图元对象。在【修改】选项卡中单击【偏移】按钮，然后在打开的选项栏中选择【数值方式】单选按钮，设置偏移的距离参数，并启用【复制】复选框。此时，移动光标到要偏移的图元对象两侧，系统将在要偏移的方向上预显一条偏移的虚线。确认相应的方向后单击，即可完成偏移操作，效果如图 1-2-24 所示。

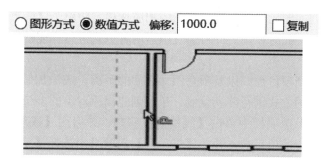

图 1-2-24 按数值方式偏移图元

（2）图形方式

该方式是指先选择偏移的图元和起点，然后再捕捉终点或输入偏移距离进行偏移。在【修改】选项卡中单击【偏移】按钮，然后在打开的选项栏中选择【图形方式】单选按钮，并启用【复制】复选框。此时，在平面视图中选择要偏移的图元对象，并指定一点作为偏移起点。接着移动光标捕捉目标点，或者直接输入距离参数即可。

5. 镜像

该工具常用于绘制结构规则，且具有对称性特点的图元。绘制这类对称图元时，只需绘制对象的一半或几分之一，然后将图元对象的其他部分对称复制即可。在 Revit 中，用户可以通过以下两种方式镜像生成相应的图元对象，各方式的具体操作如下所述：

（1）镜像-拾取轴

单击选择要镜像的某图元后，在激活展开的相应选项卡中单击【镜像-拾取轴】按钮，然后在平面视图中选取相应的轴线作为镜像轴即可，效果如图 1-2-25 所示。

（2）镜像-绘制轴

单击选择要镜像的某图元后，在激活展开的相应选项卡中单击【镜像-绘制轴】按钮，然后在平面视图中的相应位置依次单击捕捉两点绘制一轴线作为镜面轴即可，效果如图 1-2-26 所示。

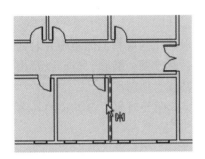
图 1-2-25　指定轴镜像图元

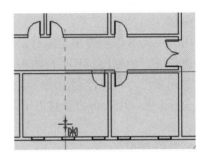
图 1-2-26　绘制轴镜像图元

6. 阵列

利用该工具可以按照线性或镜像的方式，以定义的距离或角度复制出源对象的多个对象副本。在 Revit 中，利用该工具可以大量减少重复性图元的绘图步骤，提高绘图效率和准确性。

单击选择要阵列的图元后，在激活展开的相应选项卡中单击【阵列】按钮，系统将展开【阵列】选项栏。此时，用户即可通过以下两种方式进行相应的阵列操作：

（1）线性阵列

线性阵列是以控制项目数，以及项目图元之间的距离，或添加倾斜角度的方式，使选取的阵列对象成线性的方式进行阵列复制，从而创建出原对象的多个副本对象。

在展开的【阵列】选项栏中单击【线性】按钮，并启用【成组并关联】和【约束】复选框。然后设置相应的项目数，并在【移动到】选项组中选择【第二个】单选按钮。此时，在平面视图中依次单击捕捉阵列的起点和终点，或者在指定阵列起点后直接输入阵列参数，即可完成线性阵列操作，如图 1-2-27 所示。

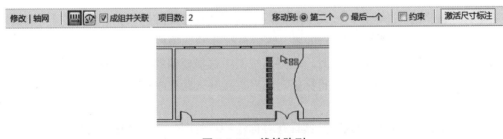
图 1-2-27　线性阵列

（2）镜像阵列

镜像阵列能够以任一点为阵列中心点，将阵列源对象按圆周或扇形的方向，以指定的阵列填充角度，项目数目或项目之间夹角为阵列值进行源图形的阵列复制。该阵列方法经常用于绘制具有圆周均布特征的图元。

在展开的【阵列】选项栏中单击【镜像】按钮，并启用【成组并关联】复选框。此时，在平面视图中拖动旋转中心符号到指定位置确定阵列中心。然后设置阵列项目数，在【移动到】选项组中选择【最后一个】单选按钮，并设置阵列角度参数。接着按下回车键，即可完成阵列图元的镜像阵列操作。

7. 修剪/延伸

修剪/延伸工具的共同点都是以视图中现有的图元对象为参照，以两图元对象间的交点为切割点或延伸点，对于其相交或成一定角度的对象进行去除或延长操作。

在 Revit 中，用户可以通过以下三种工具修剪或延伸相应的图元对象，各工具的具体操作如下所述：

（1）修剪/延伸为角部

在【修改】选项卡中单击【修剪/延伸为角部】按钮，然后在平面视图中依次单击选择要延伸的图元即可，效果如图 1-2-28 所示。

此外，在利用该工具修剪图元时，用户可以通过系统提供的预览效果确定修剪方向。

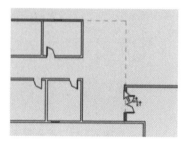

图 1-2-28　延伸图元

（2）修剪/延伸单个图元

利用该工具可以通过选择相应的边界修剪或延伸多个图元。在【修改】选项卡中单击【修剪/延伸单个图元】按钮，然后在平面视图中依次单击选择修剪边界和要修剪的图元即可，效果如图 1-2-29 所示。

（3）修剪/延伸多个图元

利用该工具可以通过选择相应的边界修剪或延伸多个图元。在【修改】选项卡中单击【修剪/延伸多个图元】按钮，然后在平面视图中选择相应的边界图元，并依次单击选择要修剪和延伸的图元即可，效果如图 1-2-30 所示。

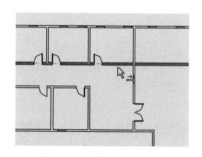

图 1-2-29　修剪单个图元

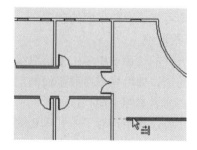

图 1-2-30　修剪并延伸多个图元

8. 拆分

在 Revit 中，利用拆分工具可以将图元分割为两个单独的部分，可以删除两个点之间的线段，还可以在两面墙之间创建定义的间隙。

（1）拆分图元

在【修改】选项卡中单击【拆分图元】按钮 ![icon]，并不启用选项栏中的【删除内部线段】复选框，然后在平面视图中的相应图元上单击，即可将其拆分为两部分。

若启用【删除内部线段】复选框，在平面视图中要拆分去除的位置依次单击选择两点即可，效果如图 1-2-31 所示。

（2）用间隙拆分

在【修改】选项卡中单击【用间隙拆分】按钮 ![icon]，并在选项栏中的连接间隙文本框中设置相应的参数，然后在平面视图中的相应图元上单击选择拆分位置，即可以为设置的间隙距离创建一个缺口，效果如图 1-2-32 所示。

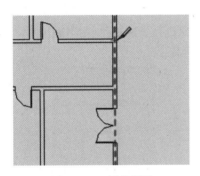

图 1-2-31　拆分图元

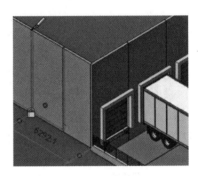

图 1-2-32　间隙拆分图元

9. 参照平面

参照平面是个平面，在某些方向的视图中显示为线。在 Revit 建筑设计过程中，参照平面除了可以作为定位线外，还可以作为工作平面。用户可以在其上绘制模型线等图元。

（1）创建参照平面

切换至【建筑】选项卡，在【工作平面】选项板中单击【参照平面】按钮 ![icon]，系统将展开相应的选项卡，并打开【参照平面】选项栏。用户可以通过以下两种方式创建相应的参照平面，具体操作方法如下所述：

1）绘制线

在展开的选项卡中单击【直线】按钮 ![icon]，然后在平面视图中的相应位置依次单击捕捉两点，即可完成参照平面的创建。

2）拾取线

在展开的选项卡中单击【拾取线】按钮 ![icon]，然后在平面视图中单击选择已有的线或模型图元的边，即可完成参照平面的创建，效果如图 1-2-33 所示。

（2）命名参照平面

在建模过程中，对于一些重要的参照平面，用户可以进行相应的命名，以便以后通过名称来方便地选择该平面作为设计的工作平面。

在平面视图中选择创建的参照平面，在激活的相应选项卡中单击【属性】按钮 ![icon]，系统将打开【属性】对话框，效果如图 1-2-34 所示。此时，用户即可在该对话框中的【名称】文本框中输入相应的名称。

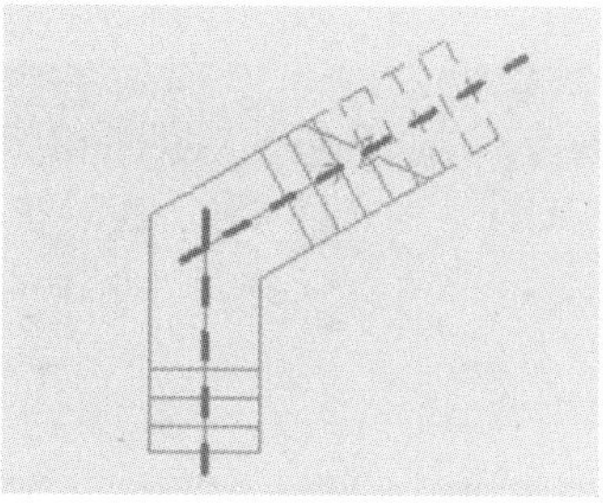

图 1-2-33　创建参照平面

图 1-2-34　命名参照平面

10. 使用临时尺寸标注

当在 Revit 中选择构件图元时，系统会自动捕捉该图元周围的参照图元，显示相应的蓝色尺寸标注，这就是临时尺寸。一般情况下，在进行建筑设计时，用户都将使用临时尺寸标注来精确定位图元。

在平面视图中选择任一图元，系统将在该图元周围显示定位尺寸参数，如图 1-2-35 所示。此时，用户可以单击选择相应的尺寸参数修改，对该图元进行重新定位。

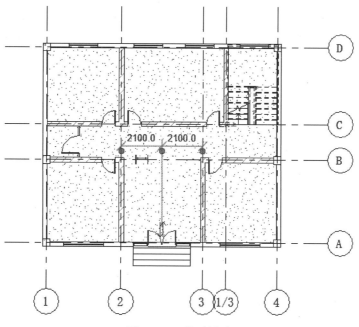

图 1-2-35　临时尺寸

1.2.4　BIM 属性定义与编辑

1.标记创建与编辑方法

点击【注释】命令，我们会看到【标记】中有很多标记类型，有【按类别标记】【全部标记】【梁注释】【多类别】等，可根据想标注的类别进行选择。

2.标注类型及其标注样式的设定方法

可根据需求选择对齐、结构、角度等进行标注。如图 1-2-36 所示。

图 1-2-36　标注类型

例如：点击【对齐】命令，然后点击 1 轴再点击 5 轴即可出现标注。如图 1-2-37 所示。

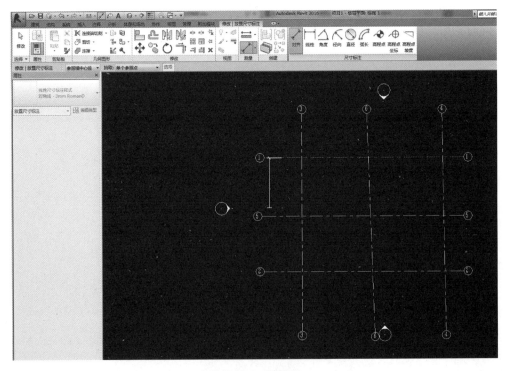

图 1-2-37　标注图

3. 注释类型及其注释样式的设定方法

点击【注释】命令，然后点击【注释记号】，根据要求选择相应的命令即可。如图 1-2-38 所示。

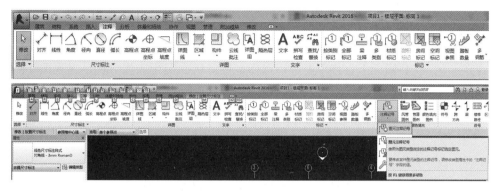

图 1-2-38　注释命令

例如【图元注释记号】，点击【注释】命令，然后点击【注释记号】，选择【图元注释记号】，点击【编辑类型】，之后点击【复制】，编辑想要的参数值，然后注释即可。如图 1-2-39 所示。

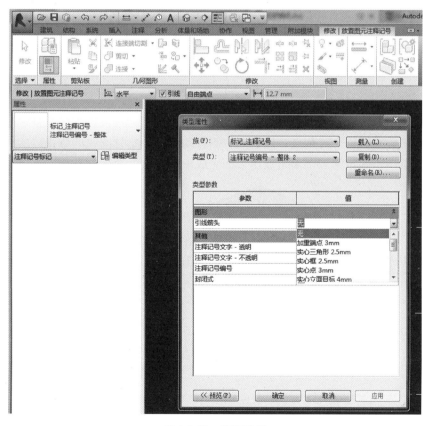

图 1-2-39　标记注释

1.3 Revit 建筑设计基本操作

1. 单击选择

在图元上直接单击进行选择是最常用的图元选择方式。在视图中将光标移动到某一构件上，当图元显示亮起时单击，即可选择该图元。

此外，当按住 Ctrl 键，且光标箭头右上角出现【＋】符号时，连续单击选取相应的图元，可一次性选择多个，如图 1-3-1 所示。

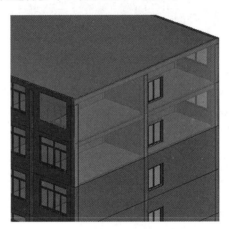

图 1-3-1　单击选择

2. 窗选

首先单击确定第一个对角点，然后向右侧移动鼠标，此时选取区域将以实线矩形的形式显示，接着单击确定第二个对角点后，即完成窗口选取。如图 1-3-2 所示。

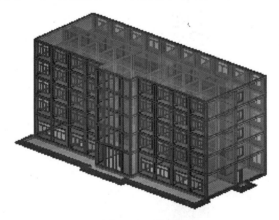

图 1-3-2　窗选

3. Tab 键选择

在选择图元的过程中，用户可以结合 Tab 键方便地选取视图中的相应图元。其中，当视图中出现重叠图元需要切换选择时，可以将光标移至该重叠区域，使其亮显。然后连续按下 Tab 键，系统即可在多个图元之间循环切换以供选择。

4. 图元的过滤

选择多个图元后，尤其是利用窗选和交叉窗选等方式选择图元时，特别容易将一些不需要的图元选中。此时，用户可以利用相应的方式从选择集中过滤不需要的图元。

（1）Shift 键＋单击选择

选择多个图元后，按住 Shift 键，光标箭头右上角将出现【－】符号。此时，连续单击选取需要过滤的图元，即可将其从当前选择集中取消选择。

（2）Shift 键＋窗选

（3）过滤器

当选择多个图元的时候，可以使用过滤器从选择中删除不需要的类别。例如，如果选择的图元中包含墙、门、窗、家具等，可以使用过滤器将家具从选择中排出。

5. 常用图元编辑

Revit 提供了移动、复制、镜像、旋转等多种图元编辑和修改工具，使用这些工具，方便地对图元进行编辑和修改操作。在使用修改工具前，必须先选择图元对象。

（1）选择图元

1）点选：配合 Ctrl 键可对多个单一对象进行点选。

2）框选：在 Revit 软件中，通过鼠标框选批量选择图元。

3）Tab 键应用：当鼠标所处位置附近有多个图元，例如墙或线连接成一个连续的链，通过 Tab 键来回切换选择需要的图元类型或整条链。

（2）命令的重复、撤销与重做

1）命令的重复：按【Enter】可重复调用上一次操作

2）命令的撤销：【Esc 键】；鼠标右键：【取消】

3）命令的重做：功能区，快捷功能区，重做；快捷键：Ctrl＋Y

（3）删除和恢复

1）删除

鼠标：【右键】→【删除】

快捷键：【Delete】或【Backspace】

2）恢复

功能区：快捷键功能区【放弃】按钮

快捷键：Ctrl＋Z

（4）对齐（AL）

功能区：【修改】选项卡→【修改】面板→【对齐】按钮（图 1-3-3）

（5）偏移（OF）

功能区：【修改】选项卡→【修改】面板→【偏移】按钮

（6）镜像（MM/DM）

功能区：【修改】选项卡→【修改】面板→【镜像—拾取轴】【镜像—绘制线按钮】（图 1-3-4）

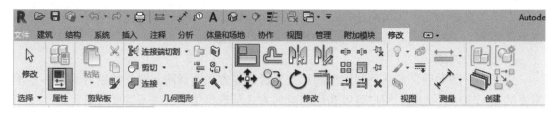

图 1-3-3　对齐命令

图 1-3-4　镜像命令

（7）移动（MV）

功能区：【修改】选项卡→【修改】面板→【移动】按钮

使用"移动"命令时，希望所选对象实现【复制】操作，应该在选项栏修改移动的选项。

【修建｜延伸】（TR"修剪｜延伸为角"）

【修改】选项卡→"修改面板"→【修剪｜延伸为角】按钮，【修剪｜延伸单个图元】按钮，【修剪｜延伸多个图元】按钮（图 1-3-5）

修剪｜延伸只能对单个对象进行处理。

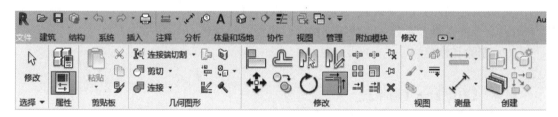

图 1-3-5　修剪命令

（8）拆分（SL 拆分图元）

【修改】选项卡→【修改】面板→【拆分图元】按钮

【修改】选项卡→【修改】面板→【用间隙拆分】按钮（图 1-3-6）

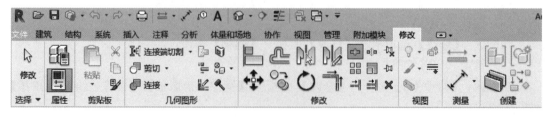

图 1-3-6　拆分命令

（9）阵列（AR）

功能区：【修改】选项卡→【修改】面板→【阵列】按钮（图 1-3-7）

图 1-3-7　阵列命令

（10）缩放（RE）

功能区：【修改】选项卡→【修改】面板→【缩放】按钮

（11）使用临时尺寸标注

在 Revit 中选择图元时，Revit 会自动捕捉该图元周围的参照图元，如柱体、轴线等，以指示所选图元与参照图元间的距离。可以修改临时尺寸标注的默认捕捉位置，以更好地对图元进行定位（图 1-3-8）。

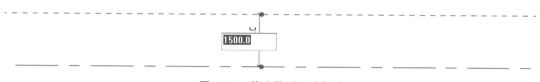

图 1-3-8　修改临时尺寸标注

在修改临时尺寸标注时，除直接输入距离值之外，还可以输入【＝】号后再输入公式，Revit 自动计算结果。例如，输入＝$150*2+750$，Revit 将自动计算出结果为"1050"结果修改所选图元与参照图元间的距离。

如果感觉 Revit 显示的临时尺寸标注文字显示较小，可以设置临时尺寸文字字体的大小。【选项】→【图形】→【临时尺寸标注文字外观】栏中，可以设置临时尺寸的字体尺寸及文字背景是否透明。

6. 创建和编辑标高

在 Revit 中，创建标高的方法有三种：绘制标高、复制标高和阵列标高。用户可以通过不同情况选择创建标高的方法。

（1）绘制标高

在项目浏览器中展开【立面（建筑立面）】项，双击视图名称【南立面】进入南立面视图（图 1-3-9）。

调整 "2F" 标高，将一层与二层之间的层高修改为 4.5m，如图 1-3-10 所示。

提示：标高单位通常设置单位为 "m"。

绘制标高 "F3"，调整其间隔使间距为 4500mm，

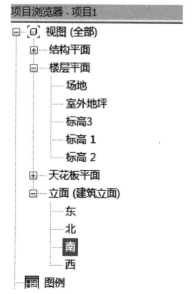

图 1-3-9　选择南立面

如图 1-3-11 所示。

图 1-3-10　调整距离

图 1-3-11　绘制标高

利用【复制】命令，创建【室内外】标高。单击【修改标高】选项卡下【修改】面板中的【复制】命令。

移动光标在标高"F2"上单击捕捉一点作为复制参考点，然后垂直向下移动光标，输入间距值 5100 后按【Enter】键确认后复制新的标高。

选择新复制的标高，单击蓝色的标头名称激活文本框，输入新的标高名称室内外后按【Enter】键确认。结果如图 1-3-12 所示。

图 1-3-12　复制标高

至此建筑的各个标高就创建完成，保存文件。

（2）编辑标高

单击拾取标高【室内外】从类型选择器下拉列表中选择【标高：GB_下标高符号】，两个标头自动向下翻转方向。结果如图 1-3-13 所示。

选择某个标高后在【属性】面板中的【编辑类型】选项，打开【类型属性】对话框。

7. 创建和编辑轴网

（1）轴网用于反映平面上建筑构件的定位情况；轴网由定位轴线、标志尺寸和轴号组成。

（2）创建轴网

1）绘制直线轴网

在【项目浏览器】面板中双击【视图】｜【楼层平面】｜F1 视图，进去 F1 平面视图，如图 1-3-14 所示。

图 1-3-13　编辑标高

图 1-3-14　选择【轴网】工具

切换到【建筑】选项卡，在【基准】面板中单击【轴网】按钮，进入【修改∣放置轴网】上下文选项卡中。单击【绘制】面板中的【直线】按钮。

在绘图区域左下角适当位置，单击并结合 Shift 键垂直向上移动光标，在适合位置再次单击完成第一条轴线的创建。

第二条轴线的绘制方法与标高绘制方法相似，只要将光标指向轴线端点，光标与现有轴线之间会显示一个临时尺寸标注。当光标指向现有轴线端点时，Revit 会自动捕捉端点。当确定尺寸值后单击确定轴线端点，并配合鼠标滚轮向上移动视图，确定上方的轴线端点后再次单击，完成轴线的绘制，如图 1-3-15 所示。完成绘制后，连续按两次 Esc 键退出轴网绘制。

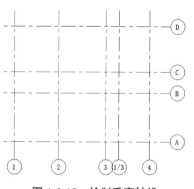

图 1-3-15　绘制垂直轴线

2）绘制弧形轴网

在轴网绘制方式中，除了能够绘制直线轴线外，还能够绘制弧形轴线。而在弧形轴线中包括两种绘制方法：一种是【起点终点-半径绘制垂直轴线弧】工具；一种是【圆心-端点弧】工具。虽然两种工具均可以绘制出弧形轴线，但是绘制方法略有不同。

当切换至【修改放置轴网】上下文选项卡，选择【绘制】面板中的【起点-终点半径弧】工具 。在绘制区域空白中，单击确定弧形轴线一端的端点后，移动光标显示两个端点之间的尺寸值，以及弧形轴线角度，如图1-3-16所示。

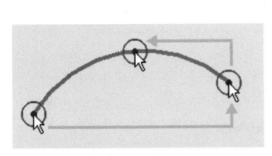

图1-3-16　绘制弧形轴线

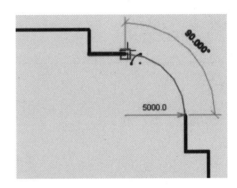

图1-3-17　绘制弧形轴线

根据临时尺寸标注中的参数值单击确定第二个端点位置，同时移动光标显示弧形轴线半径的临时尺寸标注。当确定半径参数值后，再次单击完成弧形轴线的绘制。如果选择的是【绘制】面板中的【圆心-端点弧】工具 ，那么在绘图区域中单击并移动光标，确定的是弧形轴线中的半径以及某个端点的位置。

单击确定第一个端点位置后，移动光标发现半径没有发生变化。确定第二个端点继续单击，完成弧形轴线的绘制，如图1-3-17所示。

（3）编辑轴网

选择某个轴线后，单击【属性】面板中的【编辑类型】选项，打开【类型属性】对话框，如图1-3-18所示。

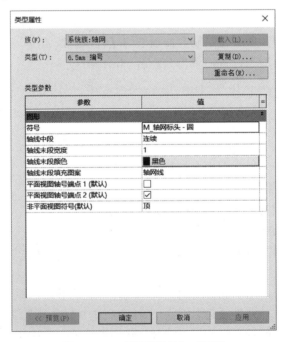

图1-3-18　【类型属性】对话框

该对话框中能够设置轴网的轴线颜色和粗细、轴线中段显示与否和长度，以及轴号端点显示与否等选项。

1.4 墙体和幕墙

1.4.1 基本墙

1. 创建基本墙

在 Revit 中，墙属于系统族。Revit 提供 3 种类型的墙族：基本墙、叠层墙和幕墙。所有墙类型都通过这 3 种系统族，以建立不同样式和参数来定义。

墙体和幕墙

在墙【编辑部件】对话框的【功能】列表中共提供了 6 种墙体功能，即结构【1】、衬底【2】、保温层/空气层【3】、面层 1【4】、面层 2【5】和涂膜层（通常用于防水涂层，厚度必须为 0），如图 1-4-1 所示。可以定义墙结构中每一层在墙体中所起的作用。功能名称后面方括号中的数字，表示当墙与墙连接时，墙各层之间连接的优先级别。方括号中的数字越大，该层的连接优先级越低。当墙互相连接时，Revit 会试图连接功能相同的墙功能层，但优先级为"1"的结构层将最先连接，而优先级最低的"面层 2【5】"将最后相连。

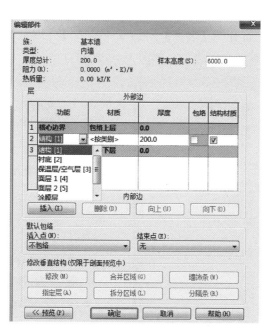

图 1-4-1　6 种墙体功能

在 Revit 墙结构中，墙部件包括两个特殊的功能层——"核心结构"和"核心边界"，用于界定墙的核心结构与非核心结构。所谓"核心结构"是指墙存在的条件，"核心边界"

之间的功能层是核心结构，"核心边界"之外的功能层为"非核心结构"，如装饰层、保温层等辅助结构。以砖墙为例，"砖"结构层是墙的核心部分，而"砖"结构层之外的如抹灰、防水、保温等部分功能层依附于砖结构部分而存在，因此可以称为"非核心"部分。功能为"结构"的功能层必须位于"核心边界"之间。"核心结构"可以包括一个或几个结构层或其他功能层，用于生成复杂结构的墙体。

2. 编辑基本墙

打开项目文件，切换至 F1 楼层平面视图。在【建筑】选项卡下的【构件】面板中单击【墙】工具，系统打开【修改│放置 墙】上下文选项卡，如图 1-4-2 所示。

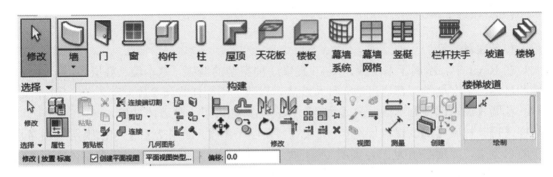

图 1-4-2　选择墙工具

在【属性】面板的类型选择器中，选择列表中的【基本墙】族下面的"常规-200mm-实心"类型，以该类型为基础进行墙类型的编辑，如图 1-4-3 所示。

单击【属性】面板中的【编辑类型】按钮，打开墙【类型属性】对话框，单击该对话框中的【复制】按钮，在打开的【名称】对话框中输入【外墙常规-200mm-实心】，单击【确定】按钮为基本墙创建一个新类型，如图 1-4-4 所示。

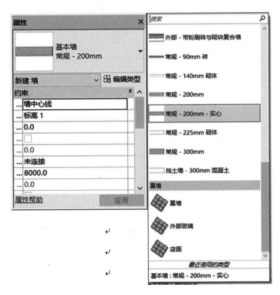

图 1-4-3　选择墙类型

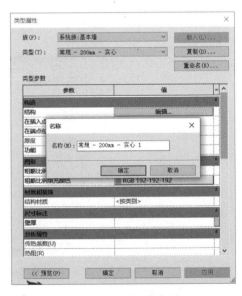

图 1-4-4　复制墙类型

1.4.2　幕墙

1. 幕墙简介

幕墙是一种外墙，附着到建筑结构，而且不承担建筑的楼板或屋顶荷载。在一般应用中，幕墙常常定义为薄的、通常带铝框的墙，包含填充的玻璃、金属嵌板或薄石。

幕墙是利用各种强劲、轻盈、美观的建筑材料取代传统的砖石或窗墙结合的外墙工法，是包围在主结构的外围而使整栋建筑达到美观，使用功能健全而又安全的外墙工法。幕墙范围主要包括建筑的外墙、采光顶（罩）和雨篷。

在幕墙中，网格线定义放置竖梃的位置。竖梃是分割相邻窗单位的结构图元。可通过选择幕墙并右击访问关联菜单来修改该幕墙。在关联菜单上有几个用于操作幕墙的选项。

可以使用默认 Revit 幕墙类型设置幕墙。这些墙类型提供 3 种复杂程度，可以对其进行简化或增强。

1）幕墙　没有网格或竖梃，没有与此墙类型相关的规则。此墙类型的灵活性最强，如图 1-4-5 所示。

2）外部玻璃　具有预设网格。如果设置不合适，可以修改网格规则，如图 1-4-6 所示。

3）店面　具有预设网格和竖梃。如果设置不合适，可以修改网格和竖梃规则，如图 1-4-7 所示。

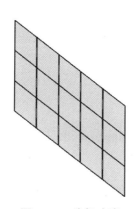
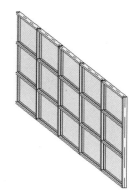

图 1-4-5　幕墙　　　　　图 1-4-6　外部玻璃　　　　　图 1-4-7　店面

2. 编辑幕墙

当选择【墙】工具后，在【属性】面板的类型选择器中选择【幕墙】，如图 1-4-8 所示。

单击该面板中的【编辑类型】选项，打开【类型属性】对话框。单击【复制】按钮，重命名类型为【外部幕墙】，如图 1-4-9 所示。

在 Revit 中，幕墙由幕墙嵌板、幕墙网格和幕墙竖梃三部分构成。幕墙嵌板是构成幕墙的基本单元，幕墙由一块或多块幕墙嵌板组成。幕墙嵌板的大小、数量由划分幕墙的幕墙网格决定。幕墙竖梃即幕墙龙骨，是沿幕墙网格生成的线性构件。当删除幕墙网格时，依赖于该网格的竖梃也将同时被删除。

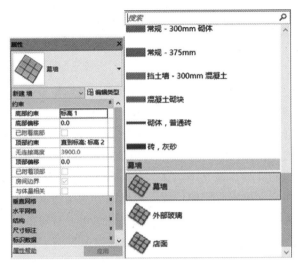

图 1-4-8　选择幕墙

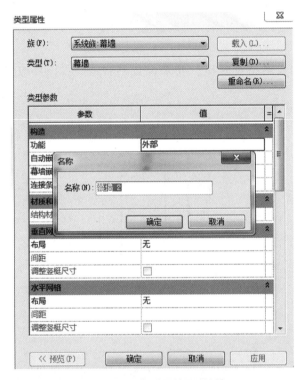

图 1-4-9　【类型属性】对话框

当幕墙创建完成后，还需要对其进行完善，比如为幕墙添加幕墙网格、幕墙竖梃以及幕墙嵌板。

切换至南立面视图，单击其中一个幕墙对象，打开幕墙【类型属性】对话框。设置【垂直网格】参数组中的【布局】为"固定距离"，【间距】为 1500.0；设置【水平网格】参数组中的【布局】为"固定距离"，【间距】为 1800.0，完成幕墙网格的添加。

在功能区中切换至【插入】选项卡，单击【从库中载入】面板中的【载入库】按钮，选择 Revit 自带的建筑/幕墙。

继续打开幕墙【类型属性】对话框，分别设置【垂直竖梃】和【水平竖梃】参数组中的所有参数为"矩形竖梃：50×150mm"，完成幕墙竖梃添加，如图 1-4-10 所示。至此，完成幕墙的设置。

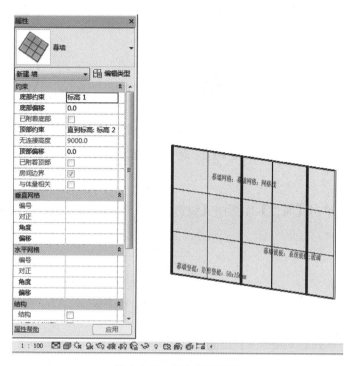

图 1-4-10 添加幕墙竖梃

1.5 柱、梁

1.5.1 建筑柱

1. 创建柱

切换至【建筑】选项卡，在【构件】面板中单击【柱】下拉按钮，选择【柱：建筑】选项。设置【属性】面板的类型选择器中的类型为"500×1000mm"的矩形建筑柱，在凹陷的墙体左侧单击两次建立两个建筑柱，如图 1-5-1 所示。

选择【修改】面板中的【对齐】工具在选项栏中启用【多重对齐】选项，设置【首选】为"参照平面"，单击外墙外侧边缘后，依次单击柱左侧边缘使之对齐，如图 1-5-2 所示。

退出对齐状态后，依次单击选中柱，并设置柱与四周墙体的临时尺寸为1000.0，完成建筑柱的建立，如图1-5-3所示。

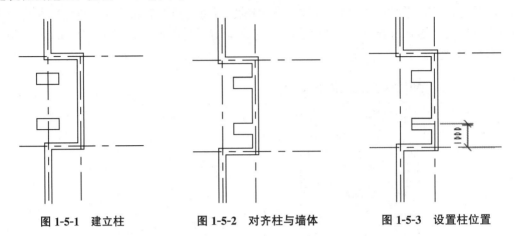

图1-5-1　建立柱　　　　图1-5-2　对齐柱与墙体　　　　图1-5-3　设置柱位置

2. 编辑柱

选择建筑柱，单击【属性】面板中【编辑类型】选项，打开【类型属性】对话框，如图1-5-4所示。

图1-5-4　【类型属性】对话框

设置该对话框中的参数值，可以改变建筑柱的尺寸与材质类型。

当选择混凝土结构柱后，打开相应的【类型属性】对话框。该对话框中的参数与建筑柱【类型属性】对话框相比更为简单，除了相同的【表示数据】参数组外，【尺寸标注】只有 h 与 b 两个参数，分别用来设置结构柱的深度与宽度。

1.5.2　常规梁

1. 创建梁

切换至【结构】选项卡中，单击【结构】面板中的【梁】按钮，在打开的【修改丨放置 梁】上下文选项卡中，确定绘制方式为直线。设置选项栏中的【放置平面】为"标高：F2"，【结构用途】为"自动"，如图 1-5-5 所示。

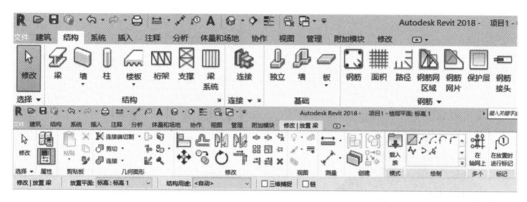

图 1-5-5　选择【梁】工具

在【属性】面板中，确定类型选择器选择的是"矩形梁-加强版"，单击【编制类型】选项，打开【类型属性】对话框。单击【复制】按钮，复制类型为"250×500mm"，并设置【L-梁高】为 500.0，【L-梁宽】为 250.0，如图 1-5-6 所示。

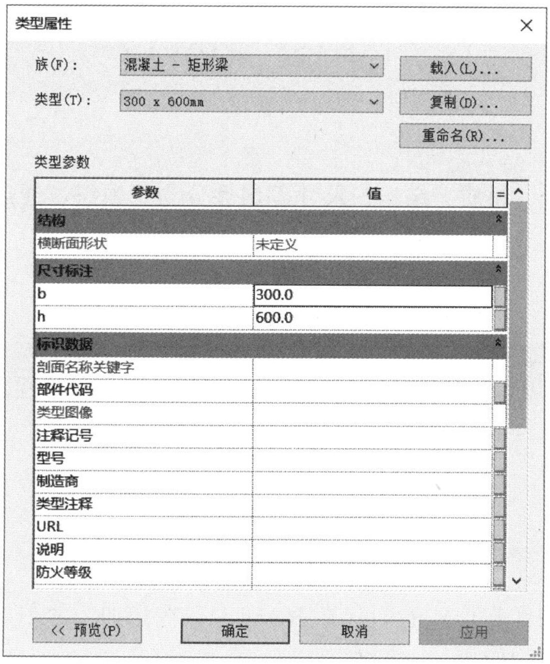

图 1-5-6　设置梁属性

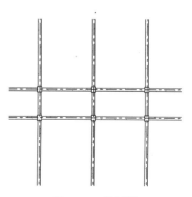

图 1-5-7　绘制梁

单击【确定】按钮完成设置。在轴线 D 与 5 交点处单击后，在轴线 A 与 5 交点处单击建立垂直梁，如图 1-5-7 所示。

单击快速访问工具栏中的【默认三维视图】按钮。查看梁在三维视图中的效果（图 1-5-8）。

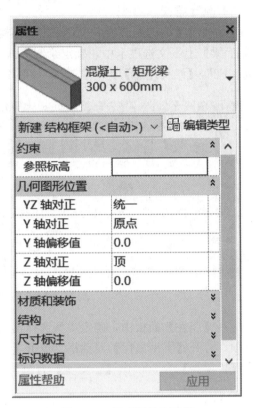

图 1-5-8　梁三维视图效果　　　　图 1-5-9　梁【属性】面板

2. 编辑梁

梁的属性选项众多，如图 1-5-9 所示。

在该面板中，分别针对梁的放置位置、材质、结构、尺寸等属性分为选项组，通过设置选项组中的各个选项来完善梁的效果。

1.6　门和窗

1.6.1　插入与编辑门

使用门工具可以方便地在项目中添加任意形式的门。在 Revit 中，在添加门之前，必须在项目中载入所需的门族，才能在项目中使用。

在平面视图中，切换至【建筑】选项卡，单击【构件】面板中的【门】按钮，在打

开的【修改 | 放置 门】上下文选项卡中单击【模式】面板中的【载入族】按钮🔧。选择 China/建筑/门，选择所需要门的族文件。

　　单击【打开】按钮后，【属性】面板的类型选择器中自动显示该族类型，将光标指向轴线位置，单击后为其添加门图元。

　　退出【门】工具状态后，选中该门图元，在【属性】面板中修改数值，如图 1-6-1 所示。在门【类型属性】面板中，不仅能够设置门图元的尺寸，还能设置门材质，如图 1-6-2 所示。

图 1-6-1　门【属性】面板

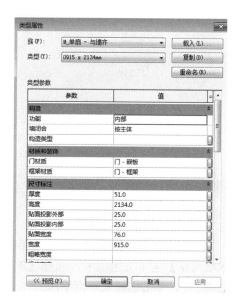

图 1-6-2　门【类型属性】对话框

1.6.2　插入与编辑窗

　　在 Revit 中，窗是基于主题的构件，可以添加到任何类型的墙内（对于天窗，可以添加到内建屋顶），可以在平面视图、剖面视图、立面视图或三维视图中添加窗。首先要选择窗类型，然后指定窗在主体图元上位置，Revit 将自动剪切洞口并放置窗。

　　返回平面视图，在【建筑】选项卡中单击【构建】面板中的【窗】按钮🪟，载入族文件，选择所需要窗的族文件，打开相应的【类型属性】对话框，如图 1-6-3 所示。设置相关的参数选项，复制该类型窗。在【属性】面板中设置该面板中的【底高度】，如图 1-6-4 所示。将光标指向轴线位置，单击插入窗图元。

　　嵌套幕墙门窗：

　　除常规门窗外，在现代建筑设计中经常有入口处玻璃门联窗、带形窗、落地窗等特殊的门窗形式，但其外形上却是幕墙加门窗形式。

　　要创建幕墙中的门窗，首先要创建幕墙，而幕墙的创建既可以独立创建，也可以基于墙体嵌入。这里是通过后者来创建幕墙门窗。打开"幕墙门窗"项目文件，在 F1 平面视图中创建嵌入墙体的幕墙。

图 1-6-3　窗【属性】面板

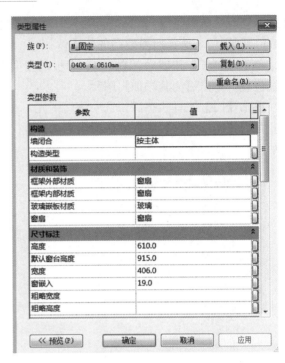

图 1-6-4　窗【类型属性】对话框

切换至默认三维视图中，选择【构建】面板中的【幕墙网格】工具，打开【修改｜放置 幕墙网格】上下文选项卡，选择【放置】面板中的【全部分段】工具，捕捉幕墙上想要放的位置，单击创建水平网格线。

选择【放置】面板中的【一段】工具，分别捕捉嵌板上分割点创建垂直网格。

选择【构建】面板中的【竖梃】工具，选择【放置】面板中的【全部网格线】工具，在网格线上单击创建所有竖梃。

切换至【插入】选项卡，单击【从库中载入】面板中的【载入族】按钮 ，打开【载入族】对话框，选择 China/建筑/幕墙/门窗嵌板文件夹中的族文件。

将光标指向下方中间的竖梃图元，通过循环按 Tap 键，选中所在的嵌板时单击选中该嵌板。

在【属性】面板中，设置类型选择器为刚刚载入的门嵌板类型，即可发现选中的嵌板替换为门嵌板。

1.7 添加楼板

1.7.1 添加室内楼板

添加楼板的方式与添加墙的方式类似，在绘制前必须预先定义好需要的楼板类型，切换至【建筑】选项卡，单击【构建】面板中的楼板下拉按钮，选择【楼板：建筑选项】选项，打开【修改创建楼层边界】上下文选项卡进行草图绘制模式，如图 1-7-1 所示。

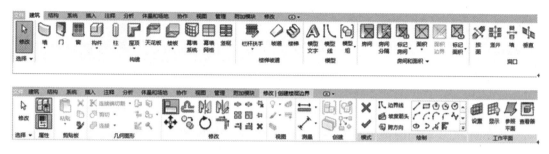

图 1-7-1　选择楼板工具

在【属性】面板中选择混凝土类型，单击【结构】参数右侧的【编辑部件】对话框。单击【插入】按钮两次，在结构层最上方插入结构层。单击最上方结构层的【材质】选项，在打开的【材质浏览器】对话框选择所需要的材质。设置结构层的【功能】与【厚度】选项。如图 1-7-2 所示。

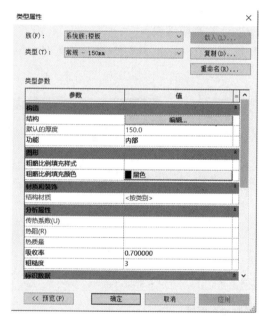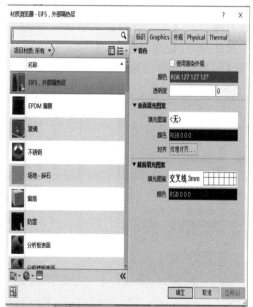

图 1-7-2　楼板【类型属性】对话框

当退出【类型属性】对话框后，开始绘制楼板轮廓线。单击【绘制】面板中的【拾取墙】按钮，在选项栏中设置【偏移】为 0，并启用【延伸到墙中（至核心层）】选项，依次在墙体图元上单击，建立楼板轮廓线，如图 1-7-3 所示。

按 Esc 键一次退出绘制模式，同时选中所有轮廓线。单击【反转】图标，将生成的楼板边界线沿着外墙核心层边界。

确定【属性】面板中的【标高】，单击【模式】面板中的【完成编辑模式】按钮，在打开的 Revit 对话框中单击【是】按钮，完成楼板绘制。

图 1-7-3　偏移量设置

切换至默认三维视图，并设置【视图样式】为"着色"可在建筑中查看楼板效果。

【提示】：由于绘制的楼板与墙体有部分的重叠，因此 Revit 提示对话框"楼板/屋顶与高亮显示的墙重叠。是否希望连接几何图形并从墙中剪切重叠的体积？"。单击【是】按钮。

1.7.2　创建室外楼板

室外楼板包括室外台阶、空调挑板、雨篷挑板等建筑构件。在 Revit 中，除了通过【属性】面板中的【编辑类型】选项打开【属性类型】对话框外，还能通过【项目浏览器】面板直接打开【类型属性】对话框，对族的类型进行调整或编辑。

方法是在【项目浏览器】面板中展开【族】选项，在 Revit 中支持的所有类型中单击展开【楼板】选项，如图 1-7-4 所示。

图 1-7-4　【项目浏览器】面板

双击楼板类型，直接打开【类型属性】对话框，复制该类型为室外楼板，修改【功能】为外部，单击【结构】参数右侧的【编辑】按钮，打开【编辑部件】对话框。修改结构层材质，设置不同结构层的【厚度】选项，如图 1-7-5 所示。

退出【类型属性】对话框后，在 F1 平面视图中选择【楼板：建筑】工具，确定绘制方式为【矩形】。设置【属性】面板中类型台阶为室外台阶，设置【自标高的高度偏移】的数据，捕捉轴线位置，建立矩形轮廓。如图 1-7-6 所示。

退出绘制模式后，单击【修改】面板中的【对齐】按钮，选择选项栏中的【首选】为"参照核心层表面"，依次单击墙体的核心层表面与楼板轮廓线进行对齐。按照上述方法，

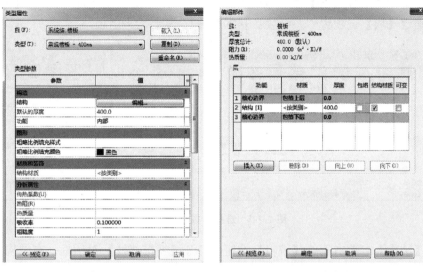

复制族类型   设置室外楼板材质

图 1-7-5

图 1-7-6 绘制面板

分别将楼板左侧轮廓线对齐左侧墙体核心表面层，楼板右侧的轮廓对齐右侧墙体的墙体核心层面板，通过临时尺寸线，设置楼板轮廓的宽度，完成后单击【模式】面板中的【完成编辑模式】按钮，完成楼板轮廓线绘制。

1.7.3 绘制空调挑板

在平面视图中，选择【楼板；建筑】工具，并确定绘制模式为【矩形】。在左侧参照面之间绘制空调挑板轮廓线。

将空调挑板边缘对齐墙体的核心层表面。选中该挑板图元，在相应的【类型属性】对话框中复制室外台阶，为挑板，打开【编辑部件】对话框，删除非核心层结构层，并设置核心层图层的【厚度】。选中空调挑板图元，在【属性】面板中设置【自标高的高度偏移】数据，单击【应用】按钮。

1.7.4 创建屋顶

在平面视图中，单击【构建】面板中的【屋顶】下拉按钮，选择【迹线屋顶】选项，打开【修改｜创建屋顶迹线】上下文选项卡，如图 1-7-7 所示。打开相应的【属性类型】对话框，确定【族】选项为"系统族：基本屋顶"。复制为平屋顶。

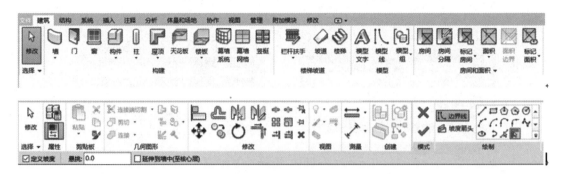

图 1-7-7　选择迹线屋顶工具

单击【结构】参数右侧的【编辑】按钮，打开【编辑部件】对话框。在结构层最上方新建两个结构层分别设置结构层的【功能】【材质】与【厚度】选项，如图 1-7-8 所示。

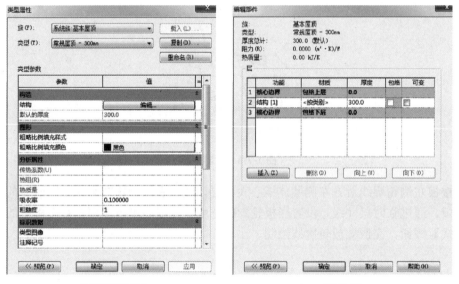

类型属性对话框　　　　　　　　　　　　　　设置材质

图 1-7-8

屋顶绘制方式为【拾取墙】工具，在选项栏中禁用【定义坡度】选项，设置【悬挑】选项数据，启用【延伸到墙中（至核心层）】选项，在【属性】面板中设置【自标高的底部偏移】数据，如图 1-7-9 所示。

单击【模式】面板中的【完成编辑模式】按钮，完成屋顶的创建。切换至默认三维视图中，看屋顶效果图。

1.7.5　天花板

选择【构建】面板中的【天花板】工具后，在【属性】面板类型选择器中选择族类

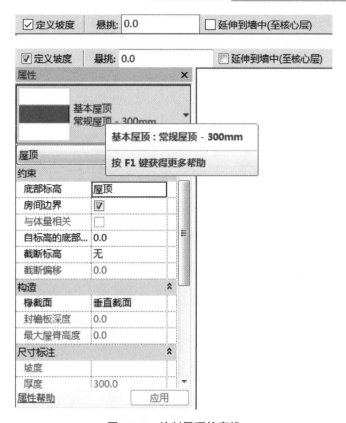

图 1-7-9　绘制屋顶轮廓线

型，并在【类型属性】对话框中复制为当前所用名称。

单击【结构】参数右侧的【编辑】按钮，打开【编辑部件】对话框，再打开"面层 2【5】"结构层的【材料浏览器】对话框，查找材质类型复制为当前所用名称，如图 1-7-10所示。

【类型属性】面板

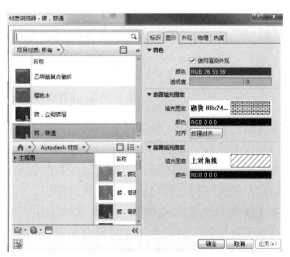

设置材质面板

图 1-7-10

单击【确定】按钮，关闭【材料浏览器】对话框，设置【编辑部件】对话框中结构层材质参数，如图 1-7-11 所示。

图 1-7-11　编辑部件面板

当在平面视图中，选择【天花板】工具后，在【修改 | 放置 天花板】上下文选项卡中单击选择，默认情况下【天花板】面板中选择【自动创建天花板】工具，如图 1-7-12 所示。

图 1-7-12　【自动创建天花板】工具

在【属性】面板中，设置【自标高的高度偏移】数据后，在墙体图元中间单击，这时将自动创建天花板，如图 1-7-13 所示。

切换至默认三维视图后，启用【属性】面板中的【剖面框】选项，单击并拖拽剖面框右侧的向左箭头图标，即可查看天花板效果图。

在【修改 | 放置 天花板】上下文选项卡中，除了【自动创建天花板】工具外，还包括【绘制天花板】工具，后者主要是在未封闭的墙体中使用。

当选择【绘制天花板】工具，并设置天花板族类型后，即可按照楼板的绘制方式进行创建。采用【拾取墙】工具或者【直线】工具均可。

图 1-7-13　【属性】面板

1.8 栏杆和楼梯

1.8.1 创建室外空调栏杆

使用【栏杆扶手】工具，可以为项目添加各种样式的扶手。在 Revit 中，既可以单独绘制扶手，也可以在绘制楼梯、坡道等主体构件时自动创建扶手。在创建扶手前，需要定义扶手的类型和结构。

在平面视图中单击【楼梯坡道】面板中【栏杆扶手】下拉按钮，选择【绘制路径】选项，切换至【修改｜创建栏杆扶手路径】上下文选项卡，如图 1-8-1 所示。

单击【属性】面板中的【编辑类型】选项，打开栏杆扶手的【类型属性】对话框，在该对话框中选择扶手类型，并复制该类型为当前扶手名称，如图 1-8-2 所示。

在该对话框中，当复制类型后，【类型参数】列表中的参数将添加【顶部扶栏】【扶手1】与【扶手 2】参数组。

图 1-8-1 【栏杆扶手】工具

单击【扶栏结构（非连续）】参数右侧的【编辑】按钮，打开【编辑扶手（非连续）】对话框，设置【高度】以及【偏移】参数，如图 1-8-3 所示。

图 1-8-2 【类型属性】面板

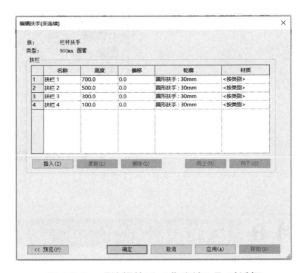

图 1-8-3 【编辑扶手（非连续）】对话框

继续在该对话框中设置"扶手1"扶栏的【轮廓】，单击【材质】参数中的【编辑】按钮，打开【材质浏览器】对话框，查找材质并选择材质，之后复制为当前名称使用。采用复制后的材质，依次为所有扶栏设置【材质】参数，如图 1-8-4 所示。

单击【确定】按钮返回【类型属性】对话框，单击【栏杆位置】参数右侧的【编辑】按钮，打开【编辑栏杆位置】对话框，设置所有【栏杆族】选项为"无"，如图 1-8-5 所示。

单击【确定】按钮返回【类型属性】对话框，设置【栏杆偏移】参数为 0.0，并依次设置【顶部扶栏】【扶手1】与【扶手2】参数组中的【类型】均为"无"，如图 1-8-6 所示。

单击【确定】按钮返回路径绘制状态，设置【属性】面板中的【底部偏移】数据，启用【选项】面板中的【预览】选项，确定选项栏中的【偏移量】为 0，在图上绘制栏杆扶手。

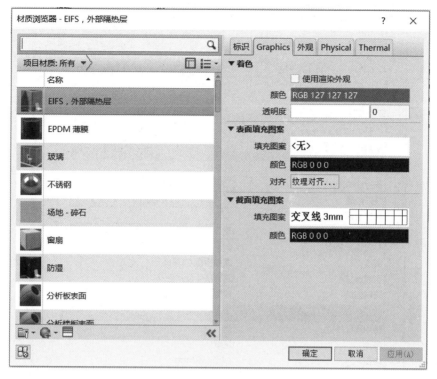

图 1-8-4　材质设置面板

图 1-8-5　【编辑栏杆位置】面板

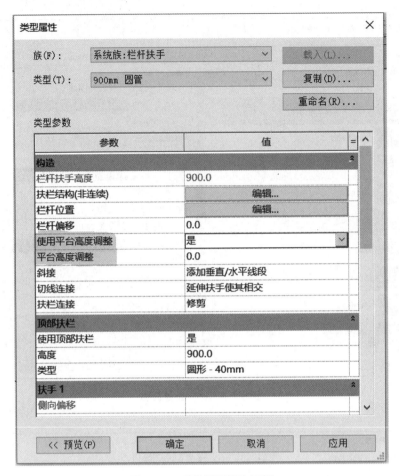

图 1-8-6　【类型属性】面板

单击【模式】面板中的【完成编辑模式】按钮后，切换至默认三维视图中观察空调栏杆。

1.8.2　创建栏杆扶手

在 Revit 当中，除了能够通过编辑扶手对话框来定义扶手外，还能够通过 Revit 中的系统族来定义扶手结构。

在 Revit 中，新建建筑样板的空白项目文件，切换至【插入】选项卡中，单击【载入族】按钮，将族文件载入项目文件中，然后在视图绘制任意的扶手图元，如图 1-8-7 所示。

单击【栏杆位置】右侧的【编辑】按钮，打开【编辑栏杆位置】对话框。在已有的栏杆定义当中设置【顶部】选项为"顶部扶栏图元"，如图 1-8-8 所示。

连续单击【确认】按钮 ✔，关闭所有对话框，单击【模式】面板中的【完成编辑模式】按钮，完成栏杆绘制。切换至默认三维视图中，查看栏杆效果。

在【项目浏览器】面板中，双击【族】｜【栏杆扶手】｜【扶手类型】中选择类型选

图 1-8-7　【类型属性】面板

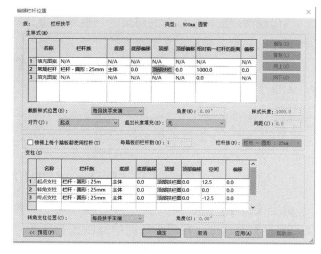

图 1-8-8　【编辑栏杆位置】面板

项，打开【类型属性】对话框，复制该类型为当前类型，并设置【手间隙】数值、【高度】数值及【轮廓】数值，【族】参数为"无"。并在该对话框中的参数组中的各个参数分别用来设置该族类型的轮廓、材质、延伸效果等各种显示效果。

　　继续在该对话框中复制类型为"底部扶手"，并设置【高度】数值。按照上述方法，双击【族】｜【栏杆扶手】｜【顶部栏杆类型】中选择类型选项，打开【类型属性】对话框。设置【轮廓】参数为"顶部扶手轮廓：顶部扶手轮廓"，单击【确认】按钮查看顶部扶手效果。

　　选中栏杆扶手图元，单击【属性】面板中的【编辑类型】选项，打开【类型属性】对话框，设置【扶手 1】参数组中【类型】参数和【位置】参数。

　　将光标指向顶部扶手图元，按下 Tab 键选择顶部扶栏图元，【属性】面板中将显示一些参数。

　　单击【编辑类型】选项，打开【类型属性】对话框，进行下一步设置。设置【延伸（起始底部）】参数组中【延伸样式】参数为"楼层"，【长度】参数，单击【确认】按钮。

　　继续选择顶部扶手，在【修改｜顶部扶栏】上下文选项卡中单击【连续扶栏】面板中的【编辑扶栏】按钮，进入【修改｜编辑连续扶栏】选项卡。单击【工具】面板中【编辑路径】按钮，确定绘制模式为【直线】工具。捕捉扶栏中点位置单击，并连续单击绘制扶栏。

　　单击并选中转角扶栏，单击【连接】面板中的【编辑扶栏连接】按钮，在右侧下拉列表选择"圆管"，并设置【半径】参数，完成扶栏转角的设置。

　　连续单击【模式】面板中的【完成编辑模式】按钮两次，完成栏杆扶栏的编辑，即可在三维视图中查看效果。

1.8.3　添加楼梯

　　在 Revit 中楼梯的创建可以通过以下两种方式：一种是按草图的方式创建楼梯；一种

是按构建的方式创建楼梯。这里主要通过草图的方式创建楼梯。

当出现两层或两层以上的建筑时，就需要为其添加楼梯。楼梯同样属于系统族，在创建楼梯之前必须为楼梯定义类型属性以及实例属性。

在平面视图里，单击【楼梯坡道】面板中的【楼梯】下拉按钮，选择【楼梯（按草图）】选项，进入【修改/创建楼梯草图】上下文选项卡，如图 1-8-9 所示。

图 1-8-9　【楼梯】工具

确定【属性】面板类型选择器中选择的为"整体板式-公共"类型，打开该类型的【类型属性】对话框。在该对话框中复制该类型为"职工食堂-室内楼梯"，设置列表中的个别参数值，具体参数值如图 1-8-10 所示。

类型属性		✕
族(F)：	系统族:组合楼梯 ▾	载入(L)...
类型(T)：	190mm 最大踢面 250mm 梯段 ▾	复制(D)...
		重命名(R)...

类型参数

参数	值	=
计算规则		
最大踢面高度	190.0	
最小踏板深度	250.0	
最小梯段宽度	1000.0	
计算规则	编辑...	
构造		
梯段类型	50mm 踏板 13mm 踢面	
平台类型	非整体休息平台	
功能	内部	
支撑		
右侧支撑	梯边梁(闭合)	
右侧支撑类型	梯边梁 - 50mm 宽度	
右侧侧向偏移	0.0	
左侧支撑	梯边梁(闭合)	
左侧支撑类型	梯边梁 - 50mm 宽度	
左侧侧向偏移	0.0	

<< 预览(P)	确定	取消	应用

图 1-8-10　【类型属性】面板

在该对话框中，【材质和装饰】参数组中的各种材质是在创建楼板图元时定义完成的，这里只需要选择设置即可。

单击【确定】按钮，关闭【类型属性】对话框。在【属性】面板中确定【限制条件】选项组中的【底部标高】为 F1，【顶部标高】为 F2，【底部偏移】和【顶部偏移】均为 0；设置【尺寸标注】选项组中的【宽度】的数据。

在【属性】面板中，【尺寸标注】选项组中的选项，除【宽度】选项外，其他选项中的值均是通过【限制条件】选项组中的选项值自动算出的，通常情况下不需要改动。

在【修改/创建楼梯草图】上下文选项卡中单击【工具】面板中的【栏杆扶手】按钮，在打开的【栏杆扶手】对话框中选择下拉列表中选择扶手材质，启用【踏板】选项，单击【确定】按钮，如图 1-8-11 所示。

图 1-8-11　设置栏杆材质与位置

选择【参照平面】工具，在轴线区域中建立一条垂直、三条水平的参照平面。设置垂直参照平面与轴线之间距离，以轴线为基点，由下至上依次设置之间的距离。

退出参照平面绘制状态，单击【绘制】面板中的【梯段】按钮，并确定绘制方式为【直线】工具。捕捉参照平面的交点，水平向右移动光标，当提示的灰色字显示的为"创建了 19 个踢面"时单击创建梯段，继续捕捉梯段终点与参照平面的交点单击，移动光标至参照平面上的交点单击，完成第二段的梯段创建。

单击【绘制】面板中的【边界】按钮，并确定绘制方式为【直线】工具。在墙体中绘制边界线。

选择【修改】面板中的【修剪/延伸为角】工具，分别单击梯段边界绘制的独立边界，使其形成封闭边界。

选择【修改】面板中的【对齐】工具，使梯段的右侧边界对齐相邻的墙体表面。

单击【模式】面板中的【完成编辑模式】按钮，完成楼梯的创建。切换至默认三维视图，查看楼梯在建筑中的效果。

1.9　创建房间

1.9.1　创建与选择房间

只有闭合的房间边界区域才能创建房间对象。Revit 可以自动搜索闭合的房间边界，并在房间边界区域内创建房间。

创建房间
渲染
创建漫游
场地与场地构件
BIM成果输出

打开 F1 平面视图，单击【房间和面积】面板下拉按钮展开该面板，选择【面积和体积计算】选项，打开【面积和体积计算】对话框。在该对话框的【计算】选项卡中分别启用【仅按面积（更快）】选项与【在墙核心层】选项，如图 1-9-1 所示。

单击【房间和面积】面板中的【房间】按钮，进入【修改 | 放置房间】上下文选项卡中，确认选中【标记】面板中的【在放置时进行标记】选项，【属性】面板中类型选择器为"标记-房间-无面积-方案-黑体"设置【上限】为 F1，设置【高度偏移】数据，如图 1-9-2 所示。

将光标移至轴线区域内的房间位置时，发现 Revit 自动显示蓝色房间预览线，单击即

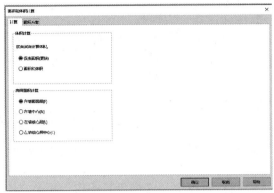
【面积和体积计算】面板

【房间】工具

图 1-9-1

图 1-9-2　【属性】面板

可创建房间。

　　按 Esc 键退出创建房间状态，将光标指向创建后的房间区域，当房间图元高亮显示时，单击选中该房间图元。在【属性】面板中，设置【名称】选项为"休息室"，单击【应用】按钮改变房间名称，继续选择【房间】工具，依次在项目中单击建立相应的房间，并单击房间标签，更改房间名称。

　　提示：创建房间后，还可以删除房间图元，只要选中房间图元后按 Delete 键即可，删除房间图元的同时，房间标记也随之被删除。

1.9.2　房间标记

　　房间与房间标记不同，但它们是相关的 Revit 构件。与墙和门一样，房间标记是可在平面视图和剖面视图中添加和显示的注释图元。房间标记可以显示相关参数的值,例如房间编号、房间名称、计算的面积和体积等参数。

由于在创建房间时,选中了【标记】面板中【在放置时进行标记】选项,所以在创建房间的同时创建了房间标记。在【项目浏览器】面板中,右击 F1 并选择关联菜单中的【复制视图】|【复制】选项,得到 F1 副本 1 平面视图。右击 F1 副本 1 并选择【重命名】选项,设置平面视图名称为房间图例。

在复制得到的平面视图中,发现项目中没有显示房间名称。当光标指向项目时,放置的房间对象仍然存在。

选择【房间和面积】面板中的【标记房间】工具,进入【修改|放置房间标记】上下文选项卡。确定【属性】面板选择器为"标记-房间-无面积-方案-黑体",这时 Revit 中会高亮显示所有已放置的房间图元,即可为该房间图元添加相应的房间标记。

由于已经在 F1 平面视图中添加了房间图元,所以只要选择【房间标记】工具,单击房间区域,就会添加为设置好的房间名称。当选择【房间标记】下拉列表中的【标记所有未标记的对象】工具,在打开的【标记所有未标记的对象】对话框中选择列表中的"房间标记",【载入的标记】为"C-房间面积标记:房间面积标记"选项,单击【确定】按钮即可自动为该视图中的所有房间添加房间标记,如图 1-9-3 所示。

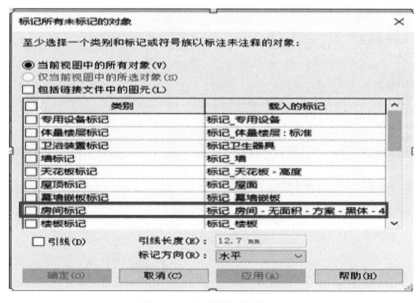

图 1-9-3 自动添加房间标记

1.9.3 房间图例

添加房间后可以在房间中添加图例,并采用颜色填充等方式用于更清晰地表现房间范围与分布。对于使用颜色方案的视图,颜色填充图例是颜色标识的关键所在。

确定在房间图例平面视图中,切换至【视图】选项卡,选择【图形】面板中的【可见性/图形】工具,如图 1-9-4 所示。打开【楼层平面:房间图例的可见性/图形替换】对话框，选择【注释类型】选项卡，在列表中禁用【剖面】【剖面框】【参照平面】【立面】以及【轴网】选项，单击【确定】按钮后，关闭该对话框，房间图例平面视图中将隐藏辅助项目的轴线、剖面等参考图元，如图 1-9-5 所示。

图 1-9-4　【视图】工具栏

![楼层平面: 标高 1的可见性/图形替换对话框]

图 1-9-5　【楼层平面：可见性】面板

切换至【注释】选项卡，选择【颜色填充】面板中的【颜色填充图例】工具，单击视图的空白区域，在打开的【选择空间类型和颜色方案】对话框中选择【空间类型】为"房间"，【颜色方案】为"方案"，再次单击空白区域放置图例。由于在项目中未定义方案颜色方案的显示属性，因此该图例显示为"未定义颜色"，当在多层项目中放置图例时，需要在相应的【类型属性】对话框中设置【显示的值】参数为"按视图"，这样图例就可以只显示当前视图中的房间图例。

切换至【建筑】选项卡，单击【房间和面积】面板下拉按钮，选择【颜色方案】选项，在打开的【编辑颜色方案】对话框中选择【类别】列表中的"房间"，设置【标题】为"房间图例"，选择【颜色】为"名称"，这时会打开【不保留颜色】对话框，单击【确定】按钮，列表中自动显示房间的填充颜色，单击【确定】按钮，关闭【编辑颜色方案】对话框。房间平面视图中的项目房间中添加相应的颜色填充，并且右侧图例中显示颜色图例。

1.10　渲染

1.10.1　渲染外观

材质是表现对象表面颜色、纹理、图案、质地和材料等特性的一组设置。通过将材质附着给三维建筑模型，可以在渲染时显示模型的真实外观。如果在材质中再添加相应的贴花，则可以使模型显示出照片级的真实效果。

1. 材质

创建三维建筑模型时，如果指定恰当的材质，即可完美地表现出模型效果。在 Revit 中，用户可以将材质应用到建筑模型的图元中，也可以在定义图元族时将材质应用于图元。

（1）材质简介

在 Revit 中，材质代表实际的材质，例如混凝土、木材和玻璃。这些材质可应用于设计的各个部分，使对象具有真实的外观。在部分设计环境中，由于项目的外观是重要的，因此材质还具有详细的外观属性，如反射率和表面纹理，效果如图 1-10-1 所示。

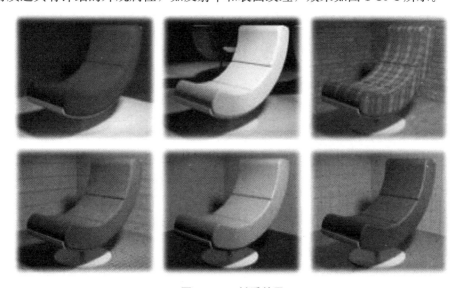

图 1-10-1　材质效果

（2）材质设置

切换至【管理】选项卡，单击材质按钮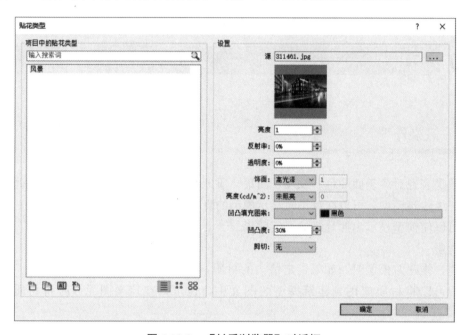，系统将打开【材质浏览器】对话框，如图 1-10-2 所示。

其中，该对话框的左侧为材质列表，包含项目中的材质和系统库中的材质；右侧为材质编辑器，包含选中材质的各资源选项卡，用户可以进行相应的参数设置。

图 1-10-2　【材质浏览器】对话框

图 1-10-3　附着贴花渲染效果

2. 贴花

在 Revit 中，利用相应的工具可以将图像放置到建筑模型的表面上以进行渲染。例如，可以将贴花用于标志、绘画和广告牌，效果如图 1-10-3 所示。

对于每个贴花，用户都可以指定一个图像及其反射率、亮度和纹理（凹凸贴图）。通常情况下，可以将贴花放置到水平表面和圆筒形表面上。

（1）贴花类型

切换至【插入】选项卡，在【贴花】下拉列表中单击【贴花类型】按钮，系统将打开【贴花类型】对话框。

此时，单击左下角的【新建贴花】按钮，输入贴花的类型名称，并单击【确定】按钮，【贴花类型】对话框将显示新贴花的名称及其属

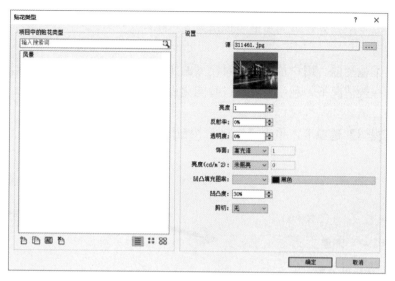

图 1-10-4　【贴花类型】对话框

性，如图 1-10-4 所示。在该对话框中，用户可以单击【源】右侧的【浏览】按钮┈┈，选择要添加的图像文件，还可以设置该图像的亮度、反射率、透明度和纹理（凹凸度）等贴花的其他属性。

（2）放置贴花

切换至【插入】选项卡，然后在【贴花】下拉菜单中单击【放置贴花】按钮，【属性】选项板将自动选择之前所创建的贴花类型，系统将打开【贴花】选项栏。此时，在视图中指定表面的相应位置上单击，即可放置贴花，效果如图 1-10-5 所示。

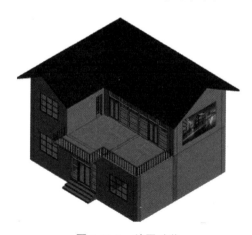

图 1-10-5　放置贴花

1.10.2　渲染操作

渲染是基于三维场景来创建二维图像的一个过程。该操作通过使用在场景中已设置好的光源、材质和配景，为场景的几何图形进行着色。通过渲染可以将建筑模型的光照效果、材质效果以及配景外观等完美地表现出来。

1. 渲染设置

在渲染三维视图前，用户首先需要对模型的照明、图纸输出的分辨率和渲染质量进行相应的设置。一般情况下，利用系统经过智能化设计的默认设置来渲染视图，即可得到令人满意的结果。

切换至【视图】选项卡，单击【渲染】按钮，系统将打开【渲染】对话框，如图1-10-6 所示。

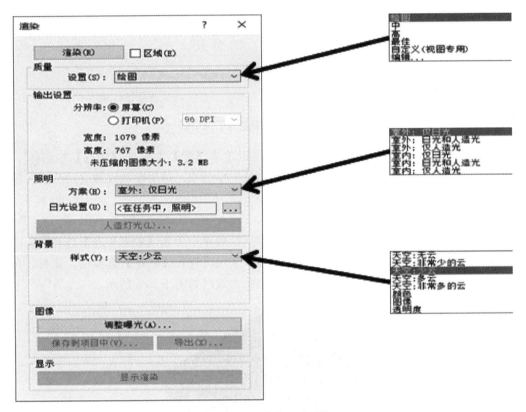

图 1-10-6　【渲染】对话框

2. 渲染

渲染操作的最终目的是创建渲染图像。完成渲染相关参数的设置后，即可渲染视图，以创建三维模型的照片级真实感图像。

（1）区域渲染和全部渲染

1）全部渲染

单击【渲染】对话框中上方的【渲染】按钮，即可开始渲染图像。此时系统将显示一个进度对话框，显示有关渲染过程的信息，包括采光口数量和人造灯光数量，如图1-10-7所示。

当系统完成模型的渲染后，该进度对话框将关闭，系统将在绘图区域中显示渲染图像，效果如图1-10-8所示。

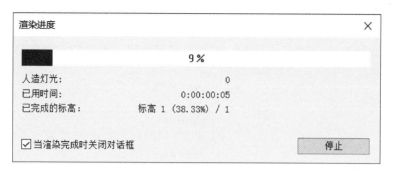

图 1-10-7　【渲染进度】对话框

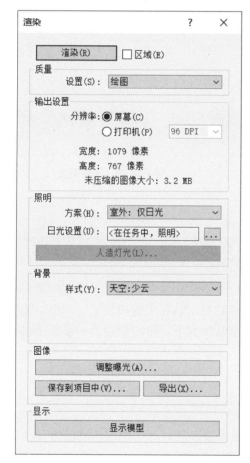

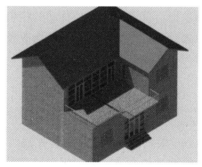

图 1-10-8　渲染图像

2）区域渲染

利用该方式可以快速检验材质渲染效果，节约渲染时间。在【渲染】对话框上方启用【区域】复选框，系统将在渲染视图中显示一个矩形的红色渲染范围边界，如图 1-10-9 所示。此时，单击选择该渲染边界，拖曳矩形的边界和顶点即可调整该区域边界的范围。

（2）调整曝光

渲染操作完成后，在【渲染】对话框中单击【调整曝光】按钮，系统将打开【曝光控制】对话框，如图1-10-10所示。此时，用户即可通过输入参数值或者拖动滑块来设置图像的曝光值、亮度和中间色调等参数选项。

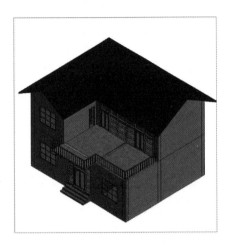

图1-10-9　区域渲染

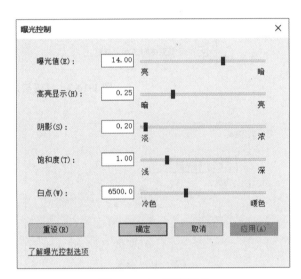

图1-10-10　调整曝光

1.11　创建漫游

漫游是指沿着定义的路径移动的相机，该路径由帧和关键帧组成，其中，关键帧是指可在其中修改相机方向和位置的可修改帧。默认情况下，漫游创建为一系列透视图，但也可以创建为正交三维视图。

1.11.1　创建漫游路径

在Revit中，创建漫游视图首先需要创建漫游路径，然后在编辑漫游路径关键帧位置的相机位置和视角方向。创建漫游路径的关键是在建筑的出入口、转弯和上下楼等关键位置放置关键帧，效果如图1-11-1所示。其中，蓝色的路径线即为相机路径，而红色的圆点则代表关键帧的位置。创建漫游路径的具体操作方法介绍如下。

打开要放置漫游路径的视图，然后切换至【视图】选项卡，在【三维视图】下拉菜单中单击【漫游】按钮，系统将打开【漫游】选项栏。此时，启用【透视图】复选框，并设置视点的高度参数。接着，移动光标在视图中的相应位置，沿指定方向依次单击放置关键帧，即可完成漫游路径的创建，效果如图1-11-2所示。

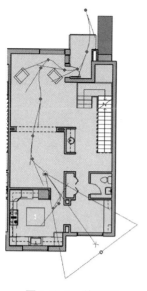

图 1-11-1　效果图

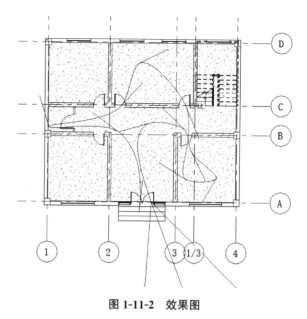

图 1-11-2　效果图

1.11.2　漫游预览与编辑

完成漫游视图的创建后，用户可以随时预览其效果，并编辑其路径关键帧的相机位置和视角方向，以达到满意的漫游效果。

打开漫游视图，单击选择视图边界，系统将展开【修改｜相机】选项卡，如图 1-11-3 所示，在该选项卡中即可预览并编辑漫游视图。

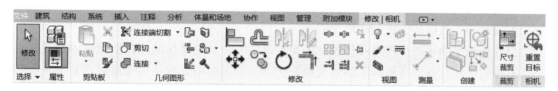

图 1-11-3　【修改｜相机】选项卡

1.11.3　设置漫游帧

在【编辑漫游】选项栏中单击【帧设置】按钮，系统将打开【漫游帧】对话框，如图 1-11-4 所示。

此时，即可对漫游过程中的各帧参数进行相应的设置。其中，若禁用【匀速】复选框，还可以对各关键帧位置处的速度进行单独设置，以加速或减速在某关键帧位置相机的移动速度，模拟真实的漫游进行状态，效果如图 1-11-5 所示。该加速器的参数值范围为 $0.1 \sim 10$。

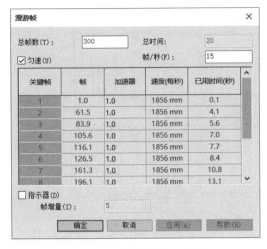

图 1-11-4　【漫游帧】对话框

图 1-11-5　设置漫游帧参数

1.12 场地与场地构件

1.12.1 添加地形表面

Revit 中场地工具用于创建项目的场地，而地形表面的创建方法包括两种：

1. 通过放置点方式生成地表面。

2. 通过导入数据的方式创建地形表面。

打开场地平面视图切换至【体量和场地】选项卡，单击【场地建模】面板中的【地形表面】按钮，在打开的【修改｜编辑表面】上下文选项卡中，默认为【放置点】工具，在选项栏中设置【高程】数值下拉列表中选择"绝对高程"选项，如图 1-12-1 所示。

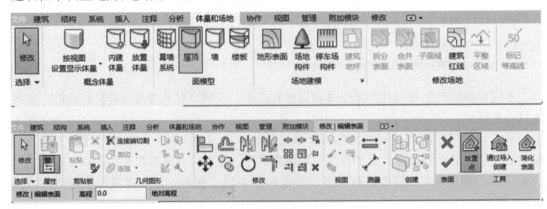

图 1-12-1　选择【地形】表面工具

在项目周围的适当位置（左上角、右上角、右下角、左下角）连续单击，放置高程点，如图 1-12-2 所示。

图 1-12-2　地形表面效果

连续单击 Esc 键两次退出放置高程点状态，单击【属性】面板中【材质】选项右侧的【浏览器】按钮，打开【材质浏览器】对话框，如图 1-12-3 所示。选择材质复制为当前材质，将指定给地形表面。

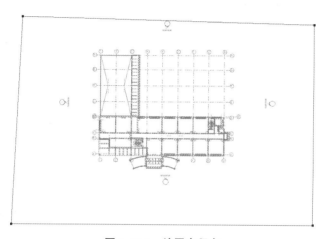

图 1-12-3　放置高程点

单击【表面】面板中的【完成表面】按钮，完成地形表面的创建。如图 1-12-4 所示。

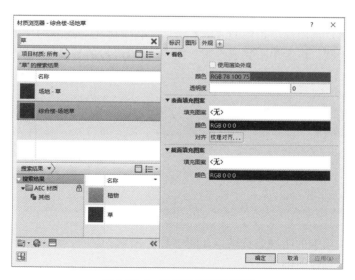

图 1-12-4　设置地形表面材质

1.12.2　通过导入数据创建地形表面

通过不同的数据导入，一种是 DWG 格式的 CAD 文件，一种是 TXT 格式的记事本文件。

导入 CAD 等高线文件，首先要载入该文件。先切换至【插入】选项卡，单击【导入】面板中的【导入 CAD】按钮，在打开的【导入 CAD 格式】对话框中选择"场地.dwg"文件，设置【导入单位】为"米"，【定位】为"自动-原点到原点"，单击【打开】按钮后导入 CAD 文件。

切换至【体量和场地】选项卡，单击【场地建模】面板中的【地形表面】按钮，进入【修改｜编辑表面】上下文选项卡。单击【工具】面板中的【通过导入创建】下拉按钮，选择【选择导入实例选项】选项，在打开的【从所选择图层添加点】对话框中选择两个等高图层，单击【确定】按钮，Revit 自动沿等高线放置一系列高程点。

选择【工具】面板中的【简化表面】工具，设置【简化表面】对话框中【表面精度】数据，单击【确定】按钮进行简化。

单击【表面】面板中的【完成表面】按钮，切换至默认三维视图，查看效果。选择 DWG 地形文件并右击，选择关联菜单中的【删除选定图层】选项。在打开的【选择要删除的图层/标高】对话框中选择导入的图层选项，单击【确定】按钮，删除 DWG 文件，保留 Revit 地形。

生成 Revit 生成地形表面后，可以根据需要为地形等高线进行设置。单击【场地建模】面板右下角的【场地设置】按钮，打开【场地设置】对话框，在该对话框中禁用【间隔】选项，删除【附加等高线】列表中的所有等高线，并插入等高线及设置数据。

切换至场地平面视图，在【属性】面板中设置【视图比例】。选择【修改场地】面板中的【标记等高线】工具，打开相应的【类型属性】对话框，复制为当前类型并设置【文字字体】与【文字大小】参数后，单击【单位格式】右侧编辑按钮，在打开的【格式】对话框中，禁用【使用项目设置】选项，设置单位为"米"。

关闭对话框后，选用选项栏中的【链】选项，在要标注等高线的位置单击，并沿垂直于等高线的位置绘制，再次单击完成绘制。Revit 会沿经过的等高线自动添加等高线标签。

1.13　BIM 成果输出

1.13.1　明细表创建方法

1.点击视图选项卡的明细表选项，如图 1-13-1 所示；

2.选择类别，创建明细表；

3.将明细表需要的字段添加到右侧选择框内；

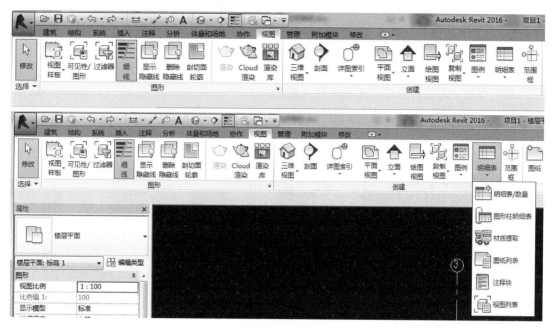

图 1-13-1　明细表选项卡

4. 设置排序方式为标高；

5. 在外观里设置不勾选数据前的空格；

6. 点击确定，完成明细表的创建，按照以上操作步骤，完成其他明细表的创建。

1.13.2　图纸创建方法

1. 平面施工图

在平面视图中，需要详细表述总尺寸、轴网尺寸、门窗平面定位尺寸，即通常所说的"三道尺寸线"，以及视图中各构件图元的定位尺寸，还必须标注平面中各楼板、室内室外标高，以及排水方向、坡度等信息。一般来说，对于首层平面图纸还必须添加指北针等符号，以及建筑的方位，在 Revit 中可以在布置图纸时添加指北针信息。

2. 立面施工图

与平面施工图类似，可以在立视图中添加尺寸标注、高程点标注、文字说明等注释信息，得到立面图。

处理立面施工图时，需要加粗立面轮廓线，并标注标高、门窗安装位置的详细尺寸线。

切换至立面视图，打开视图实例属性中的【裁剪视图】和【裁剪区域】可见选项。调整裁剪区域，显示办公楼部分全部模型并裁剪室外地坪下方地坪部分。在【修改】选项卡的【编辑线处理】面板中单击【线处理】工具，系统自动切换到【线处理】，设置【线样式】类型为【宽线】，完成后按【Esc】，退出线处理模式。适当延长底面轴线长度，使用对齐标注工具，确定当前尺寸标注类型为【固定尺寸界线】，继续细化标注其他需要在立面中标注的立面尺寸标注。标注顶部标高，并标注入口处雨篷底面标高。

在【注释】选项卡的【文字】面板中单击【文字】工具，系统自动切换至【放置文字】，上下关键选项卡，设置当前文字类型，打开文字类型属性对话框，修改图形参数，设置线宽，完成后单击【确定】按钮，退出类型属性对话框。

处理立面视图中轴网对象，标高对象标头显示，按类似的方法处理其他立面视图，添加完成所有的立面注释信息，完成保存文件。

3. 剖面施工图

打开软件，然后打开我们画好的模型，切换至场地标高。如图 1-13-2 所示。

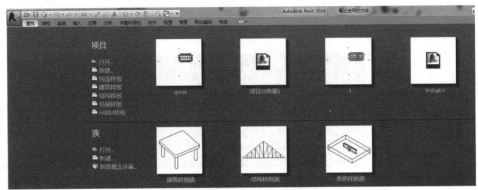

图 1-13-2　进入界面选项卡

在视图选项卡选择剖面按钮，在建模的中间绘制一条直线，绘制完成后会出现剖面符号标记。如图 1-13-3 所示。

接着我们在软件左侧项目浏览器中找到（剖面 1），点击打开，可以看到这时剖面图已经创建完成。剖面图创建完成后，可以将生成的文件导成 CAD 文件，选择导出设置，新建导出设置，加载 ISO 标准图层，点击确定。在软件主界面选择导出为 DWG 格式，导出

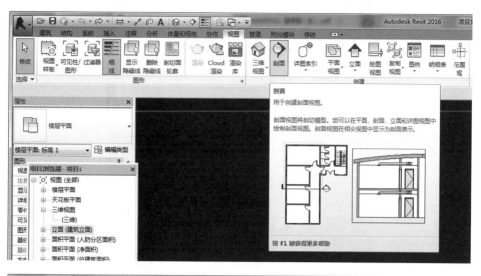

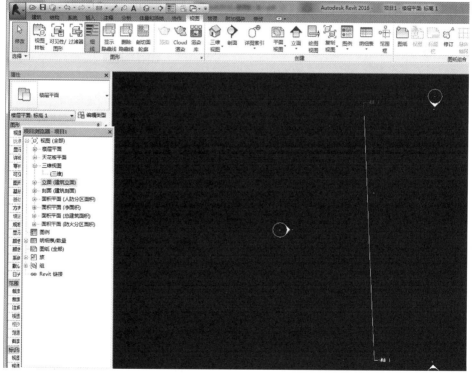

图 1-13-3　剖切

设置选择上面设置的点击下一步，重命名进行保存，就导出完成了。

1.13.3　模型文件管理与数据转换方法

点击![icon]图标，点击【导出】选项，可以看到有很多的导出格式。如图 1-13-4 所示。

Revit 导出 Naviswork 模型的方法：在 Revit 应用菜单栏中选择导出 nwc 文件。

图 1-13-4　导出页面

1.13.4　打印设置

本节主要讲述在 Revit 中为打印作业指定各种选项。

1. 打印设置

单击【打印】中的【打印设置】。或者如果【打印】对话框已打开，请单击【设置】。

在【打印设置】对话框中，选择要使用的已保存打印设置（如果有）作为"名称"。

在【纸张】下，为【尺寸】和【来源】指定选项。在【方向】下，选择【纵向】或【横向】。在【页面位置】下指定视图在图纸上的打印位置。

如果选【用户定义】作为【从角部偏移】，请输入"X"和"Y"的偏移值。在【隐藏线视图】下，选择一个选项，以提高在立面、剖面和三维视图中隐藏线视图的打印性能。

单击【确定】。

2. 打印预览

使用【打印预览】可在打印之前查看视图或图纸的草图版本。如果打印多个图纸或视图，则不能使用打印预览。要查看打印预览，单击【打印】【打印预览】注意如果打印作业较大，状态栏上会显示【取消】按钮。触发此选项所需的文件大小是由系统速度和内存量来决定的。

3. 打印图纸

使用【打印】工具可打印选定的视图和图纸。

用 Revit Batch Print 工具。

4. 打印施工图文档

单击【打印】在【打印】对话框中，选择一个打印机作为【名称】。再单击【属性】，配置打印机。

选择【打印到文件】可以将打印作业另存为"PRN"或"PLT"文件。在【打印范围】下，指定要打印的是当前窗口、当前窗口的可见部分，还是所选视图/图纸。若要打印所选视图和图纸，请单击【选择】，选择要打印的视图和图纸，然后单击【确定】。将所选视图和图纸打印到文件时，Revit 会为每个视图或图纸创建一个文件。若要创建包含所有所选视图和图纸的单个文件，请打印到 PDF。在【选项】下，请指定打印份数以及是否按相反顺序打印视图/图纸。可以为多页打印作业选择【反转打印顺序】，这样将最先打印最后一页。要在打印下一份的第一页之前打印一份完整的项目，请选择【逐份打印】。要在打印完第一页的所有份数之后打印各后续页的所有份数，请清除【逐份打印】。

要修改打印设置，请在【设置】下，单击【设置】。要在打印之前预览打印作业，请单击【打印预览】。在打印预览模式下，如果打印作业涉及多个页面，则可以缩放图像和在页面中翻转。要退出打印预览，请单击选项栏上【关闭】。要返回到【打印】对话框，单击【打印】。如果已准备好打印，请点击【确定】。

1.14　练习题

1.14.1　模拟考练习题（1～30 为单选题，31～49 为多选题）

1.下列不属于建筑信息模型（Building Information Modeling）的特点表述正确的是（　　　）。

A. 可视化、协调性、模拟性、优化性、可出图形

B. 可视化、协调性、自动性、优化性、联动性

C. 可视化、协调性、模拟性、自动性、可出图形

D. 可视化、协调性、管理性、优化性、可出图形

2. 在建筑总平面图中建筑物的定位尺寸包括尺寸定位和（　　）定位。

A. 坐标网式　　　　B. 原点式　　　　C. 中心式　　　　D. 距离式

3. 剖面图主要表达建筑物内部的（　　）构造。

A. 横行　　　　B. 竖向　　　　C. 水平　　　　D. 网状

4. 下列有关 BIM 数据文件和数据库多种形式数据交互常用格式无错误的是（　　）。

A. IFC、CSV　　　B. DWG、IFC　　　C. SAT、PNG　　　D. EXE、SAT

5. 美国建筑师协会（AIA）定义了建筑信息模型中数据细致程度（LOD）的概念，LOD 被定义为 LOD100、LOD200、LOD300、LOD400、LOD500 共五个等级。LOD400 所达到的要求是（　　）。

A. 整合设计模型　　B. 搭建模型　　C. 建造加工　　D. 维护维修

6. BIM（Building Information Modeling）的概念是（　　）。

A. 以建筑工程项目的各项相关信息数据作为基础，建立起三维的建筑模型

B. 建筑业数据模型

C. 以建筑工程项目的各项相关信息数据作为基础，建立起三维的建筑模型，通过数字信息仿真模拟建筑物所具有的真实信息，贯穿建筑物的全生命周期

D. 建筑信息模型

7. 下列不属于项目中运用 BIM 技术的价值的是（　　）。

A. 精确计划，减少浪费　　　　B. 虚拟施工，有效协同

C. 碰撞检测，减少返工　　　　D. 几何信息添加，信息集成

8. 下列不属于装配式结构类型的是（　　）。

A. 装配整体式框架结构　　　　B. 装配整体式剪力墙结构

C. 装配整体式砌体结构　　　　D. 装配整体式部分框支剪力墙结构

9. BIM 在投标过程中的应用不包括（　　）。

A. 基于 BIM 的深化设计　　　　B. 基于 BIM 的施工方案模拟

C. 基于 BIM 的 4D 施工模拟　　　D. 基于 BIM 的资金优化

10. BIM 应用的一般流程为（　　）。

A. BIM 建模、深化设计、施工模拟、施工方案规划

B. BIM 建模、施工模拟、深化设计、施工方案规划

C. BIM 建模、施工方案规划、施工模拟、深化设计

D. BIM 建模、施工方案规划、深化设计、施工模拟

11. 用以确定新建房屋的位置、朝向以及周边环境关系的是（　　）。

A. 建筑一层平面图　　　　B. 建筑立面图

C. 总平面图　　　　D. 功能分区图

12. 结构施工图由（　　）等组成。

A. 总平面图、平立剖、各类详图　　　B. 基础图、楼梯图、屋顶图

C. 基础图、结构平面图、构件详图　　　　　D. 配筋图、模板图、装修图

13. 依据《建筑工程设计文件编制深度规定》，民用建筑工程的设计阶段不包括（　　）。

A. 方案设计　　　　B. 初步设计　　　　C. 深化设计　　　　D. 施工图设计

14. 依据美国国家 BIM 标准（NBIMS），以下关于 BIM 的说法，正确的是（　　）。

A. BIM 是一个建筑模型物理和功能特性的数字表达

B. BIM 是一个设施（建设项目）物理和功能特性的数字表达

C. BIM 包含相关设施的信息，只能为该设施从设计到施工过程的决策提供可靠依据的过程

D. 在项目的不同阶段，不同利益相关方通过在 BIM 中插入、提取信息，但是不能修改信息

15. 以下不属于 BIM 的特点有（　　）。

A. 可视化　　　　B. 可分析性　　　　C. 可共享性　　　　D. 优化性

16. 以下四个阶段中，最早开始应用 BIM 理念和工具的阶段是（　　）。

A. 规划阶段　　　　B. 设计阶段　　　　C. 施工阶段　　　　D. 运维阶段

17. 以下不属于 BIM 建模软件基本功能的是（　　）。

A. 三维数字化建模　　　　　　　　　　B. 非几何信息录入

C. 三维模型修改　　　　　　　　　　　D. 碰撞检测

18. 美国建筑师协会（AIA）定义了建筑信息模型中数据细致程度（LOD）的概念，LOD 被定义为 LOD100、LOD200、LOD300、LOD400、LOD500 共五个等级。下列对 LOD200 的正确解释是（　　）。

A. 等同于方案设计或扩初设计，包含普遍性系统，通常用于系统分析以及一般性表现目的。

B. 模型单元等同于传统施工图和深化施工图层次。此模型已经能很好地用于成本估算以及施工协调包括碰撞检查，施工进度计划以及可视化

C. 模型被认为可以用于模型单元的加工和安装。此模型更多地被专门的承包商和制造商用于加工和制造项目的构件，包括水电暖系统

D. 最终阶段的模型表现的项目竣工的情形。模型将作为中心数据库整合到建筑运营和维护系统中去

19. 以下属于 BIM 模型交付标准的是（　　）。

A. IFC　　　　B. IDM　　　　C. IFD　　　　D. IPD

20. 以下文件格式中属于开放标准格式的是（　　）。

A. DWG　　　　B. SKP　　　　C. RVT　　　　D. IFC

21. 在 BIM 建模精细度中，施工图设计阶段对建模精细度的要求是（　　）。

A. LOD200　　　　B. LOD300　　　　C. LOD400　　　　D. LOD500

22. 数据交互的格式宜采用（　　）形式。

A. IFC　　　　B. DWG　　　　C. RVT　　　　D. OBJ

23. 下列说法中不恰当的是（　　）。

A. BIM 以建筑工程项目的各项相关数据作为模型的基础

B. BIM 是一个共享的知识资源

C. BIM 技术不支持开放式标准

D. BIM 不是一件事物，也不是一种软件，而是一项涉及整个建造流程的活动

24. 参数化设计方法有很多种，其中最主要的三种方法是（　　）。

A. 代数途径、综合途径、人工智能途径

B. 基本途径、简单途径、人工智能途径

C. 基本途径、代数途径、人工智能途径

D. 简单途径、代数途径、综合途径

25. 下面详图符号 $\frac{5}{3}$ 分母所表示的意义是（　　）。

A. 详图编号   B. 详图所在的图纸编号

C. 标准图册编号   D. 指向索引

26. 以下不属于 BIM 核心建模软件的是（　　）。

A. Revit   B. Bentley   C. ArchiCad   D. PKPM

27. 以下不属于我国 BIM 模型的国家标准的是（　　）。

A. 专业 P-BIM 软件功能与信息交换标准

B. 建筑工程设计信息模型交付标准

C. 建筑信息模型应用统一标准

D. 建筑工程设计信息模型分类和编码标准

28. 参数化设计是 Revit 的一个重要思想，它可分为两部分，分别是参数化图元与（　　）。

A. 参数化操作   B. 参数化修改引擎

C. 参数化提取数据   D. 参数化保存数据

29. 以下软件中，在工厂设计和基础设施领域最具优势的是（　　）。

A. Revit   B. CAD   C. Bentley   D. 天正系列

30. 反映了建筑的平面形状、方位、朝向、道路、河流及房屋之间关系和房屋与周围地形地物的关系及建筑红线的是（　　）。

A. 总平面图   B. 详图   C. 立面图   D. 施工图

31. BIM5D 模型主要包括（　　）。

A. 三维模型   B. 施工模拟模型   C. 渲染模型   D. 时间

E. 成本

32. BIM 造价管理软件可以对 BIM 模型进行工程量统计和造价分析，属于 BIM 造价管理软件的有（　　）。

A. 鲁班   B. 广联达   C. 斯维尔   D. PKPM

E. Bentley

33. 根据《关于推进建筑信息模型应用的指导意见》的规定，对设计单位 BIM 应用工作重点描述正确的是（　　）。

A. 投资控制   B. 投资策划与规划   C. 设计模型建立   D. 分析与优化

E. 设计成果审核

34. 在 BIM 建模过程中，标注类型主要分为（　　　）。

A. 关联标注　　　　　B. 线性标注　　　　　C. 手动标注　　　　　D. 详图标注

E. 非关联标注

35. 关于 BIM 的发展趋势，说法正确的有（　　　）。

A. 新加坡、韩国等国家，也已经开始使用 BIM 技术

B. 从全球化的视角来看，BIM 的应用未形成主流

C. BIM 技术最早是从美国发展起来的

D. 截至目前，国内还没有出台相关的 BIM 政策

E. 国内 BIM 技术已经相当成熟

36. 以下属于 BIM 应用软件按功能划分的有（　　　）。

A. BIM 平台软件　　　　　　　　　　B. BIM 工具软件

C. BIM 环境软件　　　　　　　　　　D. BIM 建模软件

E. BIM 分析软件

37. 建造方式建模按空间处理的方法可分为（　　　）建模方式。

A. 线框建模　　　　　B. 表面建模　　　　　C. 平面建模　　　　　D. 实体建模

E. 空间建模

38. 关于建筑实体、视图、图纸三者的关系说法正确的是（　　　）。

A. 建筑实体通过画法几何中的多种投影（如正投影）得到各类视图

B. 平面视图是假想一个平面切过各楼层，然后过正投影而来

C. 视图经过标注、线性线宽处理、符号等规范性表达后得到图纸

D. 二维绘图过程无法体现建模实体、视图、图纸之间的关联性

E. BIM 软件使得建筑实体、视图、图纸之间的联系更加紧密

39. 施工模拟包括（　　　）。

A. 施工方案模拟　　　B. 光照分析　　　　　C. 结构分析　　　　　D. 施工工艺模拟

E. 安全疏散分析

40. 根据住房城乡建设部《关于推进建筑信息模型应用的指导意见》，工程总承包企业基于 BIM 的质量安全管理主要有（　　　）。

A. 基于 BIM 施工模拟，对复杂施工工艺进行数字化模拟，实行三维可视化技术交底

B. 对复杂结构实现三维放样、定位和监测

C. 实现工程危险源的自动识别分析和防护方案的模拟

D. 实现远程质量验收

E. 进行工厂化预制加工

41. 下列软件属于 BIM 核心建模软件的有（　　　）。

A. Revit　　　　　　　　　　　　　　B. Bentley Architecture

C. SketchUp　　　　　　　　　　　　D. ArchiCAD

E. Luban BE

42. 《建筑工程设计信息模型交付标准》中标明数据状态分为四种类型，分别为（　　　）。

A. 模型数据　　　　　B. 工作数据　　　　　C. 出版数据　　　　　D. 存档数据

E. 共享数据

43. 下列属于 BIM 技术较二维 CAD 技术的优势的是（　　）。

A. 基本图元元素 　　　　　　　　　　B. 各构件相互关联

C. 自动同步修改 　　　　　　　　　　D. 包含建筑全部信息

E. 表现建筑物各投影面

44. 下列属于 BIM 工程师发展方向的是（　　）。

A. BIM 与运维　　　B. BIM 与设计　　　C. BIM 与施工　　　D. BIM 与造价

E. BIM 与招标投标

45. 在住建部《关于印发〈2012 年工程建设标准规范修订计划〉的通知》中，包含的有关 BIM 的标准是（　　）。

A. 建筑工程设计信息模型制图标准

B. 建筑工程信息模型修改标准

C. 建筑工程设计信息模型交付标准

D. 建筑工程设计信息模型分类和编码标准

E. 制造业工程设计信息模型应用标准

46. 建立 BIM 模型的必要步骤有（　　）。

A. 绘图元　　　　　B. 建立构件　　　　C. 定义属性　　　　D. 渲染

E. 动画制作

47. BIM 构件资源库中，应对构件进行管理的方面是（　　）。

A. 命名　　　　　　B. 分类　　　　　　C. 位置信息　　　　D. 数据格式

E. 版本信息

48. 以下软件中属于 BIM 建模软件的是（　　）。

A. AutoCAD　　　　B. Revit　　　　　　C. Navisworks　　　　D. ArchiCAD

E. ProjectWise

49. 在 BIM 应用中，属于施工阶段应用的是（　　）。

A. 场地使用规划　　B. 维护计划　　　　C. 施工系统设计　　　D. 数字化加工

E. 施工图设计

1.14.2　操作基本知识练习题（1～88 为单选题，89～98 为多选题）

1. 在链接模型时，主体项目是公制，要链入的模型是英制，如何操作？（　　）。

A. 把公制改成英制再链接　　　　　　B. 把英制改成公制再链接

C. 不用改就可以链接　　　　　　　　D. 不能链接

2.（　　）应被用于编辑墙的立面外形。

A. 表格　　　　　　　　　　　　　　B. 图纸视图

C. 3D 视图或是视平面平行于墙面的视图　　D. 楼层平面视图

3. 导入场地生成地形的 DWG 文件必须具有（　　）。

A. 颜色　　　　　　B. 图层　　　　　　C. 高程　　　　　　D. 厚度

4. 使用"对齐"编辑命令时，要对相同的参照图元执行多重对齐，请按住（　　）。

A. Ctrl 键　　　　　　　B. Tab 键　　　　　　　C. Shift 键　　　　　　　D. Alt 键

5. 可以将门标记的参数改为（　　　）。

A. 门族的名称　　　　B. 门族的类型名称　　　C. 门的高度　　　　　D. 以上都可

6. 放置幕墙网格时，系统将首先默认捕捉到（　　　）。

A. 幕墙的均分处，或 1/3 标记处

B. 将幕墙网格放到墙、玻璃斜窗和幕墙系统上时，幕墙网格将捕捉视图中的可见标高、网格和参照平面

C. 在选择公共角边缘时，幕墙网格将捕捉相交幕墙网格的位置

D. 以上皆对

7. 以下不是选项栏"编辑组"命令的作用的是（　　　）。

A. 进入编辑组模式

B. 用"添加到组"命令可以将新的对象添加到组中

C. 用"从组中删除"命令可以将现有对象从组中排除

D. 可以将模型组改为详图组

8. 你如何在天花板建立一个开口？（　　　）。

A. 修改天花板，将"开口"参数的值设为"是"

B. 修改天花板，编辑它的草图加入另一个闭合的线回路

C. 修改天花板，编辑它的外侧回路的草图线，在其上产生曲折

D. 删除这个天花板，重新创建，使用坡度功能

9. 如何将临时尺寸标注更改为永久尺寸标注？（　　　）。

A. 单击尺寸标注附近的尺寸标注符号　　　B. 双击临时尺寸符号

C. 锁定　　　　　　　　　　　　　　　D. 无法互相更改

10. 以下不是符号的是（　　　）。

A. 比例　　　　　　　B. 指北针　　　　　　C. 排水符号　　　　　D. 标高

11. 由于 Revit 中有内墙面和外墙面之分，最好按照（　　　）方向绘制墙体。

A. 顺时针　　　　　　　　　　　　　B. 逆时针

C. 根据建筑的设计决定　　　　　　　D. 顺时针逆时针都可

12. 如果无法修改玻璃幕墙网格间距，可能的原因是（　　　）。

A. 未点开锁工具　　　　　　　　　　B. 幕墙尺寸不对

C. 竖梃尺寸不对　　　　　　　　　　D. 网格间距有一定限制

13. 以下可以在幕墙内嵌入基本墙的方法是（　　　）。

A. 选择幕墙嵌板，将类型选择器改为基本墙

B. 选择竖梃，将类型改为基本墙

C. 删除基本墙部分的幕墙，绘制基本墙

D. 直接在幕墙上绘制基本墙

14. 下列属于不可录入明细表的体量实例参数的是（　　　）。

A. 总体积　　　　　　B. 总表面积　　　　　C. 总楼层面积　　　　D. 以上选项均可

15. 在一个主体模型中导入两个相同的链接模型，修改链接的 RVT 类别的可见性，则（　　　）。

A. 三个模型都受影响   B. 两个链接模型都受影响

C. 只影响原文件模型   D. 都不受影响

16. 关于弧形墙，下面说法正确的是（   ）。

A. 弧形墙不能直接插入门窗   B. 弧形墙不能应用"编辑轮廓"命令

C. 弧形墙不能应用"附着顶/底"命令   D. 弧形墙不能直接开洞

17. 在绘制墙时，要使墙的方向在外墙和内墙之间翻转，如何实现？（   ）。

A. 单击墙体   B. 双击墙体

C. 单击蓝色翻转箭头   D. 按 Tab 键

18. 旋转建筑构件时，使用旋转命令的哪个选项使原始对象保持在原来位置不变，旋转的只是副本（   ）。

A. 分开   B. 角度   C. 复制   D. 以上都不是

19. 用"标记所有未标记"命令为平面视图中的家具一次性添加标记，但所需的标记未出现，原因可能是（   ）。

A. 不能为家具添加标记   B. 未载入家具标记

C. 只能一个一个地添加标记   D. 标记必须和家具构件一同载入

20. 在幕墙网格上放置竖梃时如何部分放置竖梃？（   ）。

A. 按住 Ctrl   B. 按住 Shift   C. 按住 Tab   D. 按住 Alt

21. 如何设置组的原点？（   ）。

A. 默认组原点在组的几何中心，不能重新设置

B. 在组的图元属性中设置

C. 选择组，拖拽组原点控制柄到合适的位置

D. 单个组成员分别设置原点

22. 天花板高度受（   ）定义。

A. 高度对标高的偏移   B. 创建的阶段

C. 基面限制条件   D. 形式

23. 显示剖面视图描述最全面的是（   ）。

A. 从项目浏览器中选择剖面视图

B. 双击剖面标头

C. 选择剖面线，在剖面线上单击鼠标右键，然后从弹出菜单中选择"进入视图"

D. 以上皆可

24. 缩放匹配的默认快捷键是（   ）。

A. ZZ   B. ZF   C. ZA   D. ZV

25. 以下有关相机设置和修改描述最准确的是（   ）。

A. 在平面、立面、三维视图中鼠标拖曳相机、目标点、远裁剪控制点，可以调整相机的位置、高度和目标位置

B. 点选项栏"图元属性"，可以修改"视点高度""目标高度"参数值调整相机

C. "视图"菜单中选择"定向"命令，可设置三维视图中相机的位置

D. 以上皆正确

26. 以下有关视口编辑说法有误的是（   ）。

A. 选择视口，鼠标拖曳可以移动视图位置

B. 选择视口，点选项栏，从"视图比例"参数的"值"下拉列表中选择需要的比例，或选"自定义"在下面的比例值框中输入需要的比例值可以修改视图比例

C. 一张图纸多个视口时，每个视图采用的比例都是相同的

D. 鼠标拖曳视图标题的标签线可以调整其位置

27. 以下有关在图纸中修改建筑模型说法有误的是（   ）。

A. 选择视口单击鼠标右键，单击"激活视图"命令，即可在图纸视图中任意修改建筑模型

B. "激活视图"后，鼠标右键选择"取消激活视图"可以退出编辑状态

C. "激活视图"编辑模型时，相关视图将更新

D. 可以同时激活多个视图修改建筑模型

28. 将明细表添加到图纸中的正确方法是（   ）。

A. 图纸视图下，在设计栏"基本－明细表/数量"中创建明细表后单击放置

B. 图纸视图下，在设计栏"视图－明细表/数量"中创建明细表后单击放置

C. 图纸视图下，在"视图"下拉菜单中"新建－明细表/数量"中创建明细表后单击放置

D. 图纸视图下，从项目浏览器中将明细表拖曳到图纸中，单击放置

29. 向视图中添加所需的图元符号的方法（   ）。

A. 可以将模型族类型和注释族类型从项目浏览器中拖曳到图例视图中

B. 可以通过从设计栏的"绘图"选项卡中单击"图例构件"命令，来添加模型族符号

C. 可以通过从设计栏上的"绘图"选项卡中单击"符号"命令，可以添加注释符号

D. 以上皆可

30. 下列关于修订追踪描述最全面的是（   ）。

A. 在设计栏的"绘图"选项卡上单击"修订云线"，或单击"绘图"菜单→"修订云线"，Revit Building 将进入绘制模式

B. 修订云线包括修订、修订编号、修订日期、发布到、注释等参数

C. 要修改修订云线的外观，请单击"设置"菜单→"对象样式"，单击"注释对象"选项卡，编辑修订云线样式的线宽、线颜色和线型

D. 以上表述都是正确的

31. 以下有关"修订云线"说法有误的是（   ）。

A. 在设计栏的"绘图"选项卡中单击"修订云线"，进入云线绘制模式

B. 绘图"菜单中单击"修订云线"，进入云线修改模式

C. 要改变修订云线的外观，请单击"设置"菜单中的"线样式"，修改修订云线线样式的线宽、线颜色和线型

D. 发布修订后，您可以向修订添加修订云线，也可以编辑修订中现有云线的图形

32. 绘制详图构件时，按以下那个键可以旋转构件方向以放置（   ）。

A. Tab   B. Shift   C. Space   D. Alt

33. 下列关于详图工具的概念描述有误的是（   ）。

A. 隔热层：在显示全部墙体材质的墙体详图中放置隔热层

B. 详图线：使用详图线，在现有图元上添加信息

C. 文字注释：使用文字注释来指定构造方法

D. 详图构件：创建和载入自定义详图构件，以放置到详图中

34. 在导入链接模型时，（ ）不能链接到主体项目。

A. 墙体   B. 轴网   C. 参照平面   D. 注释文字

35. 编辑墙体结构时，可以（ ）。

A. 添加墙体的材料层   B. 可以修改墙体的厚度

C. 可以添加墙饰条   D. 以上都可

36. 当旋转主体墙时，与之关联的（ ）。

A. 嵌入墙将随之移动   B. 嵌入墙将不动

C. 嵌入墙将消失   D. 嵌入墙将与主体墙反向移动

37. （ ）命令相当于复制并旋转建筑构件。

A. 镜像   B. 镜像阵列   C. 线性阵列   D. 偏移

38. 不能给（ ）图元放置高程点。

A. 墙体   B. 门窗洞口   C. 线条   D. 轴网

39. 为幕墙上所有的网格线加上竖梃，选择（ ）。

A. 单段网格线   B. 整条网格线   C. 全部空线段   D. 按住 Tab 键

40. 当点击某个组实例进行编辑后，则（ ）。

A. 其他组实例不受影响   B. 其他组实例自动更新

C. 其他组实例出错   D. 其他组实例被删除

41. 在 1 层平面视图创建天花板，为何在此平面视图中看不见天花板？（ ）。

A. 天花板默认不显示

B. 天花板的网格只在 3D 视图显示

C. 天花板位于楼层平面切平面之上，开启天花板平面可以看见

D. 天花板只有渲染才看得见

42. 以下有关调整标高位置最全面的是（ ）。

A. 选择标高，出现蓝色的临时尺寸标注，鼠标点击尺寸修改其值可实现

B. 选择标高，直接编辑其标高值

C. 选择标高，直接用鼠标拖曳到相应的位置

D. 以上皆可

43. 以下说法有误的是（ ）。

A. 可以在平面视图中移动、复制、阵列、镜像、对齐门窗

B. 可以在立面视图中移动、复制、阵列、镜像、对齐门窗

C. 不可以在剖面视图中移动、复制、阵列、镜像、对齐门窗

D. 可以在三维视图中移动、复制、阵列、镜像、对齐门窗

44. 用"拾取墙"命令创建楼板，使用（ ）键切换选择，可一次选中所有外墙，单击生成楼板边界。

A. Tab   B. Shift   C. Ctrl   D. Alt

45. 以下有关"墙"的说法描述有误的是（ ）。

A. 当激活"墙"命令以放置墙时，可以从类型选择器中选择不同的墙类型

B. 当激活"墙"命令以放置墙时，可以在"图元属性"中载入新的墙类型

C. 当激活"墙"命令以放置墙时，可以在"图元属性"中编辑墙属性

D. 当激活"墙"命令以放置墙时，可以在"图元属性"中新建墙类型

46. 以下（　　）不是可设置的墙的类型参数。

A. 粗略比例填充样式　　　　　　　　　B. 复合层结构

C. 材质　　　　　　　　　　　　　　　D. 连接方式

47. 选择墙以后，鼠标拖拽控制柄不可以实现修改的是（　　）。

A. 墙体位置　　　　　　　　　　　　　B. 墙体类型

C. 墙体长度和高度　　　　　　　　　　D. 墙体内外墙面

48. 放置构件对象时中点捕捉的快捷方式是（　　）。

A. SN　　　　　　B. SM　　　　　　C. SC　　　　　　D. SI

49. 在平面视图中放置墙时，下列（　　）键可以翻转墙体内外方向。

A. Shift　　　　　B. Ctrl　　　　　C. Alt　　　　　D. Space

50. 在链接模型中，将项目和链接文件一起移动到新位置后（　　）。

A. 使用绝对路径链接会无效

B. 使用相对路径链接会无效

C. 使用绝对路径和绝对路径链接都会无效

D. 使用绝对路径和绝对路径连接不受影响

51. 墙结构（材料层）在视图中如何可见？（　　）。

A. 决定墙的连接如何显示　　　　　　　B. 设置材料层的类别

C. 视图精细程度设置为中等或精细　　　D. 连接柱与墙

52. 关于组的操作，说法错误的是（　　）。

A. 组可以通过其编辑工具条上连接（Link）生成外部文件

B. 组可以通过保存到库中成外部文件

C. 组的外部文件扩展名 RVT 和 RVG

D. 以上全错

53. 在平面视图中可以给（　　）图元放置高程点。

A. 墙体　　　　　B. 门窗洞口　　　　C. 楼板　　　　　D. 线条

54. 幕墙系统是一种建筑构件，它由（　　）构件组成。

A. 嵌板　　　　　B. 幕墙网格　　　　C. 竖梃　　　　　D. 以上皆是

55. 绘制建筑红线的方法包括（　　）。

A. 直接画线绘制　　　　　　　　　　　B. 用表格生成

C. 从 DWG 文件导入　　　　　　　　　D. A 和 B 都正确

56. 楼板的厚度决定于（　　）。

A. 楼板结构　　　　B. 工作平面　　　　C. 构件形式　　　　D. 实例参数

57. 关于扶手的描述，错误的是（　　）。

A. 扶手不能作为独立构件添加到楼层中，只能将其附着到主体上，例如楼板或楼梯

B. 扶手可以作为独立构件添加到楼层中

C. 可以通过选择主体的方式创建扶手

D. 可以通过绘制的方法创建扶手

58. 关于图元属性与类型属性的描述，错误的是（　　　）。

A. 修改项目中某个构件的图元属性只会改变构件的外观和状态

B. 修改项目中某个构件的类型属性只会改变该构件的外观和状态

C. 修改项目中某个构件的类型属性会改变项目中所有该类型构件的状态

D. 窗的尺寸标注是它的类型属性，而楼板的标高就是实例属性

59. 下列不属于体量族和内建体量具有的实例参数的是（　　　）。

A. 楼层面积面　　　　　B. 总体积　　　　　　　C. 总表面积　　　　　　D. 底面积

60. 选择了第一个图元之后，按住（　　　）键可以继续选择添加和删除相同图元。

A. Shift 键　　　　　　B. Ctrl 键　　　　　　　C. Alt 键　　　　　　　D. Tab 键

61. 以下命令对应的快捷键错误的是（　　　）。

A. 复制 Ctrl＋C　　　　B. 粘贴 Ctrl＋V　　　　　C. 撤销 Ctrl＋X　　　　　D. 恢复 Ctrl＋Y

62. 新建视图样板时，默认的视图比例是（　　　）。

A. 1∶50　　　　　　　B. 1∶100　　　　　　　C. 1∶1000　　　　　　D. 1∶10

63. 在 Revit Building 9 中，以下关于"导入/链接"命令描述有错误的是（　　　）。

A. 从其他 CAD 程序，包括 AutoCAD（DWG 和 DXF）和 MicroStation（DGN），导入或链接矢量数据

B. 导入或链接图像（BMP、GIF 和 JPEG），图像只能导入到二维视图中

C. 将 SketchUp（SKP）文件直接导入 Revit Building 体量或内建族

D. 链接 Revit Building、Revit Structure 和/或 Revit Systems 模型

64. 在项目浏览器中选择了多个视图并单击鼠标右键，则可以同时对所有所选视图进行（　　　）操作。

A. 应用视图样板　　　　B. 删除　　　　　　　　C. 修改视图属性　　　　D. 以上皆可

65. 以下属于项目样板的设置内容的是（　　　）。

A. 项目中构件和线的线样式线以及样式和族的颜色

B. 模型和注释构件的线宽

C. 建模构件的材质，包括图像在渲染后看起来的效果

D. 以上皆是

66. 在线样式中不能实现的设置是（　　　）。

A. 线型　　　　　　　　B. 线宽　　　　　　　　C. 线颜色　　　　　　　D. 线比例

67. 关于链接项目中的体量实例，以下描述最全面的是（　　　）。

A. 在连接体量形式时，会调整这些形式的总体积值和总楼层面积值以消除重叠

B. 如果移动连接的体量形式，则这些形式的属性将被更新；如果移动体量形式，使得它们不再相互交叉，则 Revit Building 将出现警告，提示连接的图元不再相互交叉

C. 可以使用"取消连接几何图形"命令取消它们的连接

D. 以上皆正确

68. 在体量族的设置参数中，以下不能录入明细表的参数是（　　　）。

A. 总体积　　　　　　　B. 总表面积　　　　　　C. 总楼层面积　　　　　D. 总建筑面积

69. 链接建筑模型，设置定位方式中，自动放置的选项不包括（　　）。

A. 中心到中心　　　　　B. 原点到原点　　　　C. 按共享坐标　　　　　D. 按默认坐标

70. 在定义垂直复合墙的时候不能事先定义到墙上的对象是（　　）。

A. 墙饰条　　　　　　　B. 墙分割缝　　　　　C. 幕墙　　　　　　　　D. 挡土墙

71. 将明细表添加到图纸中的正确方法是（　　）。

A. 图纸视图下，在设计栏"基本－明细表/数量"中创建明细表后单击放置

B. 图纸视图下，在设计栏"视图－明细表/数量"中创建明细表后单击放置

C. 图纸视图下，在"视图"下拉菜单中"新建－明细表/数量"中创建明细表后单击放置

D. 图纸视图下，从项目浏览器中将明细表拖曳到图纸中，单击放置

72. 不属于"修剪/延伸"命令中的选项的是（　　）。

A. 修剪或延伸为角　　　　　　　　　B. 修剪或延伸为线

C. 修剪或延伸一个图元　　　　　　　D. 修剪或延伸多个图元

73. 符号只能出现在（　　）。

A. 平面图　　　　　　　B. 图例视图　　　　　C. 详图索引视图　　　D. 当前视图

74. 下面对幕墙中竖梃的操作可以实现的是（　　）。

A. 阵列竖梃　　　　　　　　　　　　B. 修剪竖梃

C. 选择竖梃　　　　　　　　　　　　D. 以上皆不可实现

75. 如何为阵列组添加一个"阵列数"参数，使阵列的个数可调？（　　）。

A. 在阵列组上右键，在"编辑标签"中选择"阵列数"即可

B. 选择阵列组，在其状态栏中给项目数添加"阵列数"参数

C. 在"族类型"对话框中给阵列数的个体添加"阵列数"参数

D. 不能给阵列数添加参数

76. Revit Building 提供（　　）种方式创建斜楼板。

A. 1　　　　　　　　　　B. 2　　　　　　　　　C. 3　　　　　　　　　D. 4

77. 在 Autodesk Revit 中可以对（　　）设置颜色。

A. 对象样式　　　　　　B. 线样式　　　　　　C. 分阶段　　　　　　D. 以上都是

78. 对象样式中的注释对象可做修改的属性是（　　）。

A. 线宽　　　　　　　　B. 线颜色　　　　　　C. 线形　　　　　　　D. 以上都是

79. 新建的线样式保存在（　　）。

A. 项目文件中　　　　　B. 模板文件中　　　　C. 线型文件中　　　D. 族文件中

80. 当改变视图的比例时，以下对填充图案的说法正确的是（　　）。

A. 模型填充图案的比例会相应改变

B. 绘图填充图案的比例会相应改变

C. 模型填充图案和绘图填充图案的比例都会改变

D. 模型填充图案和绘图填充图案的比例都不会改变

81. 下列可以直接应用于模型填充图案线的操作是（　　）。

A. 移动　　　　　　　　　　　　　　B. 旋转

C. 镜像　　　　　　　　　　　　　　D. A 和 B 都可以

82. 可以对（　　）上的填充图案线进行尺寸标注。

A. 模型填充图案 　　　　　　　　　　　B. 绘图填充图案

C. 以上两种都可 　　　　　　　　　　　D. 以上两种都不可

83. 可以应用"对齐"命令的是（　　）。

A. 模型填充图案 　　　　　　　　　　　B. 绘图填充图案

C. 以上两种都可 　　　　　　　　　　　D. 以上两种都不可

84. Revit 的线宽命令中包含的选项卡是（　　）。

A. 模型线宽 　　　　　　　　　　　　　B. 注释线宽

C. 透视视图线宽 　　　　　　　　　　　D. 以上都是

85. 注释线宽可以定义（　　）的线宽。

A. 剖面线　　　　　　B. 门　　　　　　C. 屋顶　　　　　　D. 家具

86. 模型线宽可以定义（　　）的线宽。

A. 门 　　　　　　　　　　　　　　　　B. 窗

C. 尺寸标注 　　　　　　　　　　　　　D. A 和 B 皆可以

87. 注释命令中不包含（　　）。

A. 箭头　　　　　　B. 架空线　　　　　C. 尺寸标注　　　　D. 载入的标记

88. 在 Revit 中能对导入的 DWG 图纸进行（　　）编辑。

A. 线宽　　　　　　B. 线颜色　　　　　C. 线长度　　　　　D. 线型

89. 对工作集和样板的关系描述错误的是（　　）。

A. 可以在工作集中包含样板 　　　　　　B. 可以在样板中包含工作集

C. 不能在工作集中包含样板 　　　　　　D. 不能在样板中包含工作集

90. 以下说法错误的是（　　）。

A. 实心形式的创建工具要多于空心形式

B. 空心形式的创建工具要多于实心形式

C. 空心形式和实心形式的创建工具都相同

D. 空心形式和实心形式的创建工具都不同

91. "实心放样"命令的用法，正确的有（　　）。

A. 必须指定轮廓和放样路径 　　　　　　B. 路径可以是样条曲线

C. 轮廓可以是不封闭的线段 　　　　　　D. 路径可以是不封闭的线段

92. 选用预先做好的体量族，以下错误的有（　　）。

A. 使用"创建体量"命令 　　　　　　　　B. 使用"放置体量"命令

C. 使用"构件"命令 　　　　　　　　　　D. 使用"导入/链接"命令

93. "实心拉伸"命令的用法，错误的有（　　）。

A. 轮廓可沿弧线路径拉伸

B. 轮廓可沿单段直线路径拉伸

C. 轮廓可以是不封闭的线段

D. 轮廓按给定的深度值作拉伸，不能选择路径

94. 下列表述方法错误的有（　　）。

A. 两个体量被连接起来就合成一个主体

B. 两个有重叠的体量被连接起来就合成一个主体

C. 两个体量被连接起来仍是两个主体

D. A 和 B 的表述都是正确的

95. 光能传递和光线追踪说法正确的是（　　）。

A. 光能传递一般用于室内场景　　　　　　　B. 光线追踪一般用于室外场景

C. 光能传递一般用于室外场景　　　　　　　D. 光线追踪一般用于室内场景

96. 下面关于详图编号的说法中错误的是（　　）。

A. 只有视图比例小于 1∶50 的视图才会有详图编号

B. 只有详图索引生成的视图才有详图编号

C. 平面视图也有详图编号

D. 剖面视图没有详图编号

97. 要在图例视图中创建某个窗的图例，以下正确的是（　　）。

A. 用"绘图-图例构件"命令，从"族"下拉列表中选择该窗类型

B. 可选择图例的"视图"方向

C. 可按需要设置图例的主体长度值

D. 图例显示的详细程度不能调节，总是和其在视图中的显示相同

98. 关于明细表，以下说法错误的是（　　）。

A. 同一明细表可以添加到同一项目的多个图纸中

B. 同一明细表经复制后才可添加到同一项目的多个图纸中

C. 同一明细表经重命名后才可添加到同一项目的多个图纸中

D. 目前，墙饰条没有明细表

➡ 教学单元 2 族和体量

2.1 族

族
族的命令

　　族，是 Revit 软件中的一个非常重要的构成要素。掌握族的概念和用法至关重要。正是因为族的概念的引入，我们才可以实现参数化的设计。比如在 Revit 中我们可以通过修改参数，实现修改门窗族的宽度、高度或材质等。

也正是因为族的开放性和灵活性，使我们在设计时可以自由定制符合我们设计需求的注释符号和三维构件族等，从而满足了中国建筑师应用 Revit 软件的本地化标准定制的需求。

　　所有添加到 Revit Architecture 项目中的图元（从用于构成建筑模型的结构构件、墙、屋顶、窗和门到用于记录该模型的详图索引、装置、标记和详图构件）都是使用族创建的。通过使用预定义的族和在 Revit Architecture 中创建新族，可以将标准图元和自定义图元添加到建筑模型中。通过族，还可以对用法和行为类似的图元进行某种级别的控制，以便轻松地修改设计和更高效地管理项目。

　　族是一个包含通用属性（称作参数）集和相关图形表示的图元组，且属于一个族的不同图元的部分或全部参数可能有不同的值，但是参数（其名称与含义）的集合是相同的。在 Revit 中，族中的这些变体称作族类型或类型。

　　例如，家具类别所包括的族和族类型可以用来创建不同的家具，例如桌、椅和柜子。尽管这些族具有不同的用途，并由不同的材质构成，但他们的用法却是相关的。族中的每一类型都具有相关的图形表示和一组相同的参数，称作族类型参数。

　　此外，族可以是二维族或者三维族，但并非所有族都是参数化族。例如，门窗是三维参数化族；卫浴设施有三维族和二维族，有参数化族也有固定尺寸的非参数化族；门窗标记是二维非参数化族。用户可以根据实际需求，事先合理规划三维族、二维族以及是否参数化。

2.1.1 族的概念、参数设置和应用

1. 确认图元类别

　　项目（和样板）中所有正在使用或可用的族都显示在项目浏览器中的【族】下，并按图元类别分组，如图 2-1-1 所示。在窗的样板文件中创建窗族后，载入到项目中，会自动确定该窗将属于窗族类别。当在窗的样板文件中对窗进行标记后，该窗的统计会包含在窗明细表中。

2. 选择窗族

通过展开【窗】类别，可以看到它包含一些不同的窗族。在该项目中创建的所有窗都将属于这些族中的某一个，如图 2-1-2 所示。

图 2-1-1　项目浏览器

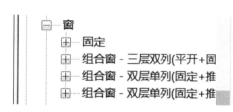

图 2-1-2　窗选框

3. 选择平开窗族类型，添加到项目中

要将窗族中的任意窗类型添加到项目中，有两种方法。

（1）单击【插入】选项卡下的【从库中载入】面板的【载入族】命令，在【载入族】对话框中，选择想要的窗族，点击【确定】。

（2）在【项目浏览器】中展开【族】的【窗】类别，选择要载入的窗，左键拖拽到绘图区域，该窗就被载入到项目中。

4. 修改实例参数和类型参数

在【属性】对话框中的【参数】下，可以修改这些值中的任意值，修改只会应用于所选择的一个或多个窗。在【属性】对话框中，单击【编辑类型】按钮，打开【类型属性】对话框，对这些类型参数所做的任何修改，无论是否选择了这些窗，都将应用于项目中同一族类型的所有窗，如图 2-1-3 所示。

5. 修改窗族和族类型

还可以在【类型属性】对话框中修改窗图元的族名称和族类型，如图 2-1-4 所示。

（1）替换：可以在【属性】对话框中，在顶部【族】后面的下拉框中选择想要替换的窗族。若只想要替换族的类型，在【类型】后面的下拉框中选择想要替换的窗类型。

（2）复制：打开【类型属性】对话框，单击【复制】按钮，弹出【名称】对话框，输入名称，【确定】，就复制了一个窗族。

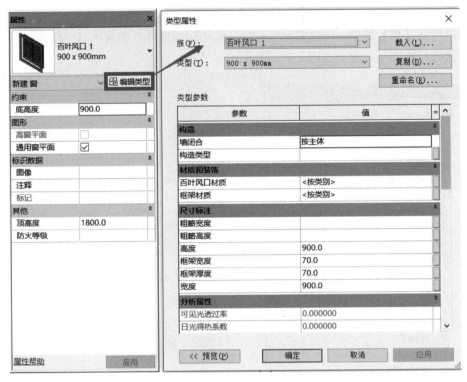

图 2-1-3　窗的类型属性

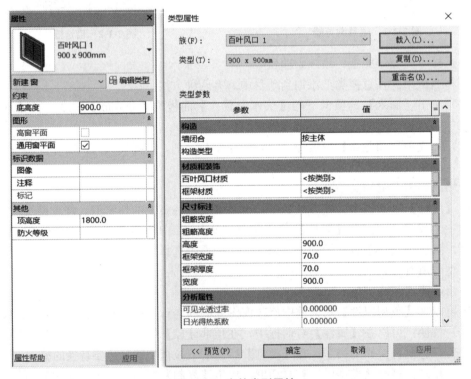

图 2-1-4　窗的类型属性

（3）重命名：打开【类型属性】对话框，单击【重命名】按钮，弹出【重命名】对话框，输入新名称，点击【确定】。窗族就有了新名称。

6. 在位编辑族

在项目中对族进行编辑，称为【在位编辑族】。可以选中要编辑的窗，在修改窗的上下文选项卡中单击【族】面板的【编辑族】命令，进入窗族的【创建】选项卡，编辑该窗族。若想要对体量进行在位编辑，选择体量，单击【修改体量】的上下文选项卡中【模型】面板中的【在位编辑】命令，这时就可以编辑了。

2.1.2　族的三种类别

1. 固定参数：不能在类型或者实例中修改的参数，即族的定量。

2. 类型参数：可在类型中修改的参数，修改族的类型参数，将导致该族同一类型的图元同步变化。

3. 实例参数：不出现在类型参数中，而是出现在属性中，修改图元的参数，只会导致选中图元的改变而不影响其他图元。

2.1.3　Autodesk Revit 的三种族类型

1. 系统族：系统族是在 Autodesk Revit 中预定义的族，包含基本建筑构件，例如墙、窗和门。例如，基本墙系统族包含定义内墙、外墙、基础墙、常规墙和隔断墙样式的墙类型。可以复制和修改现有系统族，但不能创建新系统族。可以通过指定新参数定义新的族类型。

2. 标准构件族：在默认情况下，在项目样板中载入标准构件族，但更多标准构件族存储在构件库中。使用族编辑器创建和修改构件。可以复制和修改现有构件族，也可以根据各种族样板创建新的构件族。族样板可以是基于主体的样板，也可以是独立的样板。基于主体的族包括需要主体的构件。例如，以墙族为主体的门族。独立族包括柱、树和家具。族样板有助于创建和操作构件族。标准构件族可以位于项目环境外，且具有 . rfa 扩展名。可以将它们载入项目，从一个项目传递到另一个项目，而且如果需要还可以从项目文件保存到库中。

3. 内建族：内建族可以是特定项目中的模型构件，也可以是注释构件。只能在当前项目中创建内建族，因此它们仅可用于该项目特定的对象，例如，自定义墙的处理。创建内建族时，可以选择类别，且使用的类别将决定构件在项目中的外观和显示控制。

2.1.4　族的编辑器

族编辑器是 Revit Architecture 中的一种图形编辑模式，用于创建族的设计环境，能够创建可引入到项目中的族。族编辑器与 Revit Architecture 项目环境的外观相似，但它具有一个包含不同命令的设计栏【族】选项卡。不同的族样板其族编辑器的命令工具不尽相同，如图 2-1-5 所示。

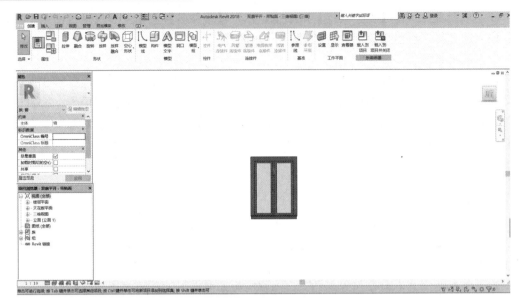

图 2-1-5　样板族编辑器

2.2　族的命令

依次单击 Autodesk Revit2018 界面左上角的【文件】按钮，【新建】，【族】选择【公制常规模型.rft】族样板，单击【打开】。用户即可进入到【公制常规模型】族编辑器的界面，见图 2-2-1（这里以【常规模型】族类别为例）。

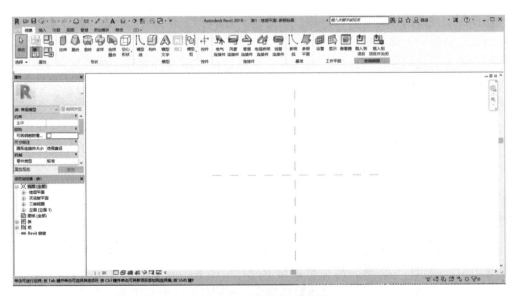

图 2-2-1　样板其族编辑器

2.2.1　三维模型的创建

创建族三维模型最常用的命令是创建实体模型和空心模型，熟练掌握这些命令是创建族三维模型的基础。在创建时需遵循的原则是：任何实体模型和空心模型都必须对齐并锁在参照平面上，通过在参照平面上标注尺寸来驱动实体的形状变化。

在功能区中的【创建】选项卡中，提供了【拉伸】【融合】【旋转】【放样】【放样融合】和【空心形状】的建模命令，见图 2-2-2。下面将分别介绍它们的特点和使用方向。

图 2-2-2　建模命令

1. 拉伸

【拉伸】命令是通过绘制一个封闭的拉伸端面并给予一个拉伸高度来建模的。其使用方法如下：

（1）在绘图区域绘制四个参照平面，在参照平面上标注尺寸并标签参数，见图 2-2-3。

（2）单击功能区中【创建】，然后点击【形状】，【拉伸】，激活【修改/创建拉伸】选项卡。选择用【矩形】方式在绘图区域绘制，绘制完按【Esc】键退出绘制。见图 2-2-4。

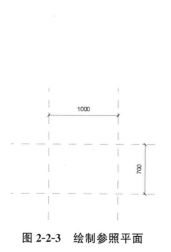

图 2-2-3　绘制参照平面

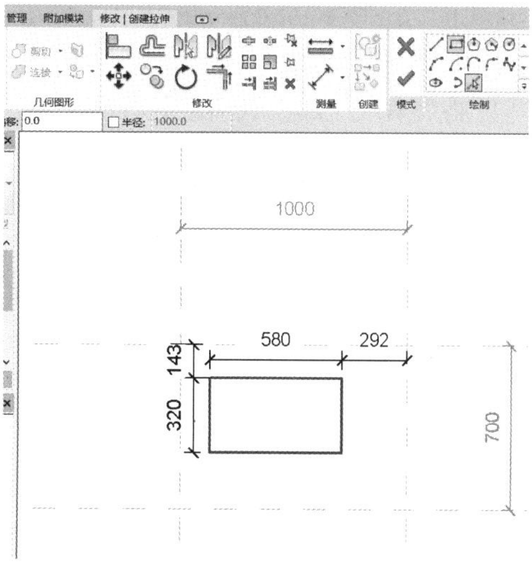

图 2-2-4　绘图区域绘制

（3）单击【修改 | 创建拉伸】选项卡中的【对齐】，将刚刚任意绘制的矩形和原先的四个参照平面对齐并上锁，见图 2-2-5。

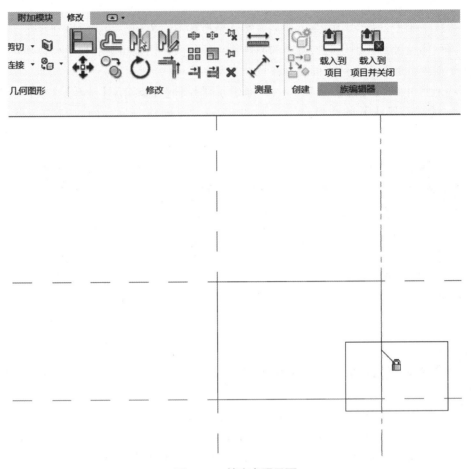

图 2-2-5　锁定参照平面

（4）如果需要在高度方向上标注尺寸，用户可以在任何一个立面上绘制参照平面，然后将实体的顶面和底面分别锁在两个参照平面上，再在这两个参照平面之间标注尺寸，将尺寸匹配个参数，这样就可以通过改变每个参数值来改变长方体的长、宽、高了。

对于创建完的任何实体，用户还可以重新编辑。单击想要编辑的实体，然后单击【修改 | 拉伸】选项卡中的【编辑拉伸】，进入编辑拉伸的界面。用户可以重新绘制拉伸端面，完成修改后单击【√】按钮，就可以保存修改，退出编辑拉伸的绘图界面，见图 2-2-6。

2. 融合

【融合】命令可以将两个平行面上的不同形状的端面进行融合建模。其使用方法如下：

（1）单击功能区中【创建】→【形状】→【融合】，默认进入【创建融合底部边界】模式，见图 2-2-7。这时可以绘制底部的融合面形状。绘制一个圆。

（2）单击选项卡中的【编辑顶部】，切换到顶部融合面的绘制，绘制一个矩形。

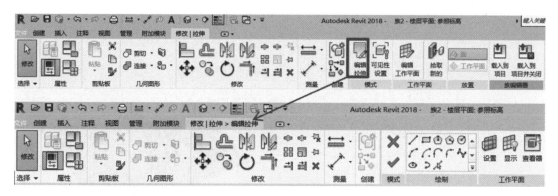

图 2-2-6   编辑拉伸

图 2-2-7   创建融合底部边界

（3）底部和顶部都绘制后，通过单击【编辑顶部】的方式可以编辑各个顶点的融合关系，见图 2-2-8，图 2-2-9。

图 2-2-8   编辑顶部

（4）单击【修改｜创建融合顶部边界】选项卡中的【√】按钮，完成融合建模，见图2-2-10。

3. 旋转

【旋转】命令可创建围绕一根轴旋转而成的几何图形。可以绕一根轴旋转 360°，也可以只旋转 180°或任意的角度。其使用方法如下：

（1）单击功能区中【创建】→【形状】→【旋转】，出现【修改｜创建旋转】选项卡，默认先绘制【边界线】。可以绘制任何形状，但是边界必须是闭合的，见图 2-2-11。

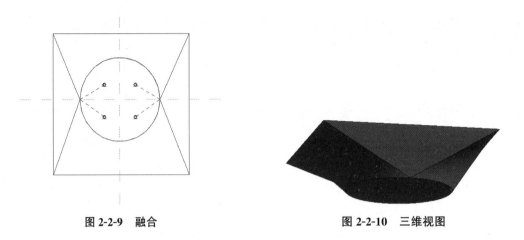

图 2-2-9　融合　　　　　　　　　　图 2-2-10　三维视图

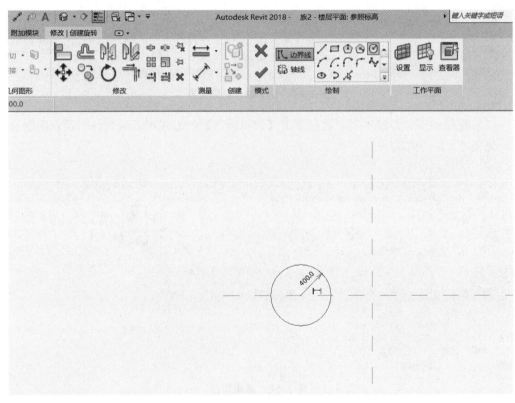

图 2-2-11　闭合边界

（2）单击选项卡中的【轴线】，在中心的参照平面上绘制一条竖直的轴线，见图 2-2-12。用户可以绘制轴线，或使用拾取功能选择已有的直线作为轴线。

（3）完成边界线和轴线的绘制后，单击【√】按钮，完成旋转建模。可以切换到三维视图查看建模的效果。见图 2-2-13。

（4）用户还可以对已有的旋转实体进行编辑。单击创建好的旋转实体，在【属性】对话框中，将【结束角度】修改成 180°，使这个实体只旋转半个圆，见图 2-2-14。

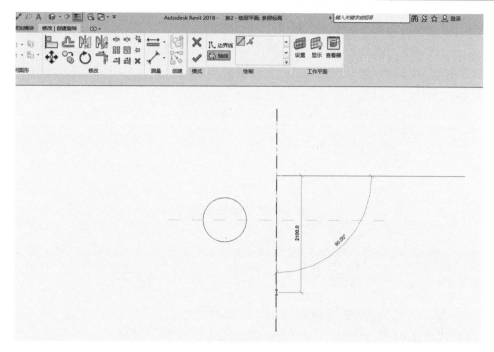

图 2-2-12　拾取选择

图 2-2-13　三维视图

图 2-2-14　实体进行编辑

4. 放样

【放样】是用于创建需要绘制或应用轮廓（形状）并沿路径拉伸此轮廓的族的一种建模方式。其运用方法如下：

（1）在楼层平面视图的【参照标高】工作平面上画一条参照线。通常可以用选取参照线的方式来作为放样的路径，见图 2-2-15。

（2）单击功能区中【创建】然后依次点击【形状】【放样】，进入放样绘制界面。用户可以使用选项卡中的【绘制路径】命令画出路径，也可以单击【拾取路径】通过选择的方式来定义放样路径。单击【拾取路径】按钮，选择刚刚绘制的参照线，单击【√】按钮，完成路径绘制，见图 2-2-16。

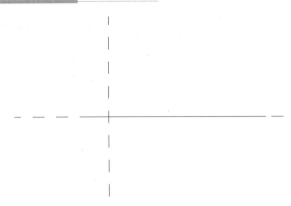

图 2-2-15　放样的路径

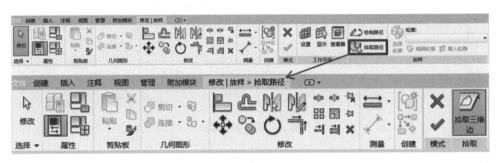

图 2-2-16　路径绘制

（3）单击选项卡中的【编辑轮廓】，这时会出现【转到视图】对话框，见图 2-2-17，选择【立面：右】，单击【打开视图】，在右立面视图上绘制轮廓线，任意绘制一个封闭的五边形。

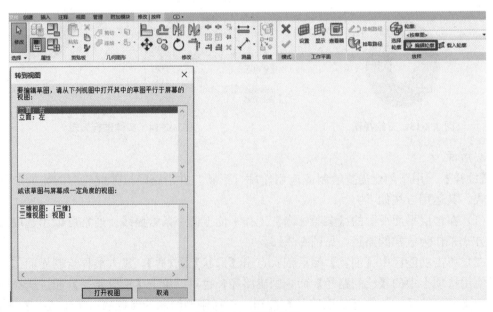

图 2-2-17　选择立面

（4）单击【√】按钮，完成轮廓绘制，见图 2-2-18，并退出【编辑轮廓】模式。

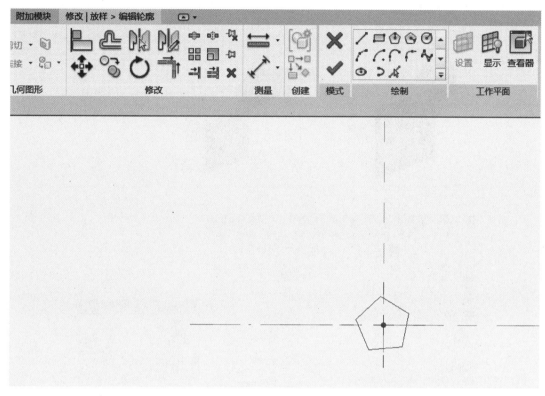

图 2-2-18　编辑轮廓

（5）单击【修改│放样】选项卡中的【√】按钮，完成放样建模，见图 2-2-19。

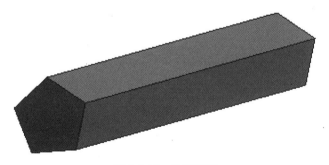

图 2-2-19　放样建模

5. 放样融合

使用【放样融合】命令，可以创建具有两个不同轮廓的融合体，然后沿路径对其进行放样。它的使用方法和放样大体一致，只是可以选择两个轮廓面。

如果在放样融合时选择轮廓族作为放样轮廓，这时选择已经创建好的放样融合实体，打开【属性】对话框，通过更改【轮廓 1】和【轮廓 2】中间的【水平轮廓偏移】和【垂直轮廓偏移】来调整轮廓和放样中心线的偏移量，可实现【偏心放样融合】的效果，见图 2-2-20。如果直接在族中绘制轮廓，就不能应用这个功能。

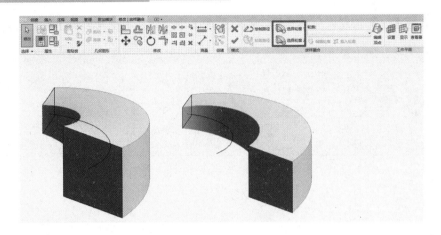

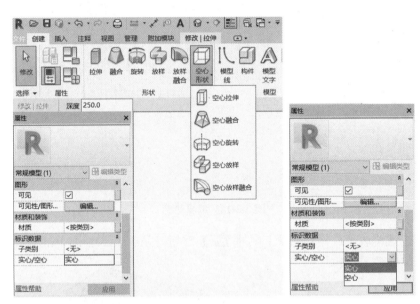

图 2-2-20　偏心放样融合

2.3　轮廓族和注释族

2.3.1　创建房间标记族

轮廓族和
注释族
创建详图
项目族

选择【名称】标签参数，需要考虑和项目中房间明细表中的参数相对应，为其在明细表的统计提供方便。

定位关系：以参照平面的交点定位。

文字方向：设置文字的垂直和水平对齐方式。

项目的设置：可以设置项目单位和项目单位符号显示。

1.打开样板文件：单击应用程序菜单下拉按钮，选择【新建-注释符号】命令，打开【新注释符号】对话框，选择【M-房间标记】确定。

2.编辑标签：单击【创建】选项卡中的【注释】面板中的【标签】命令，打开【放置标签】的上下文选项卡，如图 2-3-1 所示。

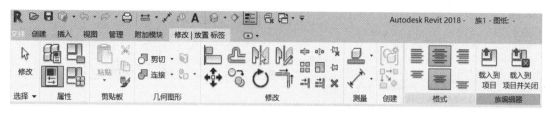

图 2-3-1　编辑标签

单击【图元属性】下拉按钮，选择【实例属性】，打开【实例属性】对话框。可以调整文字方向。文字方向包括【垂直对齐】和【水平对齐】。

选择【类型属性】，打开【类型属性】对话框。可以调整文字大小、文字字体、下划线是否显示等，如图 2-3-2 所示。

类型属性

族(F):	系统族:标签	载入(L)...
类型(T):	3mm	复制(D)...
		重命名(R)...

类型参数

参数	值	=
图形		
颜色	■黑色	
线宽	1	
背景	不透明	
显示边框	☐	
引线/边界偏移量	2.0320 mm	
文字		
文字字体	Arial	
文字大小	3.0000 mm	
标签尺寸	12.7000 mm	
粗体	☐	
斜体	☐	
下划线	☐	
宽度系数	1.000000	

<< 预览(P)　　　确定　　　取消　　　应用

图 2-3-2　类型属性

3.将标签合并到房间标记：选中【对齐】面板中的水平栏【▤（中心）】和垂直栏【▥（中部）】按钮，单击参照平面的交点，以此来确定标签位置。弹出【编辑标签】对话框，如图 2-3-3 所示，在【类别参数】下，选择【名称】，单击【⬇】按钮，将【名称】参数添加到标签，同理，添加【面积】参数，单击【确定】，如图 2-3-4 所示。

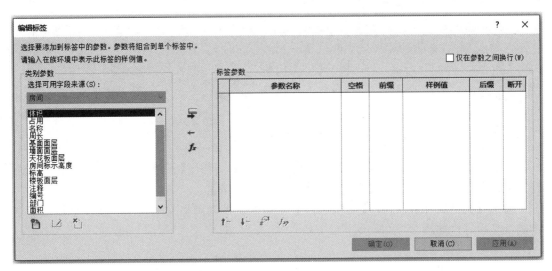

图 2-3-3　编辑标签

图 2-3-4　参数添加到标签

提示：标签添加完毕后，通过拖拽左右两边的拖动圆点可以调整参数的尺寸框，如图 2-3-5 所示。

图 2-3-5　调整参数

4.对参数进行项目设置：选择面积标签，单击【修改标签】的上下文选项卡中【标签】面板中的【编辑标签】命令，打开【编辑标签】对话框（也可以在添加标签时进行项目设置）。

　　单击【标签参数】选项栏的【样例值】，显示【🖉】按钮，点击此按钮，打开【格式】对话框。取消勾选【使用项目设置】，将单位设为【平方米】，将舍入设为 2 个小数位。将单位设为"平方米"，如图 2-3-6 所示。

　　5.载入项目中进行测试。

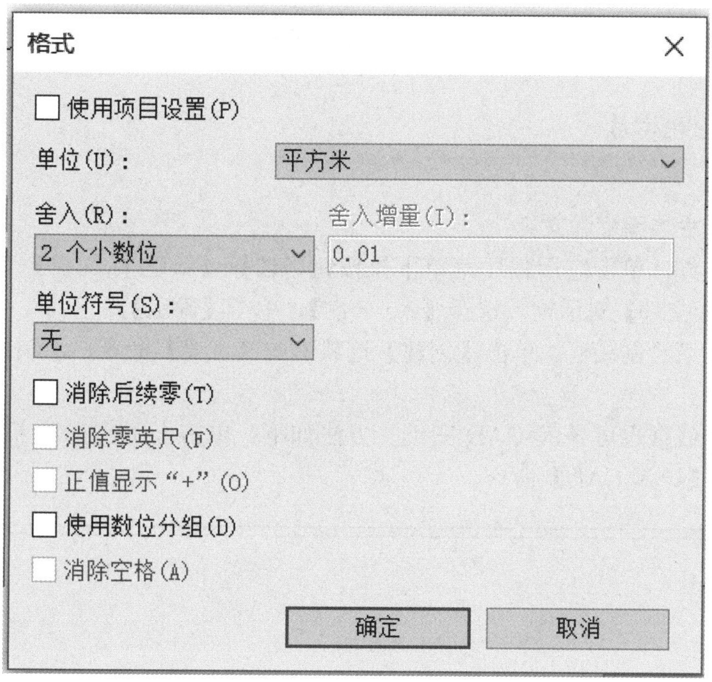

图 2-3-6　载入到项目中

2.3.2　创建门窗标记族

　　1.打开样板文件：单击应用程序菜单下拉按钮，选择【新建-注释符号】命令，打开【新注释符号】对话框，选择【M-窗标记】单击确定。

　　2.编辑标签：单击【创建】选项卡中的【注释】面板中的【标签】命令，打开【放置标签】的上下文选项卡。通过【对齐】面板上【垂直对齐】和【水平对齐】来调整文字方向。选择【类型属性】，打开【类型属性】对话框。可以调整文字大小、文字字体、下划线是否显示等。

　　3.将标签添加到窗标记：选中【对齐】面板中的【▤】和【▤】按钮，单击参照平面的交点，以此来确定标签位置。弹出【编辑标签】对话框，在【类别参数】下，选择【类型名称】，单击【⬐】按钮，将【类型名称】参数添加到标签，单击【确定】如图 2-3-7 所示。

　　4.载入项目中进行测试。

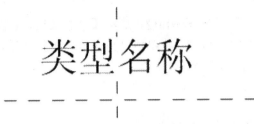

图 2-3-7　类型名称

2.3.3　创建标题栏族

1. 创建标题栏族图框和文字

打开样板文件：单击应用程序菜单下拉按钮，选择【新建-标题栏】命令，打开【新标题栏-选择样板文件】对话框，选择【A0 公制】，单击【确定】。

为标题栏图纸绘制线框：单击【创建】选项卡的【直线】命令，绘制线框，如图 2-3-8 所示。

提示：标题线框也可导入 CAD 图纸。方法如下：单击上下文选项卡【插入】命令，【导入】面板下【导入 CAD】命令。

图 2-3-8　绘制线框

选中内部主要边框线，将图元类型【子类别】改为【宽线】，如图 2-3-9 所示。

图 2-3-9　子类别改为宽线

将文字添加到标题栏中：单击【创建】选项卡中的【文字】面板下的【文字】命令，打开【修改放置文字】的上下文选项卡，如图 2-3-10 所示。选择图元类型，单击需要添加文字的区域，添加文字。

图 2-3-10　加文字的区域

提示：标题栏族的图框和文字也可从其他文件（如 CAD 文件）中直接导入已经建好的图框。

2. 添加标签参数

单击【创建】选项卡中的【文字】面板下的【标签】命令，打开【修改放置标签】的上下文选项卡。选择需要的对齐方式与标签类型，单击绘图区域中要添加参数的区域，弹出【编辑标签】对话框，选择需要添加的类别参数，单击按钮并确定，将选中的类别参数添加到标题栏族中。

注意：在标签栏族中，有些签字是需要手签的，比如说会签栏，这些栏里是不需要添加参数的，而在整套图纸中都相同的栏里，如项目名称、项目日期等，这些栏里是需要加参数的。

3. 添加共享参数

当出现类别参数中没有的类型时，就需要添加共享参数。依照上面方法打开【编辑标签】对话框，单击【添加参数】按钮，弹出【参数属性】对话框。

单击【选择】命令，弹出【共享参数】对话框，单击【编辑】按钮，打开【编辑共享参数】对话框，单击【浏览】，可以选择以前所建的共享参数，单击【创建】，可以创建一个新的共享参数。单击【组】的【新建】命令，输入名称，【确定】，可以新建一个参数组。

单击【参数】的【新建】命令，弹出【参数属性】对话框，输入名称，选择规程和参数类型，【确定】，此时就新建了一个参数。选择这个参数，确定 3 次，参数添加到【编辑标签】对话框下的【类别参数】中，如图 2-3-11 所示。

提示：在添加共享参数前，需要添加相关参数的 TXT 文件。

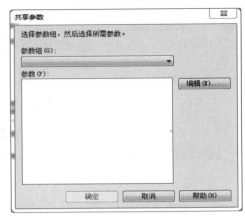

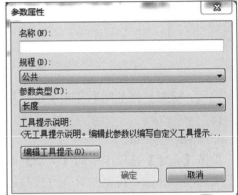

图 2-3-11　添加共享参数

4. 调入到项目中应用

单击【族编辑器】面板中的【载入到项目中】，将标题栏载入到项目中。

打开项目视图，右键单击【图纸】，选择【新建图纸】，弹出【选择标题栏】对话框，选择刚制作的标题栏，单击【确定】，此时，标题栏被载入到项目中，如图 2-3-12 所示。

单击【管理】选项卡中的【设置】面板中的【项目参数】命令，弹出【项目参数】对话框。单击【添加】按钮，打开【参数属性】对话框，如图 2-3-13 所示。选择共享参数，单击【选择】按钮，弹出【共享参数对话框】，选择需要的参数，单击【确定】，回到【参数类型】对话框。在【类别】中勾选【图纸】，确定两次，此时，添加的共享参数可以进行修改。

2.3.4　创建轮廓族

当绘制完轮廓族后，可以在【族属性】面板中选择【类别和参数】工具，在弹出的【族类别和族参数】对话框中，可以设置轮廓族的【轮廓用途】选择【常规】可以使该轮

图 2-3-12　标题栏被载入到项目

图 2-3-13　共享参数进行修改

廓族在多种情况下使用，如墙饰条、分隔缝等。当【轮廓用途】选择【墙饰条】或其他某一种时，该轮廓只能被用于墙饰条的轮廓中。

在绘制轮廓族的过程中可以为轮廓族的定位添加参数，添加的参数不能在被载入的项目中显示，但修改参数仍在绘制轮廓族时起作用，所以定义的参数只有在为该轮廓族添加不同的类型时有用。

下面来一一了解各种轮廓族的特点。

1. 创建主体轮廓族

特点：这类族用于项目设计中的主体放样功能中的楼板边、墙饰条、屋顶封檐带、屋顶檐槽。使用【公制轮廓—主体.rft】族样板来制作。在族样板文件中可以清楚地提示，放样的插入点位于垂直、水平参照线的交点，主体的位置位于第二、三象限，轮廓草图绘制的位置一般位于第一、四象限，如图 2-3-14 所示。

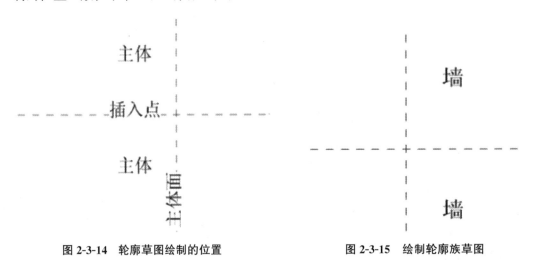

图 2-3-14　轮廓草图绘制的位置　　　　图 2-3-15　绘制轮廓族草图

2. 创建分隔缝轮廓族

特点：这类族用于项目设计中的主体放样功能中分隔缝，通过【公制轮廓—分隔缝.rft】族样板来制作。在族样板文件中可以看到清楚的提示，放样的插入点位于垂直、水平参照线的交点，主体的位置和主体轮廓族不同，位于第一、四象限，但由于分隔缝是用于在主体中消减部分的轮廓，因此绘制轮廓族草图的位置应该位于主体一侧，同样在第一、四象限，如图 2-3-15 所示。

3. 创建楼梯前缘轮廓族

特点：这类族在项目文件中的楼梯的【图元属性】对话框中进行调用，通过【公制轮廓—楼梯前缘.rft】族样板来制作。这个类型的轮廓族的绘制位置与以上的不同，楼梯踏步的主体位于第四象限，绘制轮廓草图应该在第三象限，如图 2-3-16 所示。

4. 创建楼梯前缘轮廓族

特点：这类族在项目设计中的扶手族的【类型属性】对话框中的【编辑扶手】对话框中进行调用。通过【公制轮廓—扶手.rft】族样板来制作。在族样板文件中可以清楚看到提示，扶手的顶面位于水平参照平面，垂直参照平面则是扶手的中心线，因此我们绘制轮廓草图的位置如图 2-3-17 所示。

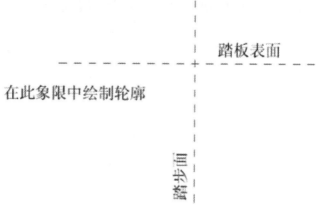

图 2-3-16 第三象限绘制轮廓草图

图 2-3-17 绘制轮廓草图的位置

5. 创建扶手轮廓族

特点：这类族在项目设计中矩形竖梃的【类型属性】对话框中进行调用。通过【公制轮廓—竖梃.rft】族样板来制作。在族样板文件中的水平和垂直参照线的交点是竖梃断面的中心，因此我们绘制轮廓草图的位置应该充满四个象限，如图 2-3-18 所示。

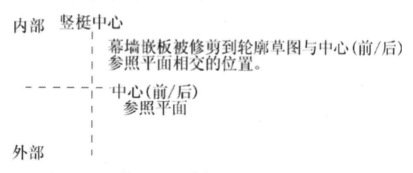

图 2-3-18 四个象限绘制轮廓草图

6. 轮廓族实例

（1）选择族样板：启动 Autodesk Revit 2018 软件，单击软件界面左上角的【文件】按钮，在弹出的下拉菜单中依次单击【新建】【族】，在弹出的【新族—选择样板文件】对话框中选择【公制轮廓—分隔条.rft】，单击【打开】。

（2）使用【创建】选项卡下【详图】面板中的【直线】命令，绘制图形，如图 2-3-19 所示。

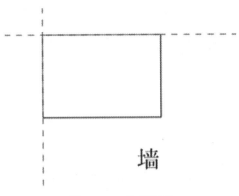

墙

图 2-3-19　绘制图形

（3）载入到项目中，单击墙分隔条，点击【放置 分隔条】，【属性】工具下【编辑类型】命令，在弹出的【类型属性】对话框中【构造】，【轮廓】一栏中就可以选择刚才载入的【族 1】对墙分隔缝进行设置，如图 2-3-20 所示。

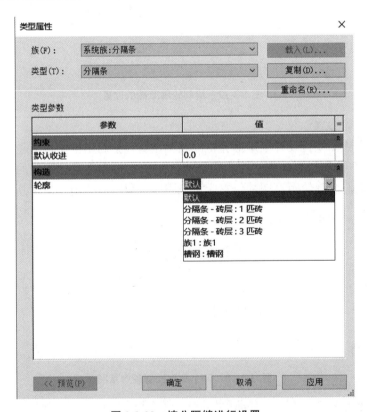

图 2-3-20　墙分隔缝进行设置

（4）回到族编辑器，在视图上添加参照平面，单击【创建】面板，【尺寸标注】命令为其添加尺寸标注，如图 2-3-21 所示。

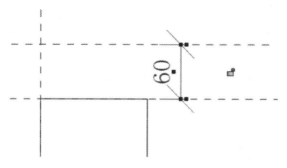

图 2-3-21　添加尺寸标注

按【Esc】键结束尺寸标注，选择标注的尺寸，功能区中【标签】下的【创建参数】，在弹出的【参数属性】对话框中，为尺寸标注添加【高度】参数，点击确定，如图 2-3-22 所示。

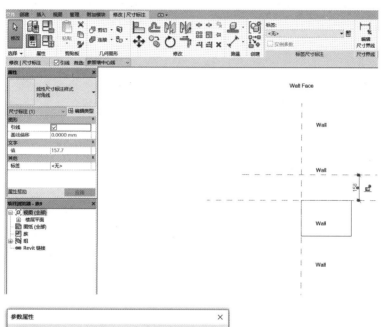

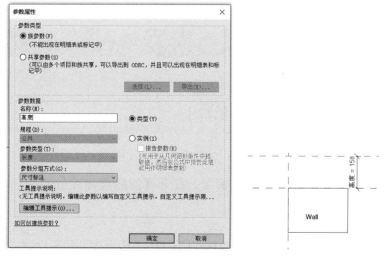

图 2-3-22　尺寸标注

把该族载入到项目中，无论在实例参数还是在类型参数中，都找不到【高度】这个数值，这说明在轮廓族中定义的参数在项目中是不起作用的。但如果您想在这个族中添加新类型，则可以通过定义尺寸来定义不同的类型，类型1定义的高度为60，如图2-3-23所示，也可以再新建一个类型，定义尺寸为50，所以定义的尺寸在创建新类型的时候是有用的。

图 2-3-23　创建新类型

2.4　创建详图项目族

2.4.1　运用公制详图构件制作土壤详图

1. 打开样板文件

单击文件按钮，选择【新建-族】命令，打开【新族选择样板文件】对话框，选择【公制详图项目】，单击【确定】。

2. 绘制土壤族图案

在素土夯实的图例符号绘制时，我们是以地坪的下表面为基线来绘制的，而这些图例是位于这条基线之下的，因此应该在第一象限来绘制土壤的图例。

（1）绘制参照平面并进行尺寸标注：以【公制详图构件】的原有参照平面定位绘制两条参照平面，完成后进行标注，并进行锁定，绘制结果，如图 2-4-1 所示。

（2）添加尺寸参数。选择长度为 300 的尺寸标注，在功能区中单击【标签】，选择【创建参数】，打开【参数属性】对话框，输入名称【长度】，选择【其他】，确定。同理，将长度为 150 的尺寸标注添加厚度参数，将长度为 100 的尺寸标注添加间距参数，如图 2-4-2 所示。

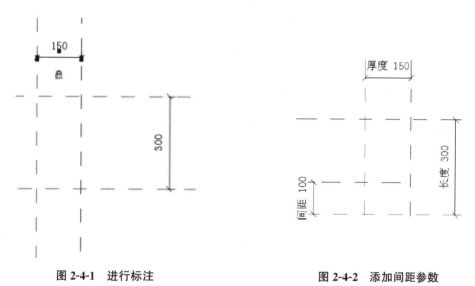

图 2-4-1　进行标注　　　　　　　　　图 2-4-2　添加间距参数

（3）单击【族类型】面板中的【类型命令】，打开【族类型】对话框，设置参数公式，如图 2-4-3 所示。

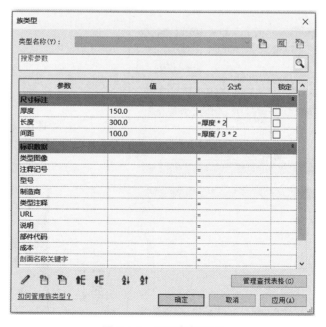

图 2-4-3　设置参数公式

提示：在输入公式时数字与符号一定要在英文输入法的状态下进行输入。

3. 绘制符号

单击详图面板的【直线】命令，子类别选择【轻磅线】类型，以间距 100 的参照平面为起点，绘制角度为 45°的第一条斜线，然后以 100 为距离复制 3 条，对其进行尺寸标注，并均分。单击详图面板的【直线】命令，绘制弧线如图 2-4-4 所示。

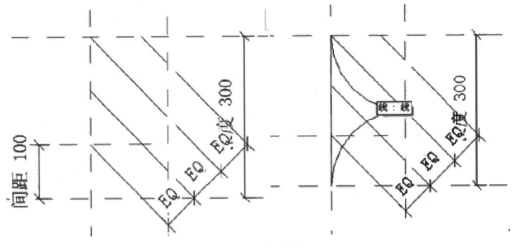

图 2-4-4　绘制弧线

单击上下文选项栏【创建】下【详图】面板中的【填充区域】命令，沿着刚画好的弧线围合的区域绘制，然后设置【区域属性】，将填充样式设为【实体填充】，颜色为【黑色】，完成区域如图 2-4-5 所示。

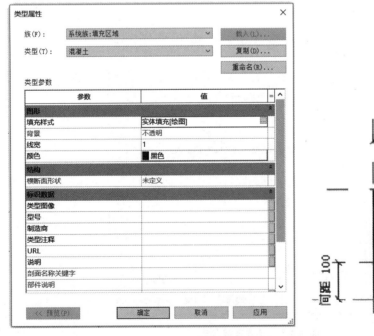

图 2-4-5　填充样式

4. 将其载入项目中应用

单击【注释】面板中的【构件】下拉按钮，单击【重复详图】命令，打开【放置重复详图】的上下文选项卡。单击【属性】编辑类型【类型属性】命令，新建【土壤】族，将详图设为土壤族名称，布局设为【填充可用间距】，点击确定，绘制重复详图如图 2-4-6 所示。

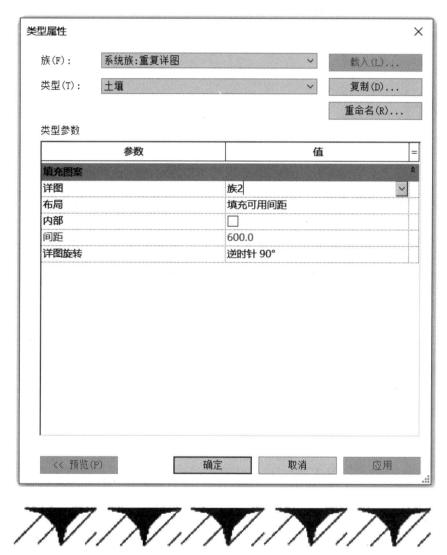

图 2-4-6　绘制重复详图

注意：当在项目中绘制重复详图时，鼠标单击的距离与详图实际距离可能不同，这是因为在项目中它是按整数绘制重复详图的。若想让鼠标单击的距离与详图实际距离相同，采用基于线的详图构件制作土壤详图。

2.4.2　运用基于公制详图项目线制作土壤详图

1. 打开样板文件：单击文件按钮，选择【新建-族】命令，打开【新族选择样板文件】

对话框，选择【基于公制详图项目线】，点击确定。

2.单击【详图】面板中的【详图构件】命令，载入上面制作的【自然土壤】构件，单击视图放置土壤详图，如图 2-4-7 所示，通过旋转使它水平放置。

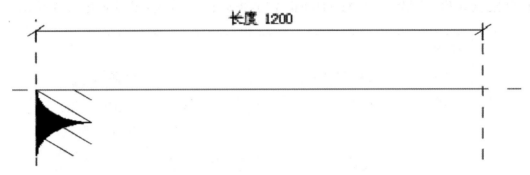

图 2-4-7　放置土壤详图

3.添加参数：单击【族属性】面板下的【族类型】命令，打开族类型对话框，单击【参数】下的【添加】按钮，打开【参数属性】对话框。将名称设为【n】，参数类型设为【整数】，勾选【实例】，单击确定。在【n】参数的【公式】栏中输入【长度/300mm＋1】然后点击【确定】，如图 2-4-8 所示。

参数	值	公式	锁定
约束			
长度(默认)	1700.0	=	☐
其他			
n	0.0	=长度/300mm+1	☐
标识数据			

类型名称(Y)：

搜索参数

管理查找表格(G)

如何管理族类型？　　　　确定　　取消　　应用(A)

图 2-4-8　族类型

4.使【n】参数与长度相关联：选择土壤详图，单击【修改放置详图组】上下文选项卡中的【阵列】命令，选项栏中选择【第二个】，阵列土壤详图。选择被阵列的详图，单击上面的线，右键选择【编辑标签】命令，选择【n】，此时，当改变长度值时，其详图构件数关联增加。如当长度设为 1700 时，如图 2-4-9 所示。

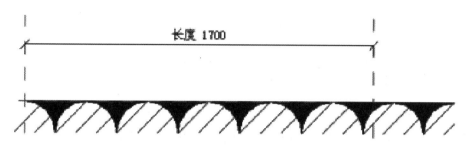

图 2-4-9 改变长度值

5.将多余部分遮盖。多余部分即是超过长度的部分。单击【详图】面板中的【填充区域】命令，进入填充区域草图绘制模式。单击【矩形】按钮，在多余部分绘制矩形，锁定。单击【对齐】命令，先单击参照平面，再单击与参照平面接近的矩形边，将其对齐并锁定，设置区域属性，单击完成区域，如图 2-4-10 所示。

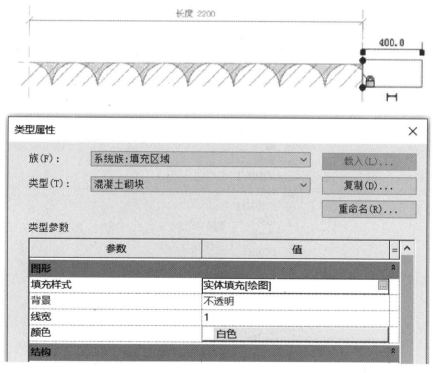

图 2-4-10 设置区域属性

6.测试。当改变长度时，试其详图是否关联修改。

7.载入项目中应用。载入项目中后，单击【注释】，【详图】面板中的【构件】下拉按钮中的【详图构件】命令，即可绘制土壤详图。

2.5 门族

2.5.1 创建简单门族

门族

1. 打开族

在项目浏览器中选择【M_推拉门_双开】，使用鼠标右键在弹出菜单中选择【编辑】，进入门族的设计界面，如图 2-5-1 所示。

图 2-5-1 设计界面

2. 思路要考虑将门扇进行更换，方法使用嵌套族的方式完成。

3. 使用【公制常规模型族】创建门扇

依次单击【文件】【新建】【族】【公制常规模型】，打开【公制常规模型】族样板，首先将族类型进行更改为门，单击【属性】面板下的【族类型和族参数】命令，在打开的【族类别和族参数】的对话框内将常规模型改为门，点击确定退出，再进行构件的创建，如图 2-5-2 所示。

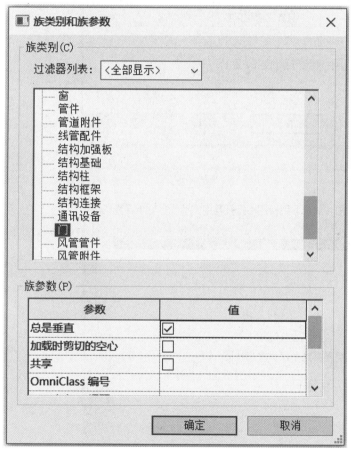

图 2-5-2　公制常规模型族

4. 设置工作平面

单击【创建】选项卡，【工作平面】面板下【设置】命令，设置工作平面，单击【中心前/后】参照平面设置其为工作平面，如图 2-5-3 所示。

工作平面

当前工作平面
名称：
标高 ：参照标高

[显示] [取消关联]

指定新的工作平面
○ 名称(N)   [标高 ：参照标高   ▾]
● 拾取一个平面(P)
○ 拾取线并使用绘制该线的工作平面(L)

[确定]   [取消]   [帮助]

转到视图

要编辑草图，请从下列视图中打开其中的草图平行于屏幕的视图：

立面：前
立面：后

或该草图与屏幕成一定角度的视图：

三维视图：视图 1

[打开视图]   [取消]

图 2-5-3　参照平面设置

5. 创建参照平面

在打开的【前立面】视图中，单击【创建】选项卡，【形状】面板下【实心-拉伸】命令，为了使用所添加参数显示在构件内部，而不显示在模型空间影响族外观效果，此时单击【创建】选项卡，【基准】面板下【参照平面】命令，创建一个参照平面，并使用临时尺寸标准调整其位置，如图 2-5-4 所示。

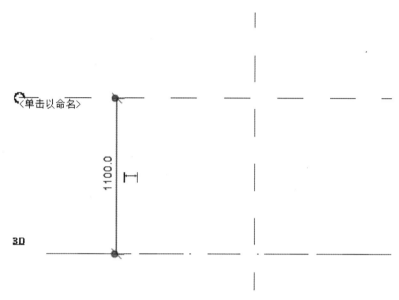

图 2-5-4　参照平面设置

6. 创建门扇构件并添加【边框宽度】参数

单击【创建拉伸】选项卡，【绘制】面板下，使用矩形创建门扇轮廓，并使用尺寸标注将门扇边框进行标注，选择所有边框尺寸标注，单击选项栏【标签】下的【创建参数】，在弹出的【参数属性】中添加【边框宽度】参数，如图 2-5-5 所示。

注意：中间边框的 EQ 添加。

7. 添加门扇【宽度】【高度】参数

由于将【常规模型】更改为【门】族类型，所以参数中就已经自动添加好【宽度】【高度】等参数，只需将尺寸标注与参数一一关联起来即可，如图 2-5-6 所示。

8. 添加 F1 限制参数

为参照平面添加尺寸标注，单击选项栏【标签】下的【创建参数】，名称为【F1】，分组方式为【限制条件】，点击确定退出，并为此参数添加公式，单击【属性】面板下【族类型】命令，在打开的【族类型】对话框中在【限制条件】下【F1】参数后【公式】一栏添加如下公式：【高度/2】，如图 2-5-7 所示。

提示：在输入公式时数字与符号一定要在英文输入法的状态下进行输入。

9. 设置其拉伸属性

单击【属性】对话框中设置【拉伸起点、终点】、构件【可见性/图形替换】、门框材质参数的添加，如图 2-5-8 所示。

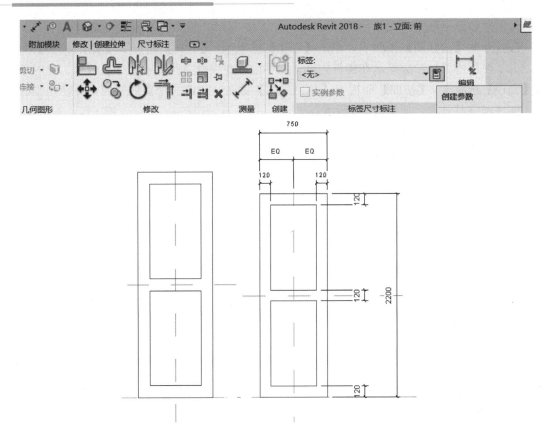

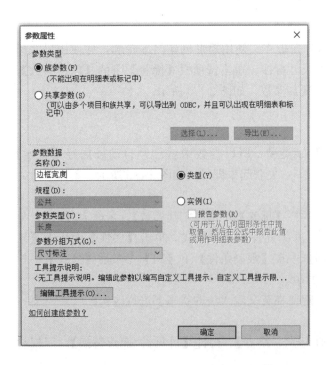

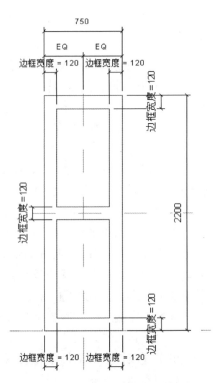

图 2-5-5

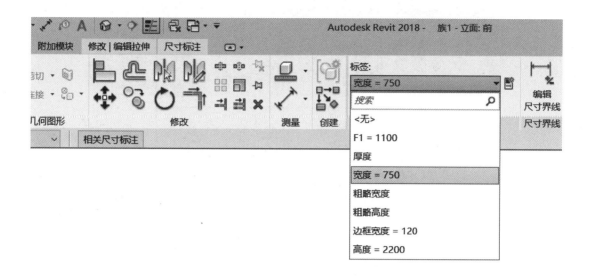

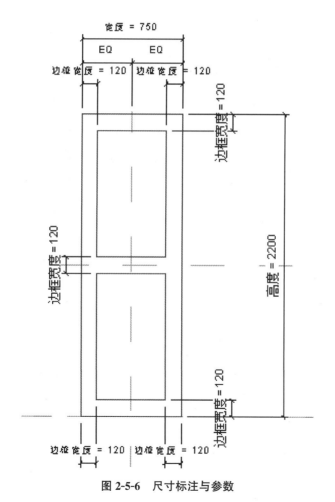

图 2-5-6　尺寸标注与参数

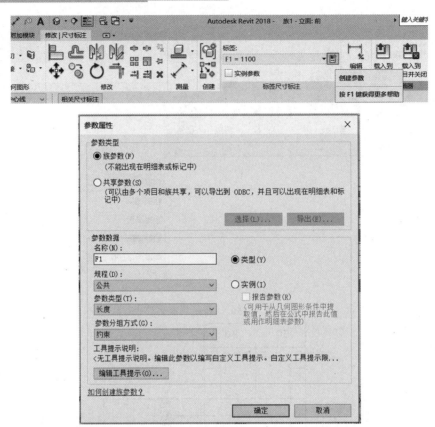

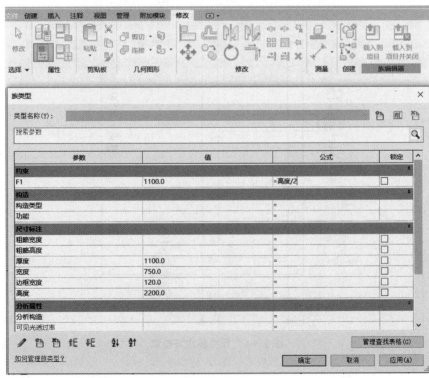

图 2-5-7　添加尺寸标注

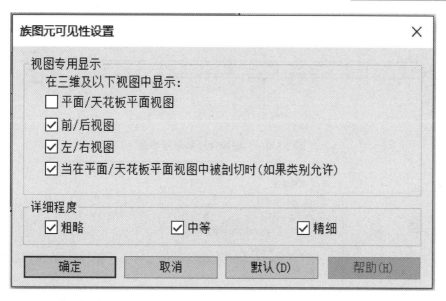

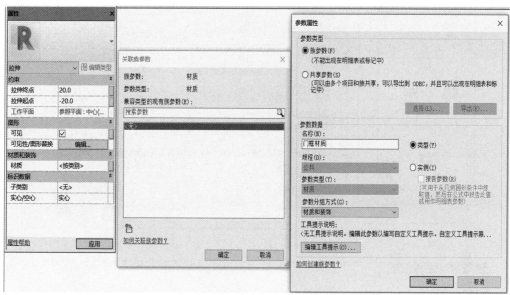

图 2-5-8 门框材质参数的添加

10. 为门框构件添加厚度参数

打开【参照标高】平面视图，为门框构件添加【EQ】标注，选择此标注，选项栏中【标签】下的【创建参数】，在打开的【参数属性】中添加名称为【门扇厚度】，分组方式为【尺寸标注】，点击确定后退出，如图 2-5-9 所示。

11. 创建玻璃构件并为其添加材质参数

单击【创建】选项卡，设置中心参照平面为工作平面，打开任意立面进行玻璃构件轮廓的创建，注意要将其与内边框进行锁定。单击【属性】对话框中设置其【拉伸起点、终点】，【可见性/图形替换】后的编辑按钮设置图元的可见性，单击材质后的矩形按钮，添加材质参数，如图 2-5-10 所示。

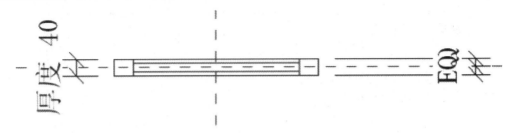

图 2-5-9　门框构件添加厚度参数

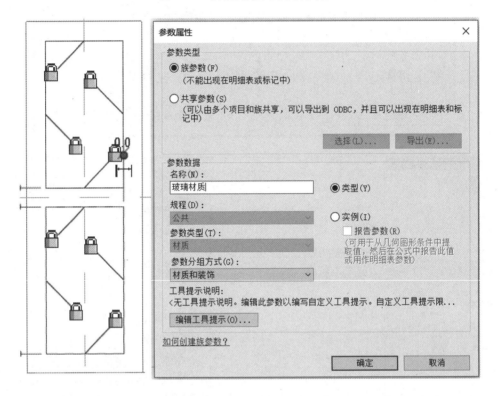

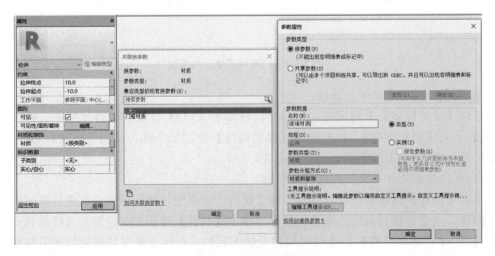

图 2-5-10　添加材质参数

12. 为玻璃构件添加厚度参数

打开【参照标高】平面视图，为玻璃构件添加尺寸标注，选择该标注进行锁定尺寸，如图 2-5-11 所示。

图 2-5-11　添加厚度参数

13. 测试所添加参数并保存族

点击【属性】面板下【族类型】命令，测试添加的所有参数，确定无误后保存此族：门扇.rfa，如图 2-5-12 所示。

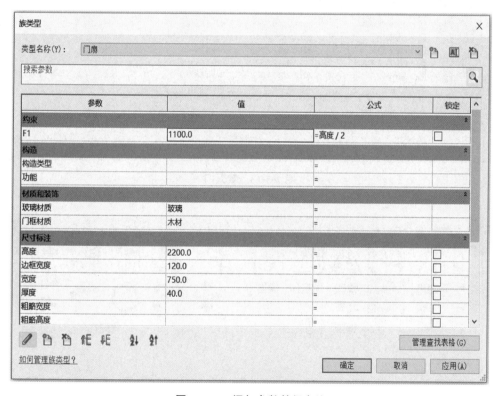

图 2-5-12　添加参数并保存族

14. 载入门扇到【M_推拉门_双开】族内

单击【插入】选项卡，【从库中载入】面板下，【载入族】命令，在本机中找到【门扇】族的存放位置，并将其载入进来，如图 2-5-13 所示。

15. 确定【门扇】的位置

此时并不能显示该构件已经载入进来，单击【创建】选项卡，用【模型】面板下的【构件】命令，将载入进来的【门扇】鼠标单击放置到族空间内，使用【修改】选项卡【修改】面板下的【对齐】命令，确定构件的准确位置，如图 2-5-14 所示。

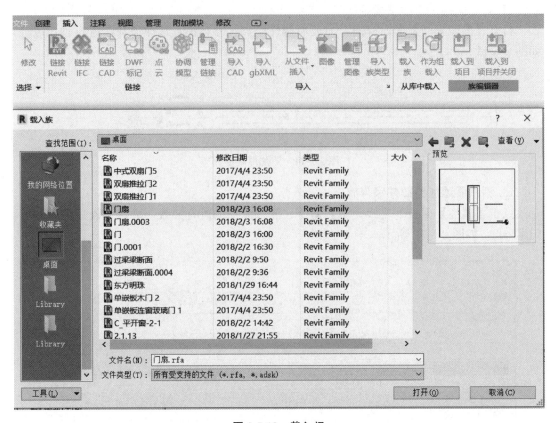

图 2-5-13　载入门

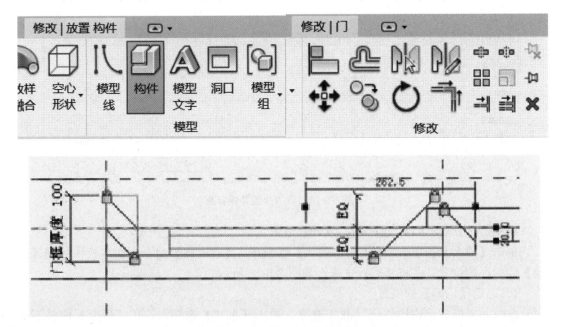

图 2-5-14　确定构件的位置

16. 匹配族参数

选择门扇，单击【图元】面板下的【图元属性】下拉箭头【类型属性】打开类型属性对话框，在【材质和装饰】【尺寸标注】两栏分别单击矩形按钮，在打开的【关联族参数】对话框中单击【添加参数】按钮，添加相对应的材质参数和尺寸参数，一一对应后参数全部灰显，确定匹配成功，如图 2-5-15 所示。

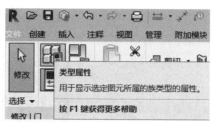

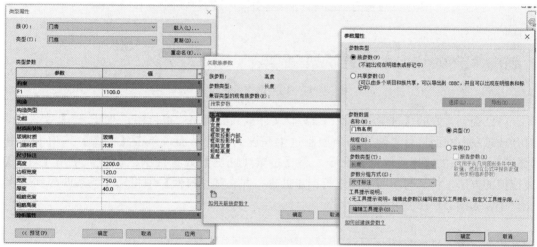

图 2-5-15　匹配族参数

17. 复制门扇并调整符号线位置

用复制的方式创建其余三个门扇，使用【对齐】命令，单击目标对齐点，再单击需要对齐的对象，对齐并锁处理，使用此方法确定门扇及二维符号线的正确位置，如图 2-5-16 所示。

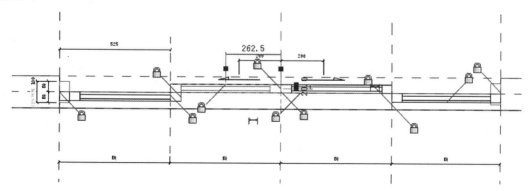

图 2-5-16　复制门扇并调整符号线

18. 创建剖面二维显示

注意门的剖面显示，门的剖面显示需注意其过梁的显示状态，首先使用【详图项目】族文件样板，制作过梁梁断面，添加其梁宽、梁高尺寸参数。注意此参数为实例参数，设置其填充区域的属性为实体填充黑色，如图 2-5-17 所示。

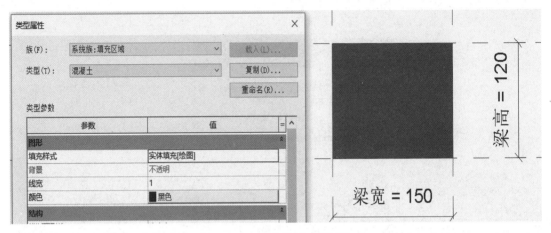

图 2-5-17　创建剖面二维显示

将已经创建好的【过梁梁断面.rfa】族文件载入到【M＿推拉门＿双开.rfa】文件里，打开任意左右立面，首先创建一个控制过梁高度的参照平面，单击【详图】选项卡，用【详图】面板下的【详图构件】命令，将【过梁梁断面】放置视图区域中，使用【对齐】或拖拽的方法，将其与参照平面进行锁定处理，并在其【属性】中将尺寸参数匹配到门族文件中，如图 2-5-18 所示。

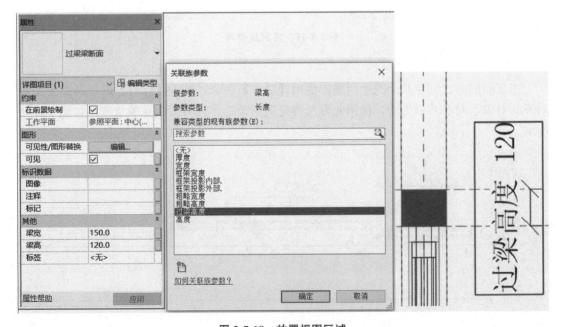

图 2-5-18　放置视图区域

使用【符号线】创建剖面显示，将其与门洞口进行锁定处理，并添加【EQ】尺寸标注，剖面显示设置完成后的最后效果，如图 2-5-19 所示。

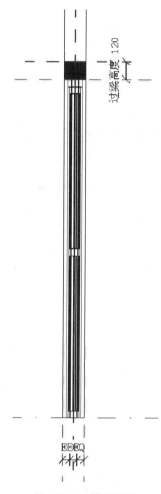

图 2-5-19 锁定处理

19. 为参数添加公式

单击【属性】面板下的【族类型】命令，打开【族类型】对话框，为门扇高度门扇宽度以及搭接宽度添加相应的公式，公式如下：门扇高度＝高度－门框宽度、门扇宽度＝（宽度－门框宽度×2）/4＋搭接宽度、搭接宽度＝门扇边框宽度/2，并测试所添加参数是否可以正常调整使用，如图 2-5-20 所示。

提示：在输入公式时注意符号和数字的输入要切换到英文输入法。

20. 载入项目中

测试无误后，点击【载入到项目中】，在弹出的对话框中选择【覆盖现有版本】，观察三维视图。

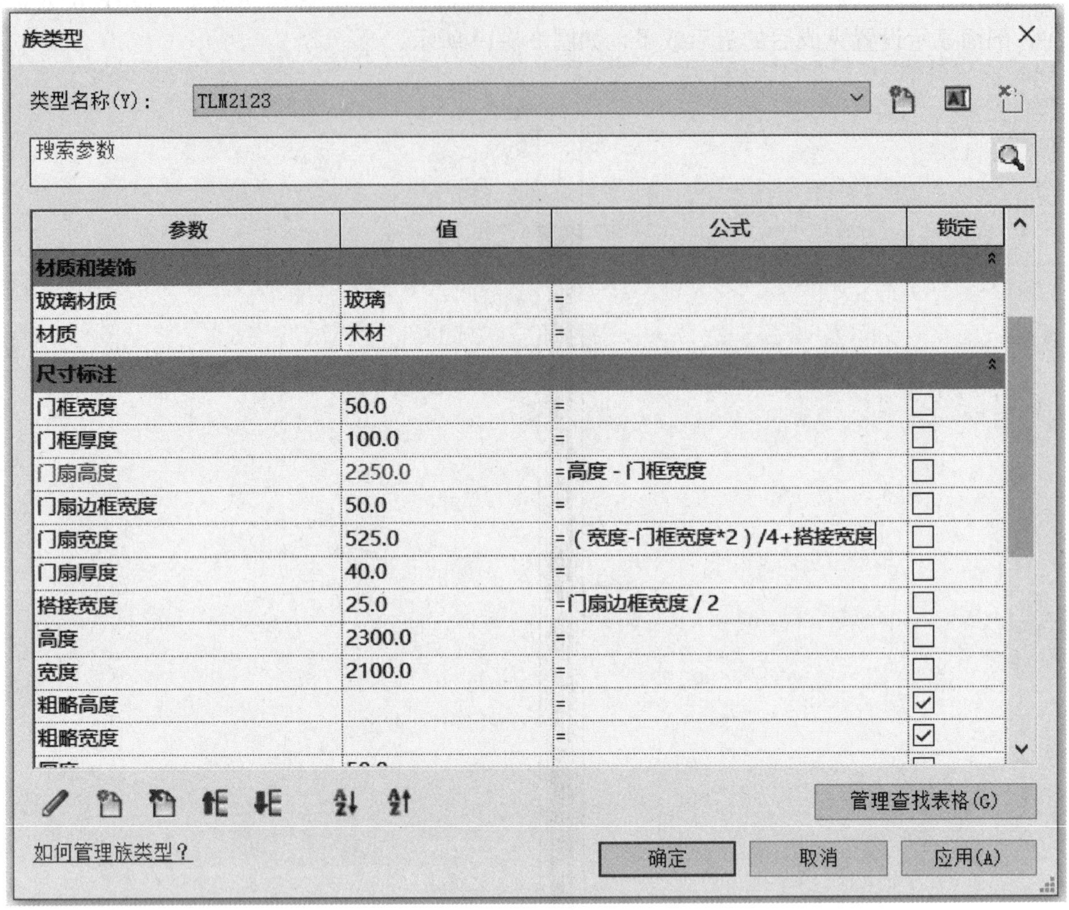

参数	值	公式	锁定
材质和装饰			
玻璃材质	玻璃	=	
材质	木材	=	
尺寸标注			
门框宽度	50.0	=	☐
门框厚度	100.0	=	☐
门扇高度	2250.0	=高度 - 门框宽度	☐
门扇边框宽度	50.0	=	☐
门扇宽度	525.0	=（宽度-门框宽度*2）/4+搭接宽度	☐
门扇厚度	40.0	=	☐
搭接宽度	25.0	=门扇边框宽度 / 2	☐
高度	2300.0	=	☐
宽度	2100.0	=	☐
粗略高度		=	☑
粗略宽度		=	☑

族类型对话框：类型名称(Y): TLM2123

图 2-5-20　族类型

2.6 窗族

2.6.1 创建简单窗族

窗族

1. 选择【公制窗.rft】族样板

单击左上角文件，选择【新建】【族】按钮，在弹出的选择框中选择【公制窗.rft】文件，点击【打开】，进入窗族的设计界面，如 2-6-1 所示。

2. 设置工作平面

单击【创建】选项卡、【工作平面】面板、【设置】命令，在弹出的【工作平面】对话框内，选择【拾取一个平面】，选择墙体中心位置的参照平面为工作平面，在弹出的【转到视图】对话框中，选择【立面：外部】打开视图，如图 2-6-2 所示。

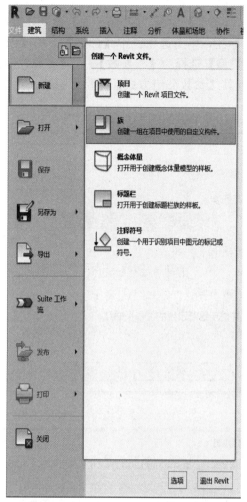

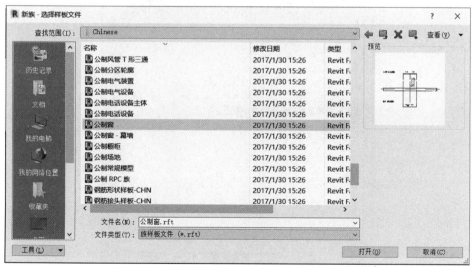

图 2-6-1　进入窗族的设计界面

3. 为构件添加【开启扇高度】参数

单击【创建】选项卡、【基准】面板、【参照平面】命令，绘制参照平面，使用尺寸标注命令标注尺寸；选择此标注，单击选项栏中【标签】下的【创建参数】，打开【参数属性】对话框，确定【参数类型】选择为【族参数】，在【参数数据】中，添加参数【名称】为【开启扇高度】，并设置其【参数分组方式】为尺寸标准，单击【确定】完成参数的添加，如图 2-6-3 所示。

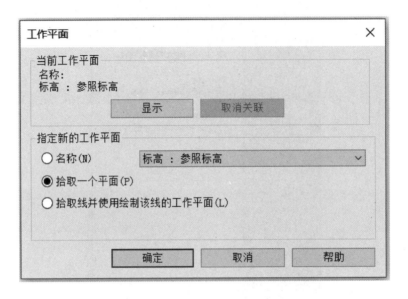

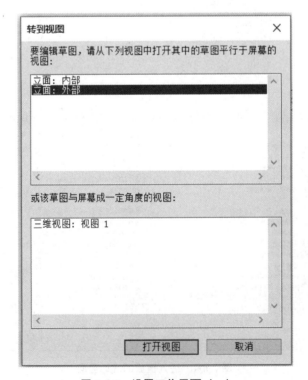

图 2-6-2 设置工作平面（一）

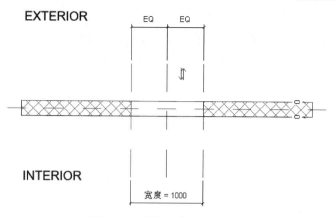

图 2-6-2　设置工作平面（二）

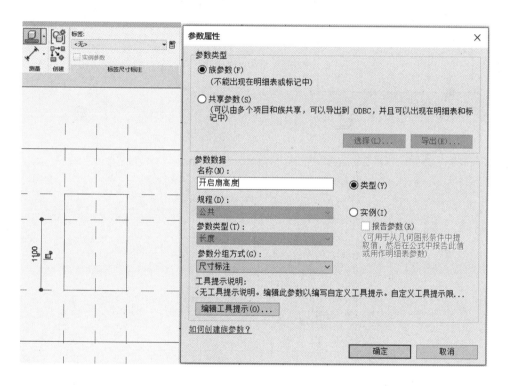

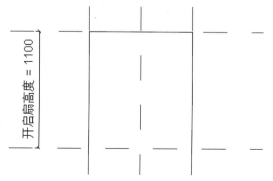

图 2-6-3　构件添加

4. 创建窗框，并为其添加【窗框宽度】参数

单击【创建】选项卡、【实心-拉伸】命令、【绘制】面板下，选择矩形绘制方式，以洞口轮廓及参照平面为参照，创建轮廓线并与洞口进行锁定，绘制完成后如图 2-6-4 所示。

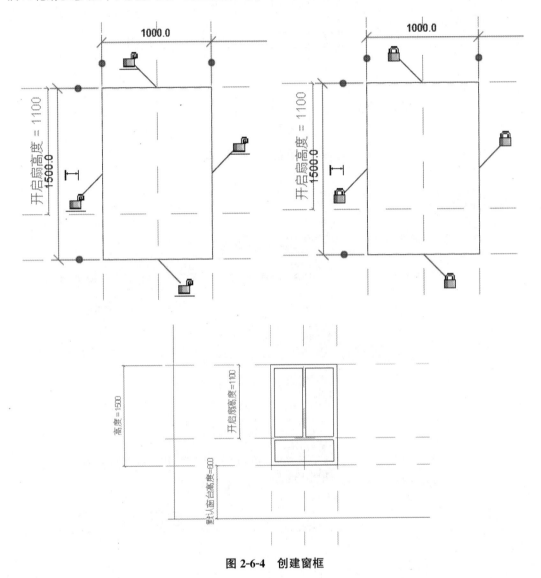

图 2-6-4　创建窗框

单击【注释】面板，【尺寸标注】命令为窗框添加尺寸标注，选择任意窗框尺寸标注，选项栏中【标签】下的【创建参数】，在弹出的【参数属性】对话框中，为尺寸标注添加【窗框宽度】参数，点击【确定】，如图 2-6-5 所示。选择所有尺寸标注，选择选项栏中【标签】后下拉箭头【窗框宽度】，完成后如图 2-6-6 所示。

提示：由于此族文件的特殊样式，注意中间两道窗框需添加尺寸标注【EQ】，保证其两边尺寸相等，如图 2-6-7 所示。

单击【属性】对话框中设置拉伸起点及拉伸终点，将拉伸终点设置为【40】，拉伸起点设置为【-40】，如图 2-6-8 所示，点击【确定】，完成拉伸。

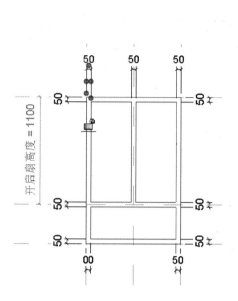

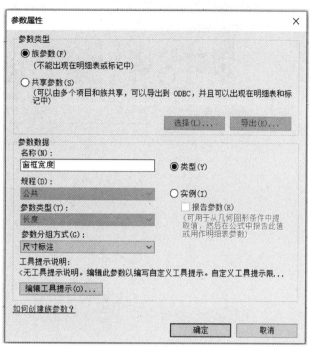

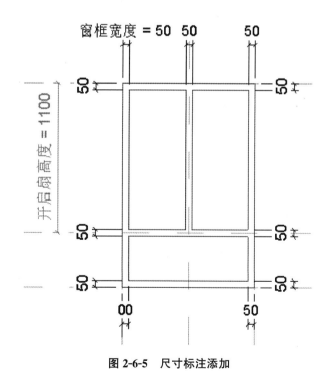

图 2-6-5 尺寸标注添加

5. 设置构件的可见性

选择绘制的窗框轮廓，双击拉伸图形进入到【形状】面板，【修改编辑拉伸】命令，单击属性，单击【可见性/图形替换】后的【编辑】按钮，打开【族图元可见性设置】对话

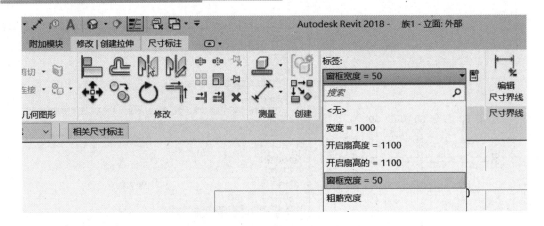

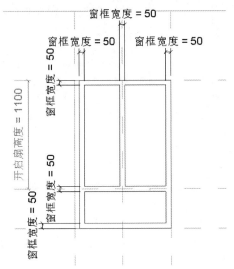

图 2-6-6　窗框宽度

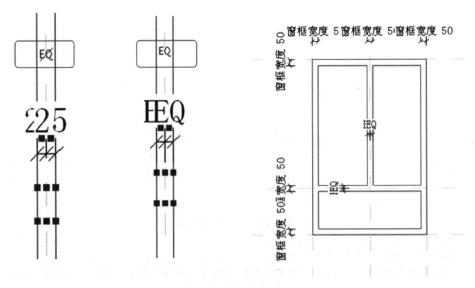

图 2-6-7　添加尺寸标注

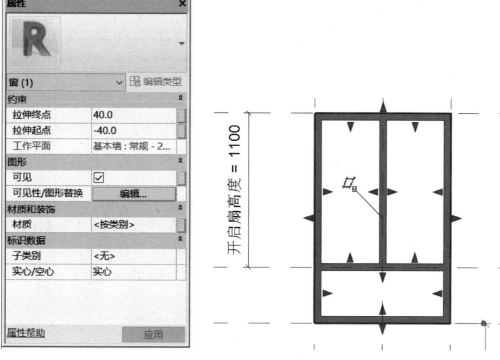

图 2-6-8　设置拉伸起点及拉伸终点

框，设置其视图显示，只将【前/后视图】勾选说明其他视图此构件不可见，此时窗框构件在平面视图中为灰显状态，点击确定，如图 2-6-9 所示。

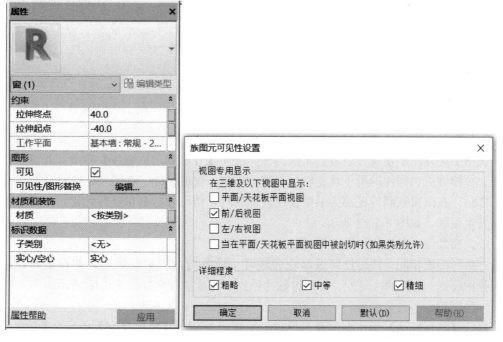

图 2-6-9　设置构件的可见性（一）

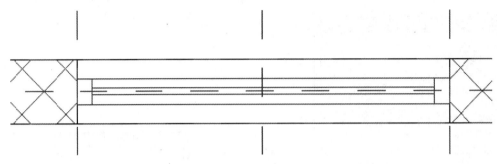

图 2-6-9　设置构件的可见性（二）

6. 为窗框添加材质参数

单击属性中【材质】后的矩形按钮，打开【关联族参数】对话框，单击【添加参数】按钮打开【参数属性】对话框，设置名称为【窗框材质】，参数分组方式为【材质和装饰】，点击三次【确定】完成参数的添加，完成拉伸（如图 2-6-10 所示）。

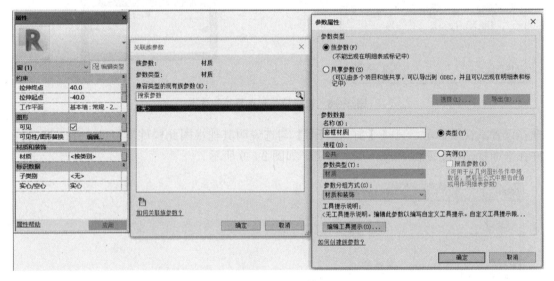

图 2-6-10　拉伸

7. 创建开启扇构件并为其添加参数

使用上述方法创建【开启扇】窗框构件，添加【开启扇边框宽度】参数，设置其拉伸起点、拉伸终点、构件的可见性、材质参数的添加，完成拉伸（如图 2-6-11 所示）。

提示：在以窗框洞口轮廓为参照创建轮廓线时，切记要与洞口进行锁定，这样才能与窗框发生关联，如图 2-6-12 所示。

8. 为窗族添加玻璃构件及为其添加相应参数

方法与前面相同，注意绘制玻璃轮廓线时一定要与内框进行锁定，并设置其拉伸起点、拉伸终点、构件的可见性、材质参数的添加，完成拉伸后如图 2-6-13 所示。

9. 为窗框添加厚度参数

打开【楼层标高】标注窗框及开启扇的厚度，并赋予【窗框厚度】参数、【开启扇边框厚度】参数（提示：添加尺寸标注前需先添加 EQ 标注），如图 2-6-14 所示。

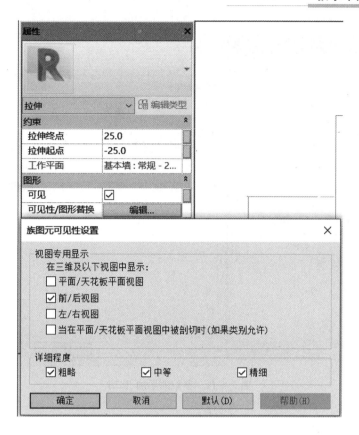

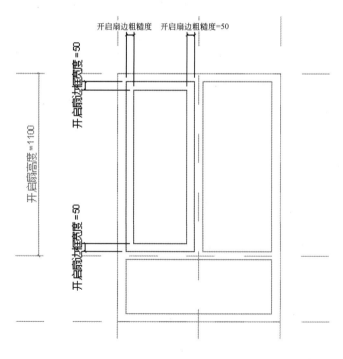

图 2-6-11　参数的添加（一）

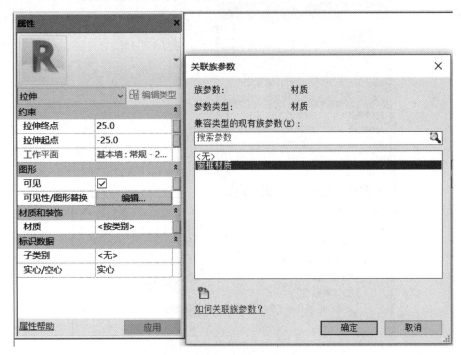

图 2-6-11　参数的添加（二）

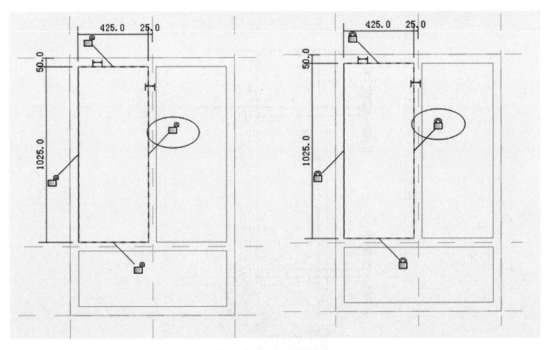

图 2-6-12　创建轮廓线

10. 保存窗族

此时打开一个新的项目文件，将已经创建好的窗族载入项目中进行相应测试，确定无

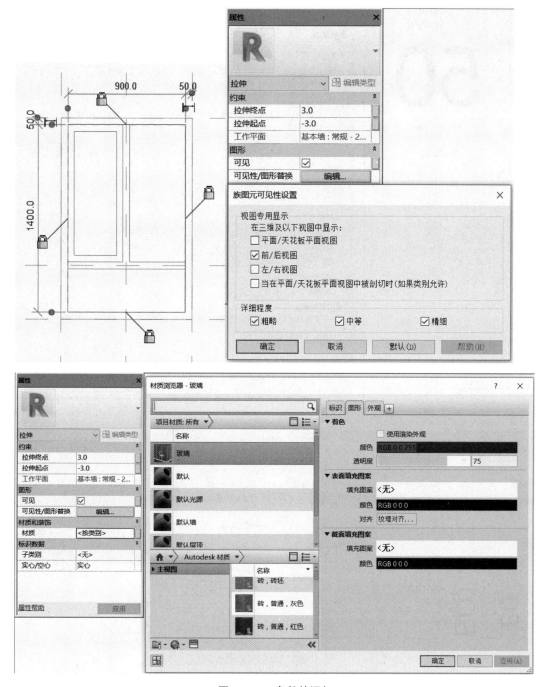

图 2-6-13　参数的添加

误后，保存为族文件【C＿平开窗-3-1】，如图 2-6-15 所示。

11.用类似方式新建窗族【C＿平开窗-2-1】与【C＿平开窗-4-2】。

12.回到项目【05＿阳台设计】，点击【内建模型】选项卡中【实心】按钮下方的三角符号，在下拉菜单中选择【拉伸】命令，在弹出对话框中选择以上完成的三个窗族，点击【打开】载入，如图 2-6-16 所示。

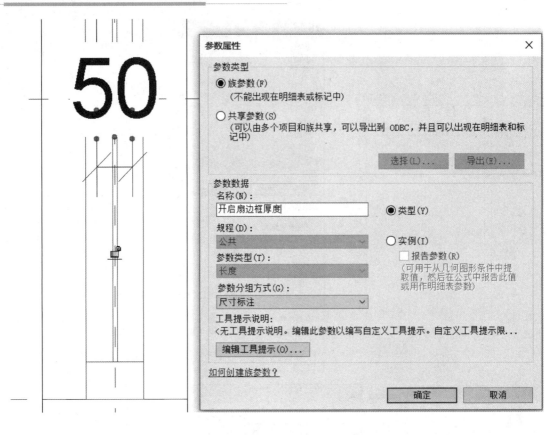

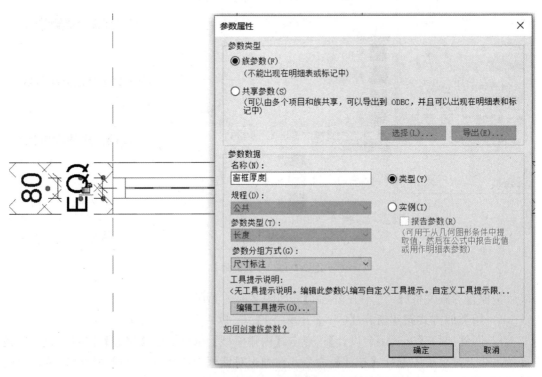

图 2-6-14　添加厚度参数

图 2-6-15　保存窗族

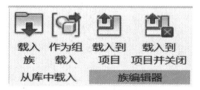

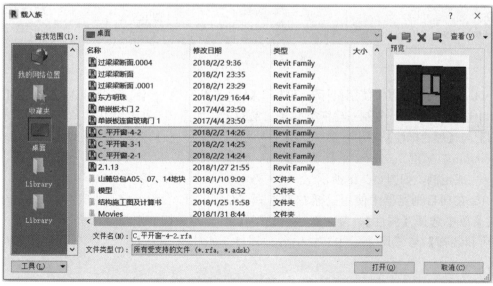

图 2-6-16　窗族载入

13. 在项目浏览器中使用鼠标右键选择【C＿平开窗-2-1：C＿平开窗-2-1】，在弹出的菜单中选择【属性】，复制新建窗类型【C0918】，按如图 2-6-17 所示内容修改其【材质和装饰】与【尺寸标注】栏中各项属性，点击【确定】完成定制。

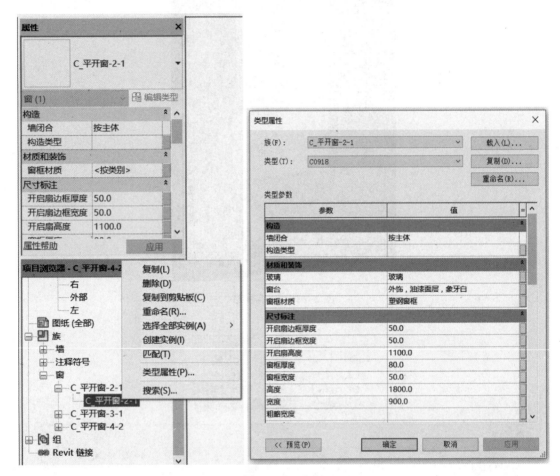

图 2-6-17　定制

14. 在项目浏览器中使用鼠标右键选择【C＿平开窗-3-1：C＿平开窗-3-1】，在弹出的菜单中选择【属性】，复制新建窗类型【C1218】，按如图 2-6-18 所示内容修改其【材质和装饰】与【尺寸标注】栏中各项属性，完成后，点击【复制】继续新建类型【C1415】（高度 1500mm；宽度 1400mm）、【C1818】（高度 1800mm，宽度 1800mm），完成后点击【确定】，完成定制，如图 2-6-18 所示。

15. 在项目浏览器中使用鼠标右键选择【C＿平开窗-4-2：C＿平开窗-4-2】，在弹出的菜单中选择【属性】，复制新建窗类型【C3023】，按如图 2-6-19 所示内容修改其【材质和装饰】与【尺寸标注】栏中各项属性，点击【确定】完成定制，如图 2-6-19 所示。

16. 在项目中插入窗，测试属性。

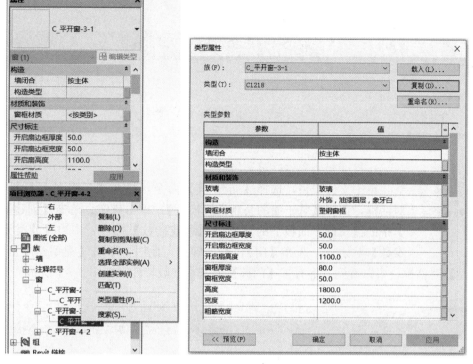

图 2-6-18　完成定制

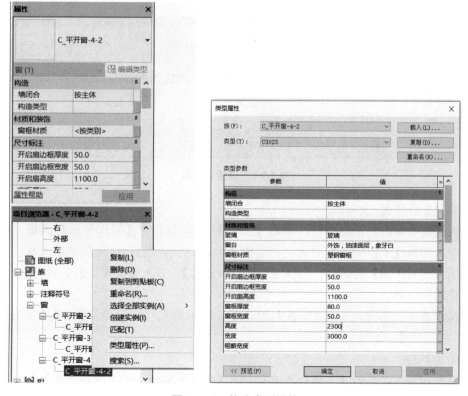

图 2-6-19　修改类型属性

2.7 创建门联窗族

2.7.1 创建

1. 打开样板文件并设置族类别

创建门联窗族
电梯基坑族

单击文件按钮，选择【新建-族】命令，打开【新族-选择样板文件】对话框，选择【基于墙的公制常规模型】，单击确定。单击【创建】选项卡中的【属性】面板下的【族类别和族参数】命令，弹出【族类别和族参数】对话框，选择【门】，点击确定。此时，单击【类型命令】，弹出【族类型】对话框，可以看到其拥有了【门族】的基本参数特性，如图 2-7-1 所示。

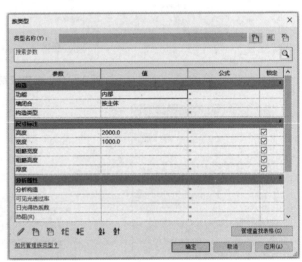

图 2-7-1 设置族类别

2. 设置工作平面

进入【参照标高】平面视图，单击【创建】选项卡中的【工作平面】面板下的【设置】命令，弹出【工作平面】对话框，选择【拾取一个平面】，在视图中单击水平参照平面，弹出【转到视图】对话框，选择【立面：放置边】，进入【放置边】立面视图。

3. 设置插入点

选择垂直参照平面，单击【属性】对话框，确定勾选【定义原点】，【是参照】设为【中心（左/右）】，如图 2-7-2 所示。

4. 添加参数

绘制参照平面：单击【创建】选项卡中的【基准】面板下的【参照平面】命令，绘制如图 2-7-3 所示的参照平面，并为其标注尺寸。选择尺寸标注，为其设置宽度、亮子高、门高参数，如图 2-7-3 所示。

　　载入亮子、门板：单击【插入】选项卡中的【从库中导入】，选择光盘中【亮子.rft】，点击确定。进入【参照标高】平面视图，单击放置【亮子】。进入【放置边】立面视图，运用【修改】选项卡中的【编辑】面板下的【对齐】命令，将亮子与参照平面进行 对齐锁定。

　　选择亮子，单击【属性】编辑类型【类型属性】命令，打开【类型属性】对话框，如图 2-7-4 所示。

　　同理，将亮子高度与添加的【亮子高】关联，将宽度相关联。完成后进行测试，如图 2-7-5 所示。

　　采用相同方法载入【门】（此门应为无门框、无门套、门板厚度可调的门），设置参数关联。

　　添加 if 参数：将【门高】参数删除，添加【高度】参数，如图 2-7-6 所示。

　　注意：由于前面已经让【门高】参数和载入门的【高度】相关联，所以可以把【门高】参数删掉，只有这样，我们才可以添加高度参数，否则，会出现逻辑错误。

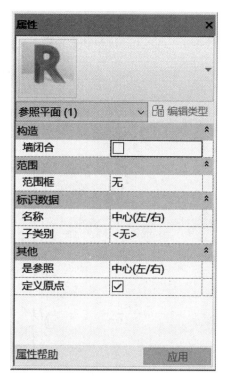

图 2-7-2　垂直参照平面

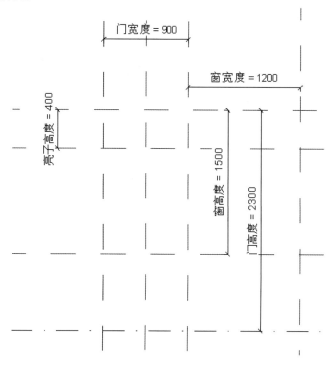

图 2-7-3　绘制参照平面

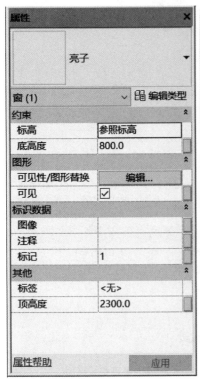
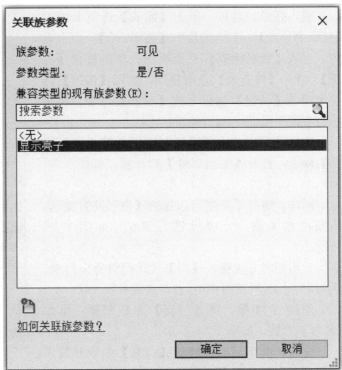

图 2-7-4　编辑类型

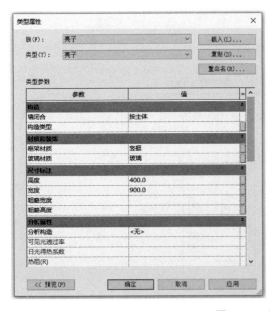
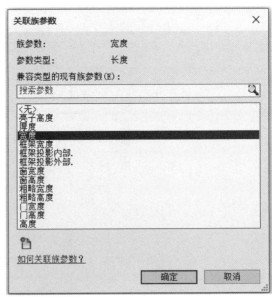

图 2-7-5　关联属性参数

单击【属性】面板中的【族类型】命令，在【高度】后设置 if 参数。参数公式为 if（显示亮子，门高＋亮子高，门高），如图 2-7-7 所示。

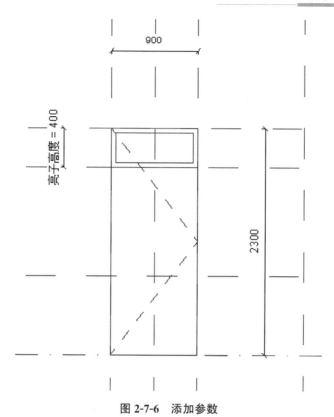

图 2-7-6　添加参数

参数	值	公式	锁定
构造			
功能	内部	=	
墙闭合	按主体	=	
构造类型		=	
尺寸标注			
高度	2300.0	=if (显示亮子 , 门高+亮子高 , 门高)	☑
宽度	900.0	=	☑
粗略宽度		=	☑
粗略高度		=	☑
厚度		=	☑
分析属性			
分析构造		=	
可见光透过率		=	
日光得热系数		=	
热阻(R)		=	

图 2-7-7　族类型

155

注意：参数公式须为英文书写，即英文字母、标点、各种符号都必须为英文书写格式，否则会出错。

载入项目中进行测试。

5. 绘制窗并添加参数

单击【创建】选项卡中的【基准】面板下的【参照平面】命令，绘制参照平面，并为其标注尺寸。选择尺寸标注，为其设置【窗宽】【窗高】参数（如图 2-7-8 所示）。

注意：在为窗宽添加尺寸后，应把墙体拉到足够长，否则在测试时候会出错。

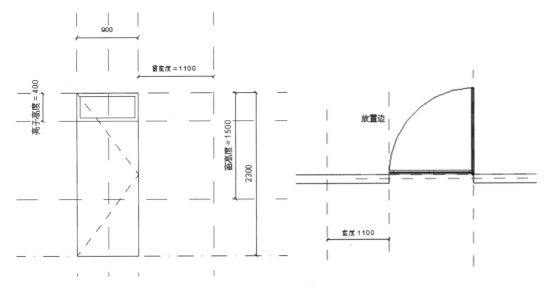

图 2-7-8　绘制窗

门联窗开洞：单击【创建】选项卡中的【模型】面板下的【洞口命令】命令，绘制洞口轮廓，完成洞口，如图 2-7-9 所示。

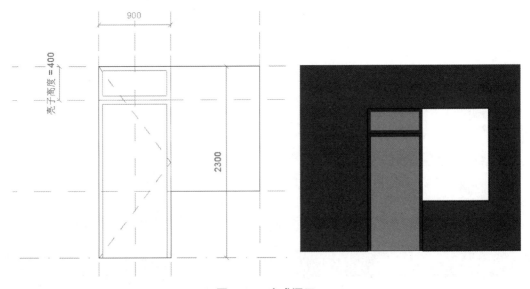

图 2-7-9　完成洞口

绘制窗：用【实心—拉伸】创建窗框，拾取墙中心线为工作平面，沿窗洞口边线绘制矩形并锁定其位置，将矩形向内偏移 60。设置拉伸起点、终点分别为 −30.0、30.0，其子类别为框架/竖梃，完成绘制。添加【窗框材质】参数，复制【塑钢窗框】材质，给窗框指定材质参数（如图 2-7-10 所示），完成拉伸。

注意：拉伸方向的正负值是由参照平面的方向决定的，如果参照平面为顺时针绘制，即从左向右绘制，及向上拉伸为正值，如参照平面从右向左绘制，则向上拉伸为负值。

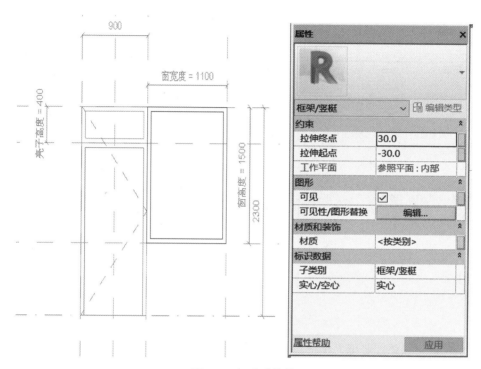

图 2-7-10　完成拉伸

设置窗框的可见性为三维和前/后视图，对窗框进行测试，如图 2-7-11 所示。

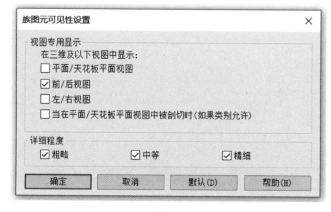

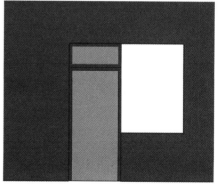

图 2-7-11　设置窗框的可见性为三维和前/后视图

用【实心—拉伸】创建玻璃，拾取墙中心线为工作平面，沿窗框内边线绘制矩形并锁

157

定其位置。设置拉伸起点、终点分别为—3.0、3.0，其子类别为玻璃。添加【玻璃材质】参数，给玻璃指定【玻璃材质】参数，设置玻璃可见性为三维和前/后视图，如图 2-7-12 所示。

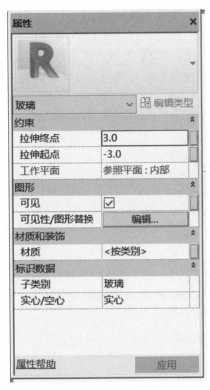

图 2-7-12　设置玻璃可见性

提示：还可以添加竖梃、横梃，在此不作介绍。

载入项目进行测试。

6. 设置门联窗的平面表达

打开【参照标高】平面视图，按住 Ctrl 键，选择窗框、窗玻璃、亮子的平面显示线，单击【形状】面板的【可见性设置】，弹出【族图元可见性设置】，设置其可见性为三维和前/后视图，如图 2-7-13 所示。

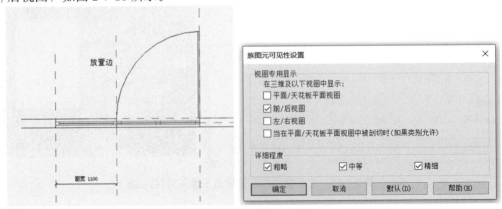

图 2-7-13　族图元可见设置

此时，门联窗的窗框、窗玻璃、亮子的平面显示线将灰显。单击【详图】选项卡的【符号线】命令，选择【矩形】，绘制线并锁定。完毕后进入右立面视图，用同样方法绘制符号线，如图 2-7-14 所示。

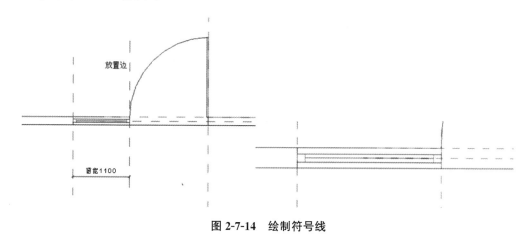

图 2-7-14　绘制符号线

7. 载入项目中进行测试，最终结果如图 2-7-15 所示。

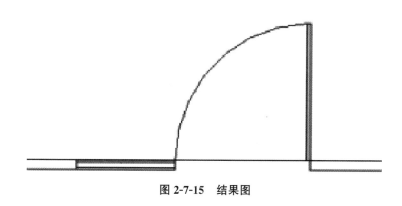

图 2-7-15　结果图

8. 应用技巧（基于墙的公制常规模型插入墙体后找不到）

基于墙体的公制常规模型应与墙面锁定，要保证项目中墙的厚度大于族样板中墙的厚度时而造成插在墙内无法看到的问题，如图 2-7-16 所示。

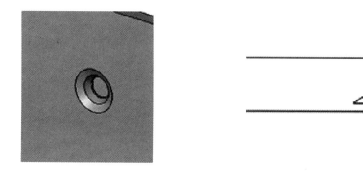

图 2-7-16　立面图

　　一旦出现斜线，情况会变得相对复杂，有时锁定不起作用。我们需要做多种测试，看看当前族中哪种锁定方式更有效，例如锁定点、添加角度标注或者添加长度参数，如图 2-7-17 所示。

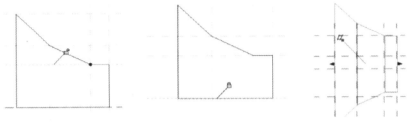

图 2-7-17　添加长度参数

2.8 电梯基坑族

1. 打开样板文件并设置族类别：

　　单击应用程序菜单下拉按钮，选择【新建-族】命令，打开【新族-选择样板文件】对话框，选择【基于楼板的公制常规模型】为样板，单击确定。单击【创建】选项卡中的【族属性】面板下的【类别和参数】按钮，设置族类别为【专用设备】，如图 2-8-1 所示。

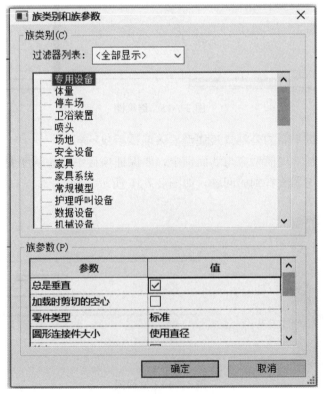

图 2-8-1

2.绘制参照平面并添加参数：

绘制【参照标高】平面视图的参照平面，并标注尺寸如图 2-8-2 所示。

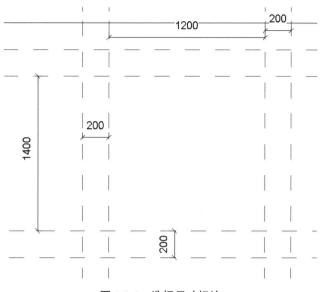

图 2-8-2　选择尺寸标注

选择尺寸标注，在选项栏中单击【标签】，选择【创建参数】，弹出【参数属性】对话框，添加【井道深】参数，单击确定。以此方法添加【井道宽】、【厚度】参数。测试参数，完成结果如图 2-8-3 所示。

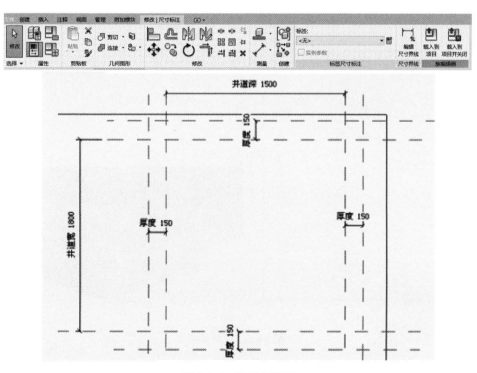

图 2-8-3　添加井道宽

进入前立面视图，用同样方法绘制立面的参照平面，并添加【基坑深】和【厚度】参数，如图 2-8-4 所示。

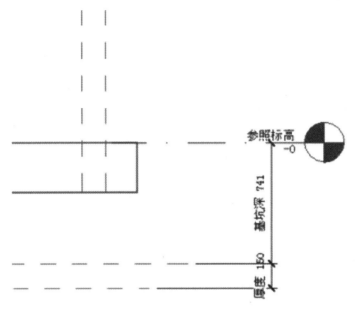

图 2-8-4　绘制立面的参照平面

3.绘制基坑：单击【创建】选项卡中的【形状】，选择【拉伸】命令进入实体拉伸草图绘制模式，沿最外边参照平面绘制矩形，完成拉伸。进入前立面视图，将绘制好的基坑实体边缘拖到合适位置，并锁定，如图 2-8-5 所示。

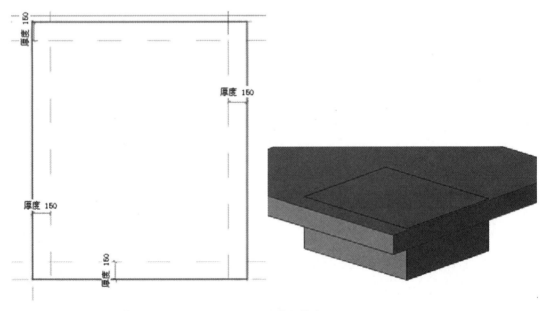

图 2-8-5　绘制基坑

单击【创建】选项卡中的【空心】下拉按钮，选择【拉伸】命令进入空心拉伸草图绘制模式，沿内边参照平面绘制矩形，完成拉伸。进入前立面视图，将绘制好的基坑实体边缘拖到合适位置，并锁定，如图 2-8-6 所示。

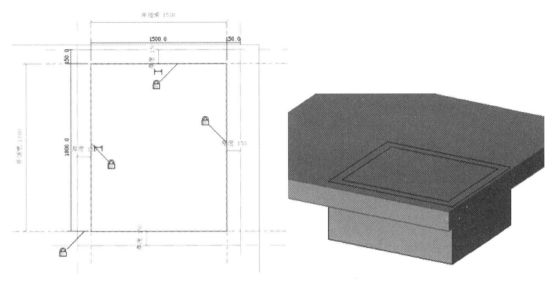

图 2-8-6 边缘拖到合适位置

单击【修改】选项卡中【几何图形】面板的【剪切几何形体】命令，然后在三维视图中先单击楼板，再单击空心体。此时效果如图 2-8-7 所示。

图 2-8-7 剪切几何形体

4.添加材质参数：单击【属性】面板中的【族类型】命令，添加【材质】参数。选择基坑，单击【图元属性】，点击材质后的【　】按钮，打开【关联族参数】对话框，选择【材质】，单击确定。

5.编辑插入点：进入参照标高视图，确定插入点。将原始参照平面的交点作为插入点，可选择这两条参照平面任一条，单击【属性】对话框。将【是参照】设为【中心（左/右）】，勾选定义原点，单击确定（如图 2-8-8 所示）。

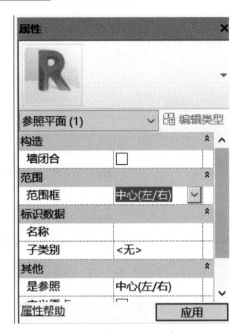

图 2-8-8

6. 载入项目中进行测试。

2.9 栏杆族

本节重点：参照平面的制作。

参照平面与拉伸轮廓的锁定。

削剪实体模型。

2.9.1 利用【公制栏杆.rft】样板文件制作栏杆

1. 打开样板文件：单击文件按钮，选择【新建-族】命令，打开【新族-选择样板文件】对话框，选择【公制栏杆.rft】，单击确定。

2. 绘制参照平面：绘制四条参照平面，垂直的两条参照平面与原有垂直参照平面的距离为【30】，水平参照平面随意设置，如图 2-9-1 所示为水平参照平面添加尺寸，并锁定。

3. 创建栏杆形状：进入【参照标高】平面视图，单击【创建】选项卡中【形状】面板中的【实心—旋转】命令，进入【实心旋转】草图绘制模式。单击【创建】面板中的【工作平面】面板下的【设置】命令，设置工作平面，进入右视图，绘制栏杆轮廓，绘制完毕后，单击【绘制】面板下的【轴线】命令，选择【 （拾取线）】按钮，在视图中单击原有垂直参照平面，确定为轴线，设置旋转属性，完成旋转，如图 2-9-2 所示。

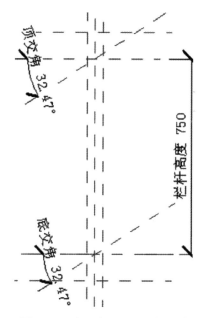

图 2-9-1　水平参照平面添加尺寸

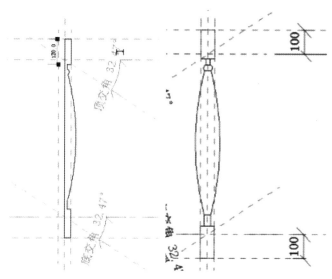

图 2-9-2　完成旋转

4.削减实体模型：

此工作的目的是使栏杆以楼梯等倾斜的构件作为主体时，斜参照平面的夹角能自动适应栏杆主体的坡度。

单击【创建】选项卡中【形状】面板中的【空心—拉伸】命令，进入【空心拉伸】草图绘制模式，绘制拉伸轮廓如图 2-9-3 所示。绘制完毕后，将它们各边与对应的参照平面锁定。单击【拉伸属性】命令，设置【拉伸起点】为【-30】，【拉伸终点】为【30】，点击确定，完成拉伸，如图 2-9-4 所示。

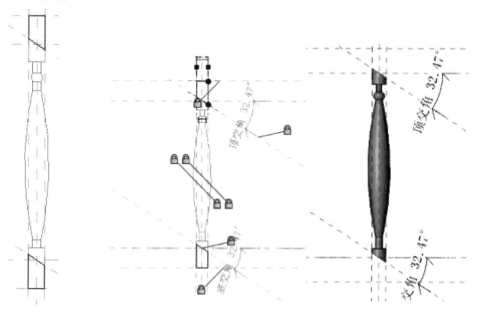

图 2-9-3　绘制拉伸轮廓

图 2-9-4　完成拉伸

提示：绘制拉伸轮廓后，一定要记得与参照平面锁定，否则载入项目后会出错。

栏杆族中的参数【栏杆高度】【顶交角】【底交角】是不用用户来设定的，都是在项目文件中根据定义好的扶手系统族来自动适应的。

5.载入项目中测试并应用：

将制作好的【栏杆】载入项目中。单击【常用】选项卡中【楼梯坡道】面板中【扶手】命令，进入扶手绘制模式。

绘制一条水平扶手，单击【属性】对话框，单击【编辑类型】，打开【类型属性】对话框。单击【栏杆位置】后的【编辑】按钮，打开【编辑栏杆位置】对话框，将【主样式】下的【栏杆族】设为刚制作好的栏杆，点击三次确定【完成扶手】，如图 2-9-5 所示。

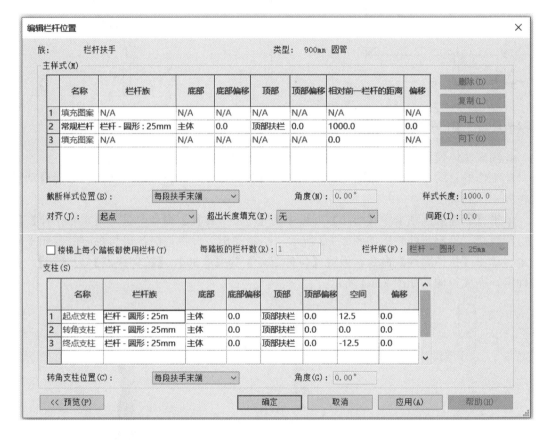

图 2-9-5　编辑栏杆位置

提示：打开【编辑栏杆位置】对话框时，取消勾选【楼梯上每个踏板都是用栏杆】。在项目中绘制楼梯，按上述方法编辑设置扶手，结果如图 2-9-6 所示。

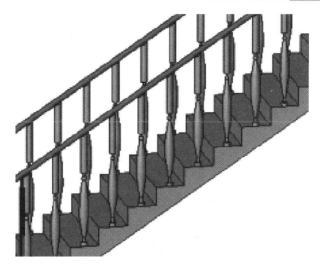

图 2-9-6　设置扶手

其他应用：运用【公制栏杆-支柱.rft】制作栏杆的原理与上相同，由图 2-9-7 可以看出，构件位于上下水平的参照平面之间，构件围绕中心垂直的参照平面来定位及建模，可以定义支柱顶部至栏杆顶部的距离，如图 2-9-7 所示。

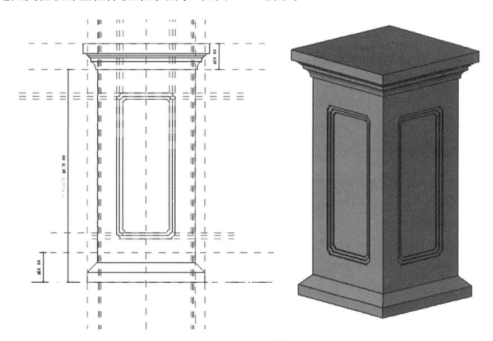

图 2-9-7　中心垂直的参照平面

2.9.2　利用【公制栏杆—嵌板.rft】样板文件制作栏杆

1. 打开样板文件

单击应用程序菜单下拉按钮，选择【新建-族】命令，打开【新族-选择样板文件】对话框，选择【公制栏杆—嵌板.rft】，单击确定，如图 2-9-8 所示。

2. 绘制嵌板

进入【参照标高】平面视图，单击【创建】面板中的【工作平面】面板下的【设置】命令，设置【立面：左】为工作平面。单击【创建】选项卡中【形状】面板中的【实心—拉伸】命令，进入【实心拉伸】草图绘制模式，绘制拉伸轮廓。如图 2-9-9 所示。

提示：绘制完毕后，将正上方的顶边与对应的参照平面锁定，其余的边不要锁定。

单击【属性】命令，设置【拉伸起点】为【－3】，【拉伸终点】为【3】，点击确定，完成拉伸。

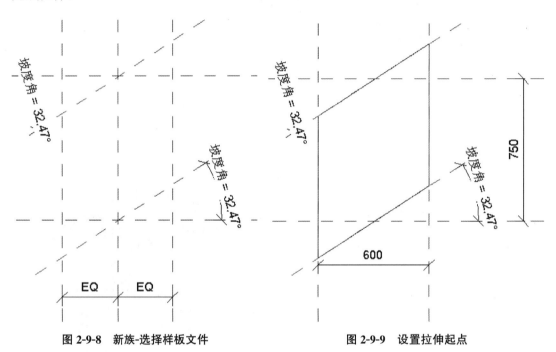

图 2-9-8　新族-选择样板文件　　　　图 2-9-9　设置拉伸起点

3. 为嵌板添加参数

选择刚绘制的嵌板，单击【类型】，弹出【族类型】对话框，为嵌板添加【嵌板材质】参数，如图 2-9-10 所示，并关联，然后进行测试，看是否关联。

单击【创建】面板中【工作平面】面板下的【设置】命令，设置【立面：右】为工作平面，进入右立面视图，单击【创建】选项卡中【形状】面板中的【实心—放样】命令，进入【实心放样】草图绘制模式。单击【放样】上下文选项卡的【模型】面板中的【绘制路径】命令，进入绘制路径草图模式。选择【✎（拾取线）】，将选项栏的偏移值设为【80】，拾取嵌板边缘线，标记尺寸，但不要锁定，完成绘制，如图 2-9-11 所示。

单击【放样】面板中的【编辑轮廓】命令，弹出【转到视图】对话框，选择【立面：后】视图，绘制轮廓。完成轮廓及放样，如图 2-9-12 所示。

4. 载入项目中测试得到如图 2-9-13 所示结果。

提示：在利用【公制栏杆—嵌板.rft】样板文件制作栏杆的过程中，会发现需要锁定

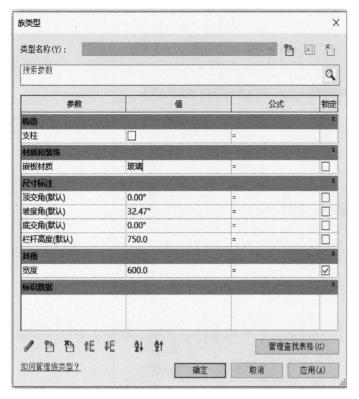
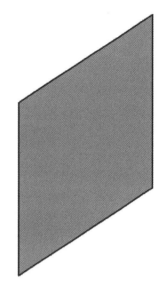

图 2-9-10　嵌板添加参数

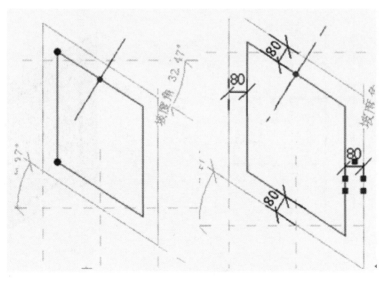

图 2-9-11　拾取嵌板边缘线

的地方几乎没有，出现这样的情况主要是因为角度参数相对比较复杂，不能简单地锁定边，将出现约束过多的问题，如图 2-9-14 所示的扶手嵌板族需要锁定（标注）各个端点与参照线的相对位置。

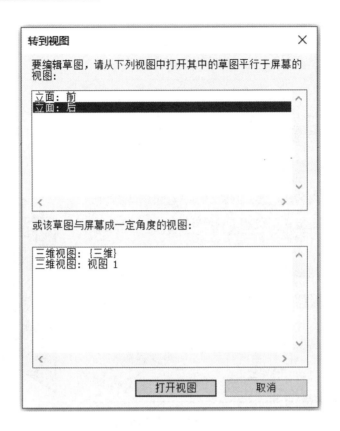

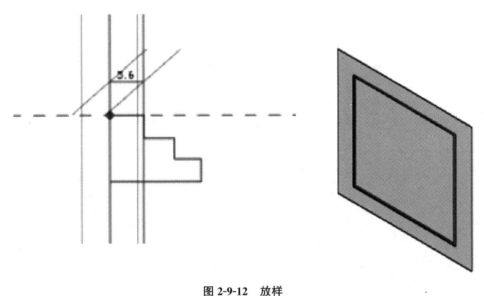

图 2-9-12　放样

如图 2-9-15 所示，看不到那么多锁定是因为【可见性/图形替换】对话框中关闭了模型尺寸标注的显示，打开所有尺寸标注可以观察到以上族文件的锁定关系。

可选择某尺寸标注，单击选项栏的【编辑尺寸界限】按钮，观察标注对象。

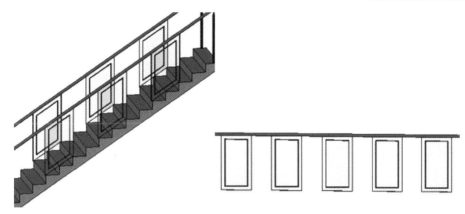

图 2-9-13　载入项目中测试

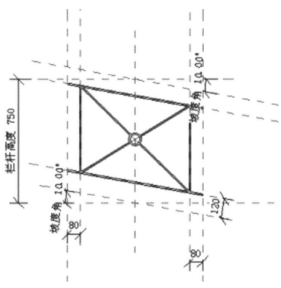

图 2-9-14　扶手嵌板

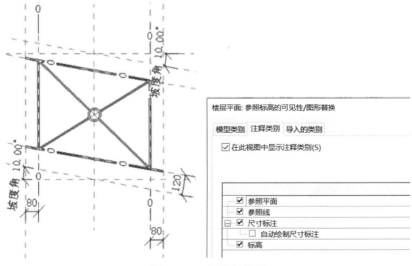

图 2-9-15　可见性设置

2.10 概念体量

2.10.1 体量

体量是在建筑模型的初始设计中使用的三维形状。通过体量研究，可以使用造型形成建筑模型概念，从而探究设计的理念。概念设计完成后，可以直接将建筑图元添加到这些形状中。

Revit Architecture 2018 提供了两种创建体量的方式：

内建体量：用于表示项目独特的体量形状。

创建体量族：在一个项目中放置体量的多个实例或者在多个项目中需要使用同一体量族时，通常使用可载入体量族。

2.10.2 内建体量

1. 新建内建体量

单击【体量和场地】选项卡下的【概念体量】面板的【内建体量】工具，如图 2-10-1 所示。

图 2-10-1 内建体量

在弹出的如图 2-10-2 所示的【名称】对话框中输入内建体量族的名称，然后单击【确定】即可进入内建体量的草图绘制模型。

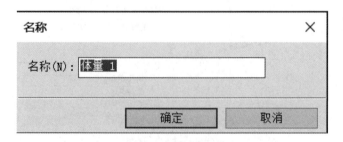

图 2-10-2 更改名称

Revit 将自动打开如图 2-10-3 所示【创建】的上下文选项卡，列出了创建体量的常用工具。可以通过绘制、载入或导入的方法得到需要被拉伸、旋转、放样、融合的一个或多个几何图形。

图 2-10-3　载入或导入

（1）可用于创建体量的线类型

模型线：使用模型线工具绘制的闭合或不闭合的直线、矩形、多边形、圆、圆弧、样条曲线、椭圆、椭圆弧等都可以被用于生产体块或面。

参照线：使用参照线来创建新的体量或者创建体量的限制条件。

自己载入族的线或边：请选择模型线或参照，然后单击【创建形状】。参照可以包括族中几何图形的参照线、边缘、表面或曲线。

（2）创建不同形式的内建体量

通过选择上一步的方法创建的一个或多个线、顶点、边或面，单击【内建模型体量】选项卡【形状】面板【创建形状】→【形状】可创建精确的实心形状或空心形状，并拖曳它来创建所需的造型，可直接操纵形状。不再需要为更改形状造型而进入草图模式。

选择一条线【创建形状】：线将垂直向上生成面，如图 2-10-4 所示。

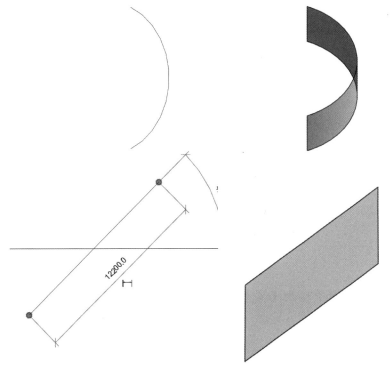

图 2-10-4　创建形状

选择两条线【创建形状】：选择两条线创建形状时预览图形下方可选择创建方式，可以选择以直线为轴旋转弧线，也可以选择两条线作为形状的两边形成面，如图 2-10-5 所示。

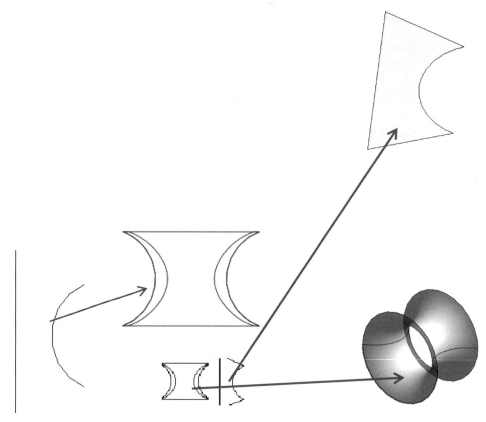

图 2-10-5　线成面

选择一闭合轮廓【创建形状】：创建拉伸实体，按 Tab 键可切换选择体量的点、线、面、体，选择后可通过拖拽修改体量，如图 2-10-6 所示。

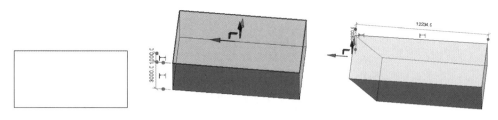

图 2-10-6　通过拖拽修改体量

选择两个及以上闭合轮廓【创建形状】：如图 2-10-7 所示，选择不同高度的两个闭合轮廓，或不同位置的垂直闭合轮廓，Revit 将自动创建融合体量；选择同一高度的两个闭合轮廓无法生成体量。

选择一条线及一条闭合轮廓【创建形状】：当线与闭合轮廓位于同一工作平面时，将以直线为轴旋转闭合轮廓创建形体，如图 2-10-8 所示。当选择线以及线的垂直工作平面上的闭合轮廓创建形状时，将创建放样的形体，如图 2-10-9 所示。

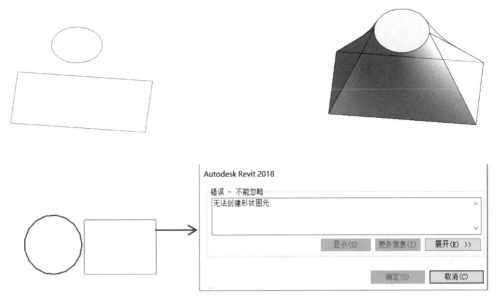

图 2-10-7 自动创建融合体量

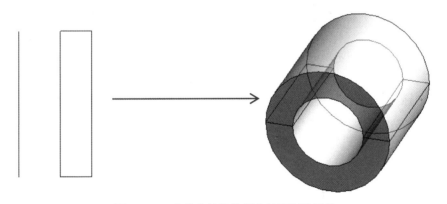

图 2-10-8 直线为轴旋转闭合轮廓创建形体

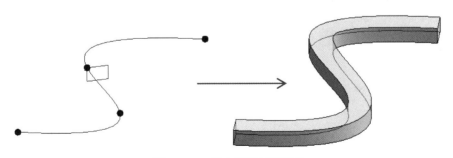

图 2-10-9 闭合轮廓创建形状

选择一条线及多条闭合曲线：为线上的点设置一个垂直于线的工作平面，在工作平面上绘制闭合轮廓，选择多个闭合轮廓和线可以生成放样融合的体量，如图 2-10-10 所示。

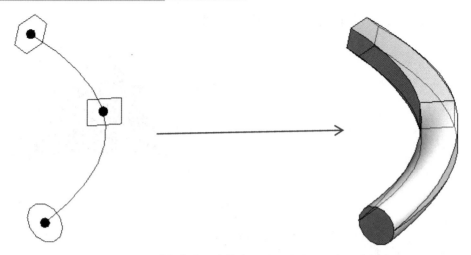

图 2-10-10　选择多个闭合轮廓和线生成放样融合的体量

（3）选择创建的体量进行编辑，如图 2-10-11 所示。

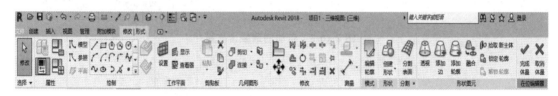

图 2-10-11　编辑体量

如图 2-10-12 所示，按 Tab 键切换点、线、面，选择后将出现坐标系，当光标放在 X、Y、Z 任意坐标方向上，该方向箭头将变为紫色，此时按住并拖拽将在被选择的坐标方向移动点、线或面。

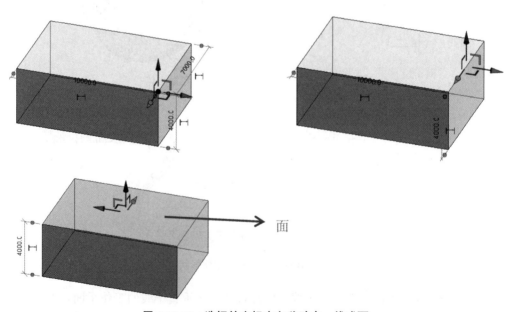

面

图 2-10-12　选择的坐标方向移动点、线或面

选择体量，在【修改形式】的上下文选项卡【修改形状图元】面板单击【透视】工具，观察体量模型。如图 2-10-13 所示，透视模式将显示所选形状的基本几何骨架。这种模式下便于更清楚地选择体量几何构架对它进行编辑。再次单击【透视】工具将关闭透视模式。

提示：只需对一个形状使用透视模式，所有模型视图可以同时变为该模式。例如，如果显示了多个平铺的视图，当您在一个视图中对某个形状使用透视模式时，其他视图中也会显示透视模式。同样，在一个视图中关闭透视模式时，所有其他视图的透视模式也会随之关闭，如图 2-10-13 所示。

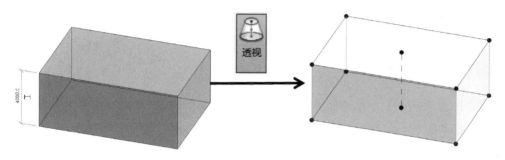

图 2-10-13　视图的透视模式

选择体量，在创建体量时自动产生的边缘有时不能满足编辑需要，Revit Architecture 2010 还提供了添加边的工具，单击【修改形式】的上下文选项卡【修改形状图元】面板下的【添加边】工具，光标移动到体量面上，将出现新边的预览，在适当位置单击即完成新边的添加，同时也添加了与其他边相交的点，可选择该边或点通过拖拽的方式编辑体量，如图 2-10-14 所示

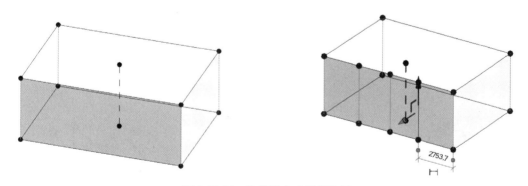

图 2-10-14　拖拽的方式编辑体量

选择体量，单击【修改形式】的上下文选项卡【修改形状图元】面板下的【添加轮廓】工具，光标光标移动到体量上，将出现与初始轮廓平行的新轮廓的预览，在适当位置单击将完成新的闭合轮廓的添加。新的轮廓同时将生产新的点及边缘线，可以通过操纵它们来修改体量，如图 2-10-15 所示。

选择体量中的某一轮廓，单击【修改形式】的上下文选项卡【修改形状图元】面板下的【锁定轮廓】工具，体量将简化为所选轮廓的拉伸，手动添加的轮廓将失效，并且操纵方式受到限制，锁定轮廓后无法再添加新轮廓，如图 2-10-16 所示。

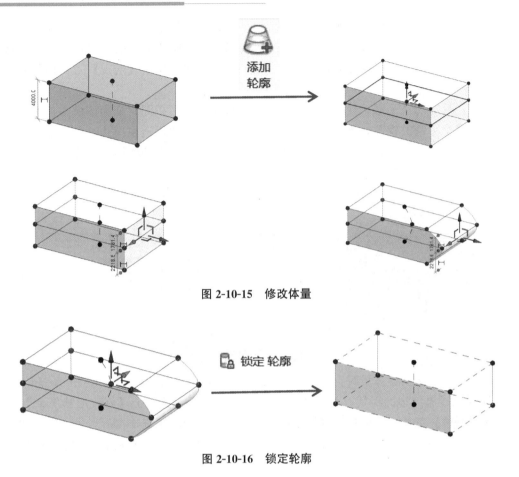

图 2-10-15　修改体量

图 2-10-16　锁定轮廓

选择被锁定的轮廓或体量，单击【修改形式】的上下文选项卡【修改形状图元】面板下的【解锁轮廓】工具，将取消对操纵柄的操作限制，添加的轮廓也将重新显示并可编辑，但不会恢复锁定轮廓前的形状，如图 2-10-17 所示。

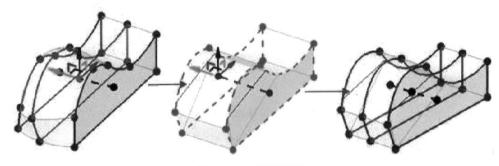

图 2-10-17　解锁轮廓

UV 网格是用于非平面表面的坐标绘图网格。三维空间中的绘图位置基于 XYZ 坐标系，而二维空间则基于 XY 坐标系。由于表面不一定是平面，因此绘制位置时采用 UVW 坐标系。这在图纸上表示为一个网格，针对非平面表面或形状的等高线进行调整。UV 网格用在概念设计环境中，相当于 XY 网格。即两个方向默认垂直交叉的网格，表面的默认分割数为：12×12（英制单位）和 10×10（公制单位），如图 2-10-18 所示。

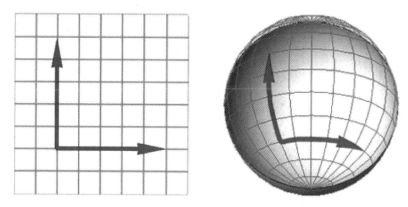

图 2-10-18　坐标绘图网格

UV 网格彼此独立，并且可以根据需要开启和关闭。默认情况下，最初分割表面后，U 网格和 V 网格都处于启用状态。

单击【修改分割表面】选项卡→【UV 网格】面板→【U 网格】将关闭横向 U 网格，再次单击将开启 U 网格，关闭、开启 V 网格操作相同，如图 2-10-19 所示。

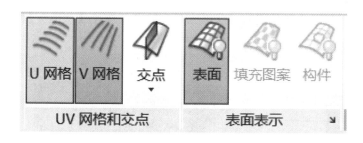

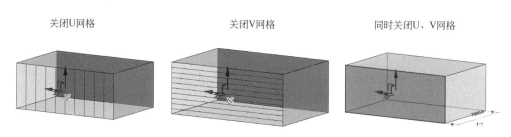

图 2-10-19　关闭、开启 V 网格操作

选择被分割的表面，选项栏可以设置 UV 排列方式：【编号】即以固定数量排列网格，例如，U 网格【编号】为【10】，即共在表面上等距排布 10 个 U 网格，如图 2-10-20 所示。

图 2-10-20　设置 UV 排列方式

如选择选项栏的【距离】选项，下拉列表可以选择距离、最大距离、最小距离并设置

距离，下面以距离数值为 2000mm 为例介绍三个选项对 U 网格排列的影响，如图 2-10-21 所示。

图 2-10-21　选项对 U 网格排列的影响

1）距离 2000mm：表示以固定间距 2000mm 排列 U 网格，第一个和最后一个不足 2000mm 也自成一格。

2）最大距离 2000mm：以不超过 2000mm 的相等间距排列 U 网格，如总长度为 11000mm，将等距产生 U 网格 6 个，即每段 2000mm 排布 5 条 U 网格还有剩余长度，为了保证每段都不超过 2000mm，将等距生成 6 条 U 网格。

3）最小距离 2000mm：以不小于 2000mm 的相等间距排列 U 网格，如总长度为 11000mm，将等距产生 U 网格 5 个，最后一个剩余的不足 2000mm 的距离将均分到其他网格。V 网格的排列设置与 U 网格相同。

（4）分割面的填充

选择分割后的表面，单击【属性】面板→【修改图元类型】，可在下拉列表中选择填充图案，默认为【无填充图案】，可以为已分割的表面填充图案，例如选择【八边形】，效果如 2-10-22 所示。

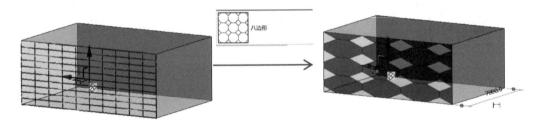

图 2-10-22　分割面的填充

【边界平铺】属性用于确定填充图案与表面边界相交的方式：空、部分或悬挑，如图 2-10-23 所示。

所有网格旋转：即旋转 UV 网格及为表面填充的图案，如图 2-10-24 所示。

网格的实例属性中 UV 网格的【布局】【距离】的设置等同于选择分割过的表面后选项栏的设置，如图 2-10-25 所示。

对正：此选项设置 UV 网格的起点，可以设置【起点】【中心】【终点】三种样式，如图 2-10-26 所示。

【中心】：见图 2-10-26（a），UV 网格从中心开始排列，上下均有不完整的网格，默认设置为【中心】

【起点】：见图 2-10-26（b），从下向上排列 UV 网格，最上面有可能出现不完整的网格。

【终点】：见图 2-10-26（c），从上向下排列 UV 网格，最下面有可能出现不完整的网格。

提示：对正的设置只有在【布局】设置为【固定距离】时可能有明显效果，其他几种

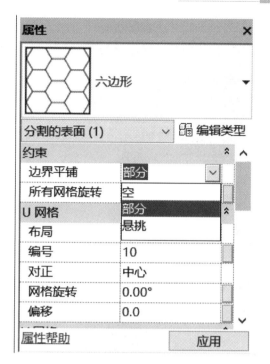

空：删除与边界相交
的填充图案

部分：边缘剪切超出
的填充图案

悬挑：完整显示与边缘
相交的填充图案

图 2-10-23 填充图案与表面边界相交

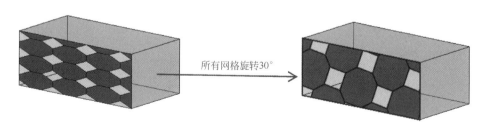

图 2-10-24 旋转 UV 网格

布局方法网格均为均分，所以对正影响不大。

网格旋转：分别旋转 U、V 方向的网格或填充图案的角度。

偏移：调整 U、V 网格对正的起点位置，例如对正为起点，偏移 1000mm，则表示底边向上 1000mm 为起点。

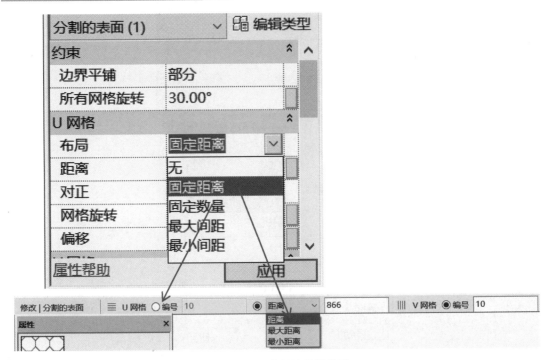

图 2-10-25　分割的编辑类型

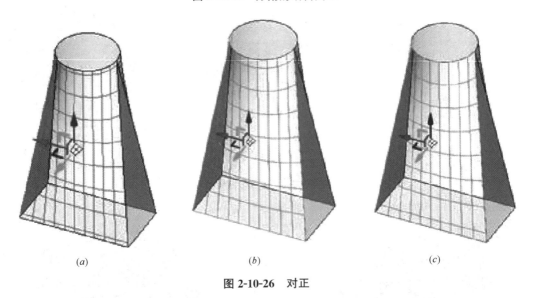

(a)　　　　　　　　　　(b)　　　　　　　　　　(c)

图 2-10-26　对正

　　标识数据的【注释】和【标记】可手动输入与表面有关的内容，用于说明该构件，可在创建明细表或标记该构件时被提取出来。

　　单击【插入】选项卡【从库中载入】面板的【载入族】工具，在默认的族库文件夹【Metric Library】中双击打开【按填充图案划分的幕墙嵌板】文件夹，如图 2-10-27 所示，载入可作为幕墙嵌板的构件族，如选择【1-2 错缝表面.rfa】，单击【打开】按钮，完整族的载入如图 2-10-27 所示。选择被分割的表面，单击属性→编辑类型→族，选择刚刚载入的【1-2 错缝表面（玻璃）】，可以自定义创建【按填充图案划分的幕墙嵌板】族实现不同样式的幕墙效果，具体内容见【创建按填充图案划分的幕墙嵌板族】，如图 2-10-28 所示。

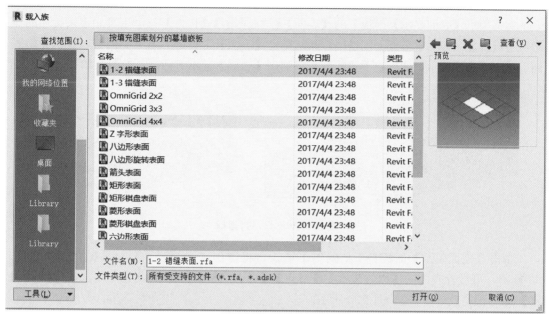

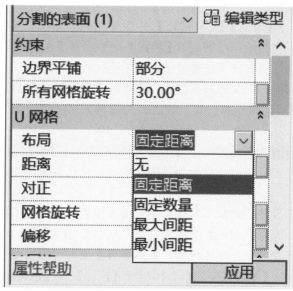

图 2-10-27 完整族的载入

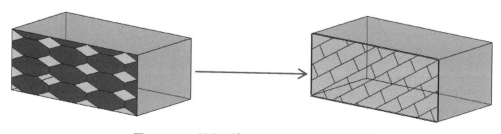

图 2-10-28 创建按填充图案划分的幕墙嵌板族

（5）创建内建体量的其他注意事项

选择体量被分割或被填充图案或填充幕墙嵌板构件的表面，单击【修改分割的表面】的上下文选项卡【表面显示】面板下的【表面】【填充图案】【构件】三个工具用于设置面的显示：可设置显示表面、节点、网格线。默认单击【表面】工具将关闭 UV 网格，显示原始表面。单击【表面表示】面板右下角的箭头将弹出【表面】显示对话框，如图 2-10-29 所示。

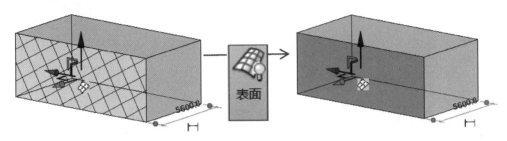

图 2-10-29　显示对话框

单击【表面表示】面板右下角的斜下箭头，将弹出【表面表示】对话框，如图 2-10-30 所示，可设置表面的【原始表面】【节点】【UV 网格】的显示设置，勾选后无需【确定】即可预览效果，如图 2-10-30 所示。

如勾选了【节点】项并确定，单击【表面】工具即可打开或关闭节点的显示。注意：以上三个选项【原始表面】【节点】【UV 网格】可单选、多选或不选。

当为所选表面添加了表面填充图案时，【表面表示】面板下的【填充图案】工具将由灰显变为可用，单击可设置图案填充是否显示，如图 2-10-31 所示。

单击【表面表示】面板右下角的斜下箭头，将弹出【表面表示】对话框，可设置填充图案的【填充图案线】【图案填充】的显示设置，勾选后无需【确定】即可预览效果，如图 2-10-32 所示。

当在项目中载入并为所选表面添加了【按填充图案划分的幕墙嵌板】构件时，【表面表示】面板下的【构件】工具将由灰显变为可用，单击可设置表面构件是否显示，如图 2-10-33 所示。

因【构件】只有一项设置，如果不勾选，单击【表面表示】面板下的【构件】工具将不起作用，建议勾选【填充图案构件】前的复选框，如图 2-10-34 所示。

创建、编辑完成一个或多个内建体量后，如体量有交叉，可以按如下操作链接几何形体：单击【修改】选项卡→【编辑几何图形】面板→【连接】→【连接几何图形】，光标在绘图区域依次单击两个有交叉的体量，即可清理掉两个体量重叠的部分，如图 2-10-35 所示。

单击【取消连接几何图形】后单击任意一个被连接的体量即可取消连接。

创建并编辑完体量后单击任意选项卡的【在位编辑器】面板，单击【完成体量】，完成内建体量的创建。

（6）体量的释义

Autodest Revit 2018 提供了一个样板（【公制体量 .rft】）用于创建体量族。体量族可用于表达建筑的整个形体。【体量】为一种特殊的族类别，其族文件被载入项目后不具备任何建筑属性，需要人为地去指定和添加建筑图元。使用此样板后可以使用概念体量样板特有的增强型建模工具【概念设计环境】。

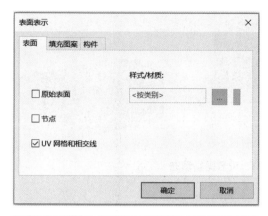
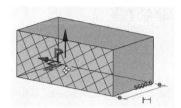

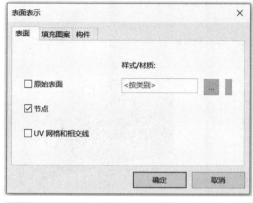
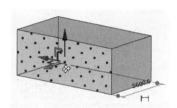

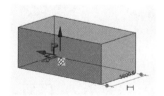

图 2-10-30　设置表面

1）创建自由形状。

2）编辑创建的形状。

3）形状表面有理化处理。

在项目初期，需要对基本造型进行概念化设计。

体量是一个三维建模过程，在不进行详细项目设计的情况下，能够传达潜在设计理念和计算出总面积。

体量图元可以传达概念设计。

为项目创建各种形式时，可以将体量图元转换为各种类型的建筑图元。

图 2-10-31　设置图案填充

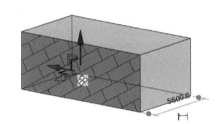

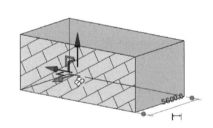

图 2-10-32　设置填充图案

图 2-10-33　设置填充图案

表面表示

×

表面　填充图案　构件

☑ 填充图案构件

确定　　取消

图 2-10-34　复选框

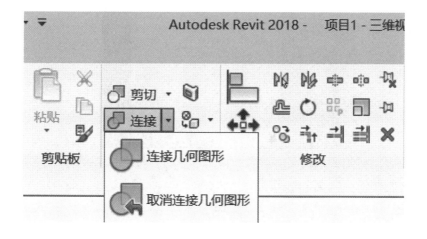

Autodesk Revit 2018 -　项目1 - 三维视

粘贴

剪贴板

剪切

连接

连接几何图形

取消连接几何图形

修改

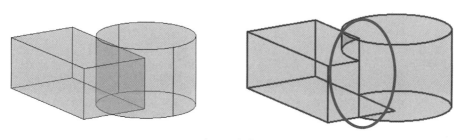

图 2-10-35　清理两个体量重叠的部分

2.10.3　创建体量族

1. 体量创建

在体量编辑环境中，通过对参照点、线、工作平面的绘制，可以生成控制体量的各个参数，当然参数可以是固定的。通过绘制的线生成实体或者空心实体。

单击 Autodesk Revit 2018 界面【文件】按钮→【新建】→【概念体量】，在弹出的【新建概念体量-选择样板文件】对话框中双击【公制体量.rft】的族样板，用户即可进入【公制体量】编辑器的界面。如图 2-10-36 所示。

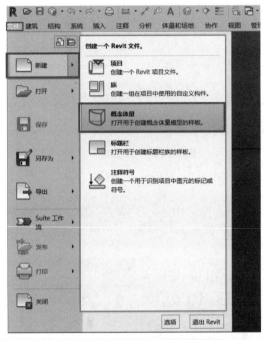

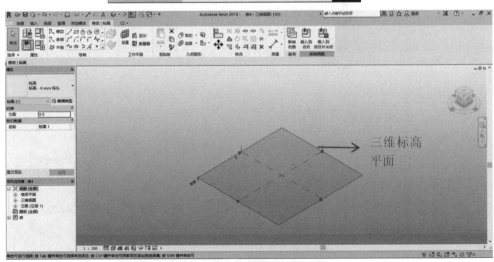

图 2-10-36　公制体量编辑器

Autodesk Revit 2018 的概念体量族空间的三维视图提供了三维标高面，可以在三维视图中直接绘制标高，更有利于体量创建中工作平面的设置。

2. 三维标高的绘制

单击【常用】选项卡→【基准面板】→【标高】工具，标高移动到绘图区域现有标高面上方，光标下方出现间距显示，键盘可直接输入间距，如【10m】，即 10000mm，按回车键即可完成三维标高的创建，如图 2-10-37 所示。

提示：体量族空间中默认单位为【mm】。

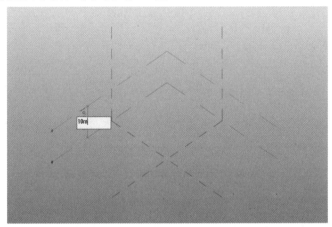

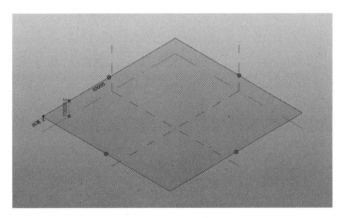

图 2-10-37　三维标高的绘制

标高绘制完成后还可以通过临时尺寸标注修改三维标高高度，单击可直接修改两个标高数值，如图 2-10-38 所示。

三维视图同样可以【复制】或【阵列】没有楼层平面的标高，如图 2-10-39 所示。

3. 三维工作平面的定义

在三维空间中要想准确绘制图形，必须先定义工作平面，Autodesk Revit 2018 的体量族中有两种定义工作平面的方法：

（1）单击【常用】选项卡→【工作平面】面板→【设置】工具，光标选择标高平面或构件表面等即可将该面设置为当前工作平面。

（2）点击激活【显示】工具可始终显示当前工作平面，如图 2-10-40 所示。

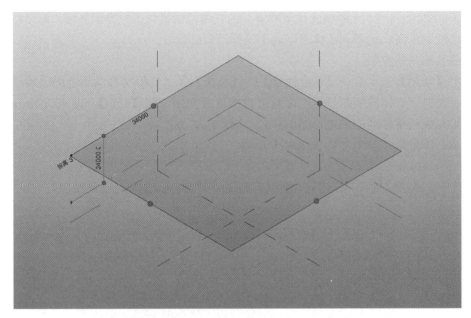

图 2-10-38 临时尺寸标注修改三维标高高度

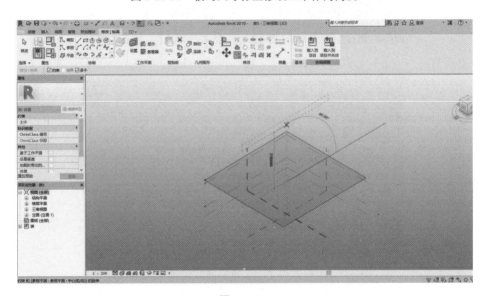

图 2-10-39

例如在 F1 平面视图中绘制了如图 2-10-41 所示的样条曲线，如需以该样条曲线作为路径创建放样实体，则需要在样条曲线关键点绘制轮廓，可单击【创建】选项卡→【工作平面】面板→【设置】工具，光标在绘图区域样条曲线特殊点上单击，即可将当前工作平面设置为该点上的垂直面，此时可使用【绘制】面板→【线】工具，选择线工具，如矩形，在该点的工作平面上绘制轮廓如图 2-10-41 所示。

选择样条曲线，并按键盘上 Ctrl 键多选该样条曲线上的所有轮廓，单击【创建】选项卡→【形状】面板→【创建形状】按钮的上半部分，直接创建实心形状，如图 2-10-42 所示。

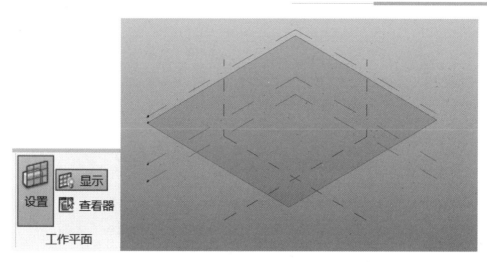

图 2-10-40　显示工具

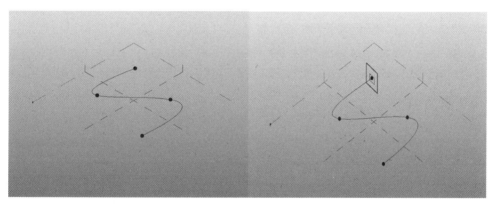

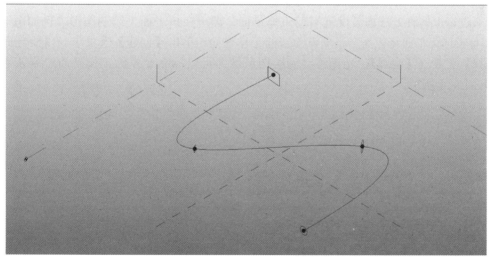

图 2-10-41　工作平面上绘制轮廓

　　光标在绘图区域，单击相应的工作平面即可将所选的工作平面设置为当前工作平面，如图 2-10-43 所示。

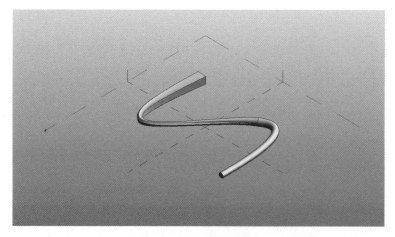

图 2-10-42　创建实心形状

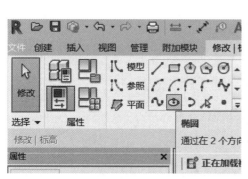
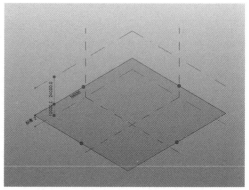

图 2-10-43　绘图区域

通过以上两种方法均可设置当前工作平面，即可在该平面上绘制图形，例如图 2-10-44 中单击标 2 平面将标高 2 平面设为当前工作平面，单击【创建】选项卡→【绘制面板】→【线】工具→【椭圆】，光标移动到绘图区域即可以标高 2 作为工作平面绘制该椭圆，如图 2-10-44 所示。

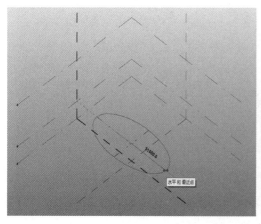
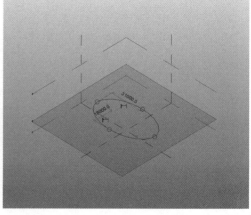

图 2-10-44　工作平面绘制该椭圆

在概念设计环境的三维工作空间中，点击【创建】选项卡→【基准】面板→【参照点】工具提供特定的参照位置。通过放置这些点，可以设计和绘制线、样条曲线和形状（通过参照点绘制线条见内建族中的相关内容。）参照点可以是自由的（未附着）或以某个图元为主体，或者也可以控制其他图元。例如选择已创建的实心形体，单击上下文选项卡【修改形式】→【修改形状单元】面板→【透视】工具，光标在绘图区域选择路径上的某参照点，并通过拖拽调整其位置皆可实现修改路径，从而达到修改形体的目的，如图 2-10-45 所示。

图 2-10-45　拖拽调整其位置

2.10.4　体量的面模型

Revit Architecture 2010 的体量工具可以帮助我们实现初步的体块穿插的研究，当体块的方案确定后，【面模型】工具可以将体量的面转换为建筑构件，如：墙、楼板、屋顶等，以便继续深入方案。

如果在项目中绘制了内建体量，完成体量皆可使用【面模型】工具细化体量方案。

如需使用体量族，需单击【体量和场地】选项卡→【概念体量】面板→【放置体量】，如未开启【显示体量】工具，将自动弹出【体量显示体量已启用】的提示对话框，直接关闭可自动启动【显示体量】，如图 2-10-46 所示。

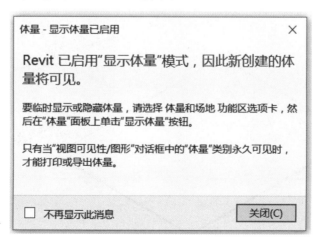

图 2-10-46　显示体量

如项目中没有体量族，将弹出如图 2-10-47 所示 Revit 提示对话框，单击【是】将弹出【打开】对话框，选择需要的体量族单击【打开】即可载入体量族。

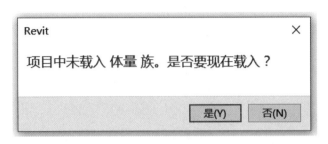

图 2-10-47　载入体量族

光标在绘图区域可能会是不可用【⊘】状态，因为【放置体量】选项卡→【放置】面板→【放置在面上】工具默认被激活，如项目中有楼板等构件或其他体量时可直接放置在现有的构件面上，如图 2-10-48 所示。

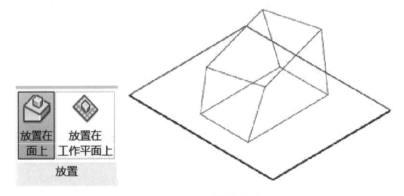

图 2-10-48　放置在面上

如不需要放置在构件面上需要激活【放置体量】选项卡，【放置】面板→【放置在工作平面上】，如图 2-10-49 所示。

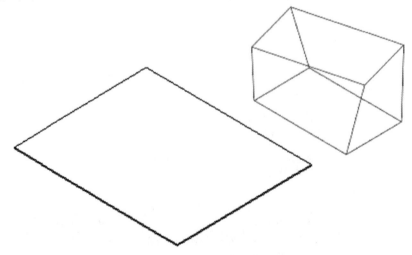

图 2-10-49　放置在工作平面上

2.10.5 创建体量的面模型

可以在项目中载入多个体量，如体量直接有交叉，可使用【修改】选项卡→【编辑几何图形】面板→【连接】→【连接几何图形】，依次单击交叉的体量，即可清理掉体量重叠部分，如图 2-10-50 所示。

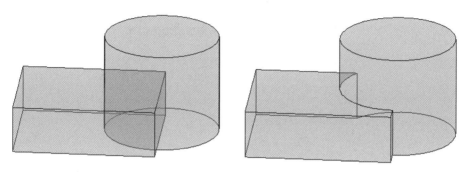

图 2-10-50 清理掉体量重叠部分

选择项目中的体量，单击上下文选项卡【修改体量】→【体量】面板→【体量楼板】工具，将弹出【体量楼层】对话框，列出了项目中标高名称，勾选并点击确定后，Revit 将在体量与标高交叉位置生成符合体量的楼层面，如图 2-10-51 所示。

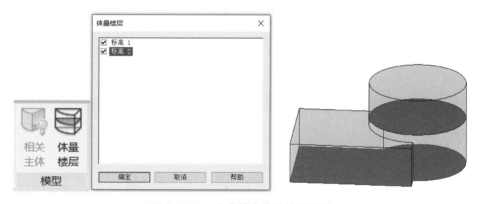

图 2-10-51 生成符合体量的楼层面

进入【体量和场地】选项卡→【概念体量】面板，单击【面模型】→【屋顶】工具，光标在绘图区域单击体量的顶面，单击【放置面屋顶】选项卡→【多重选择】面板→【创建屋顶】工具，即可将顶面转换为屋顶的实体构件，如图 2-10-52 所示。

选择屋顶→【修改 | 屋顶】→属性→编辑类型，如图 2-10-53 所示。

单击【体量和场地】选项卡→【概念体量】面板→【面模型】→【幕墙系统】工具，光标在绘图区域依次单击需要创建幕墙系统的面，并单击【多重选择】面板→【创建系统】工具，皆可在选择的面上创建幕墙系统，如图 2-10-54 所示。

单击【体量和场地】选项卡→【概念体量】面板→【面模型】→【墙】工具，光标在绘图区域单击需要创建墙体的面，即可生成面墙，如图 2-10-55 所示。

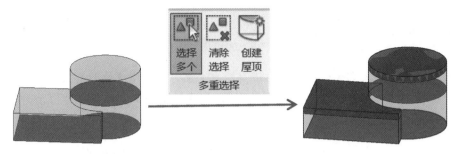

图 2-10-52　将顶面转换为屋顶的实体构件

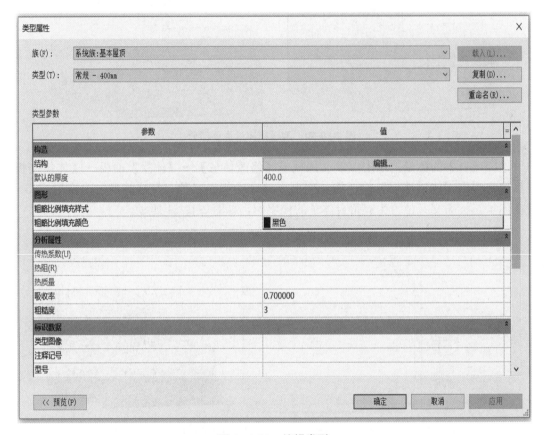

图 2-10-53　编辑类型

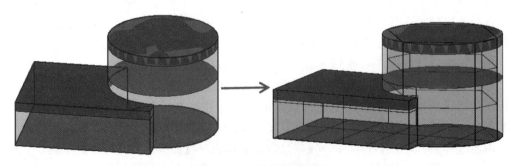

图 2-10-54　创建幕墙系统

单击【体量和场地】选项卡→【概念体量】面板→【面模型】→【楼板】工具，光标在绘图区域单击楼层面积面，或直接框选体量，Revit 将自动识别所有被框选的楼层面积，单击上下文选项卡【放置面楼板】→【多重选择】面板→【创建楼板】工具，即可在被选择的楼层面积面上创建实体楼板。

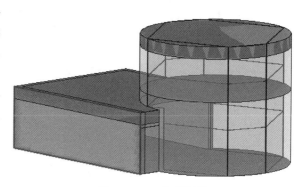

图 2-10-55 生成面墙

内建体量可以直接选择体量，通过拖拽的方式调整形体，对于载入的体量族也可以通过其图元属性修改体量的参数，从而达到修改体量的目的。体量变更后通过【面模型】工具创建的建筑图元不会自动进行更新，可以【重做】图元以适应体量面的当前大小和形状。如图 2-10-56 所示体量圆柱半径减小，从右下角框选体量上的构件，单击【选择多个】选项卡→【过滤器】工具选择面模型：【墙】【屋顶】【幕墙系统】【楼板】确定后单击【选择多个】选项卡→【面模型】面板→【面的更新】。

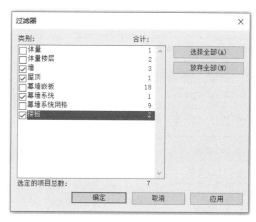

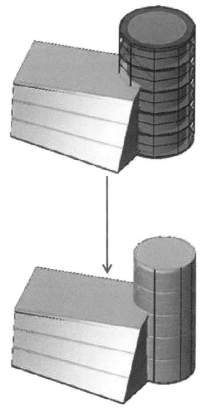

图 2-10-56 面模型

单击关闭【体量和场地】选项卡→【概念体量】面板→【显示体量】，如图 2-10-57 所示。

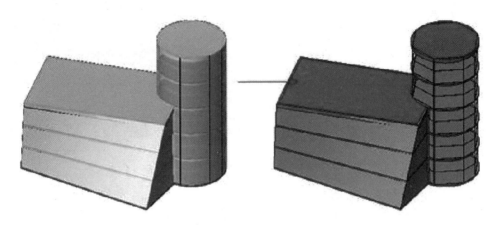

图 2-10-57　显示体量

提示：如需编辑体量随时可通过【显示体量】开启体量的显示，但【显示体量】工具是临时工具，当关闭项目下次打开时，【显示体量】将为关闭状态，如需在下次打开项目时体量仍可见，需在【视图属性】→【可见性/图形替换】，在该视图的【可见性/图形替换】对话框中勾选【体量】，如图 2-10-58 所示。

三维视图: {三维}的可见性/图形替换　　　　　　　　　　　　　　　　　　　　　×

模型类别　注释类别　分析模型类别　导入的类别　过滤器

☑ 在此视图中显示模型类别(S)　　　　　　　　　　　　　　　　　　　　如果没有选中某个类别，则该类别将不可见。

过滤器列表(F)：　<全部显示>　　▽

可见性	投影/表面			截面		半色调	详细程度
	线	填充图案	透明度	线	填充图案		
⊞☑ MEP 预制管道						☐	按视图
⊞☑ MEP 预制保护层						☐	按视图
─☑ MEP 预制支架						☐	按视图
⊞☑ MEP 预制管网						☐	按视图
⊞☑ 专用设备						☐	按视图
⊞☑ 体量	替换…	替换…	替换…	替换…	替换…	☐	按视图
⊞☑ 信息栏						☐	按视图

图 2-10-58　可见性

创建基于公制幕墙嵌板填充图案构件族：

单击【应用程序菜单】→【新建】→【族】，在弹出的【新族-选择样板文件】对话框中选择【基于公制幕墙嵌板填充图案.rft】的族样板，单击【打开】，即可进入族的创建空间，如图 2-10-59 所示。

构件样板由网格、参照点和参照线组成，默认的参照点是锁定的，只允许垂直方向的移动，如图 2-10-60 所示。这样可以维持构件的基本形状，以便构件按比例应用到填充图案。

打开该族样板默认为矩形网格，可选择网格，单击上下文选项卡【修改瓷砖填充图案网格】→【属性】面板→【修改图元类型】下拉列表中修改网格，创建不同样式的幕墙嵌板填充构件，如图 2-10-61 所示。

图 2-10-59　进入族的创建空间

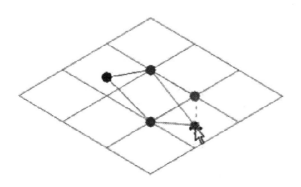

图 2-10-60　垂直方向的移动

图 2-10-61　幕墙嵌板填充构件

基于公制幕墙嵌板填充图案的族空间与体量族的建模方式基本相同：

（1）该族样板默认有四条参照线，可作为创建形体的线条，本例中我们以四条参照线作为路径，如图 2-10-62 所示。

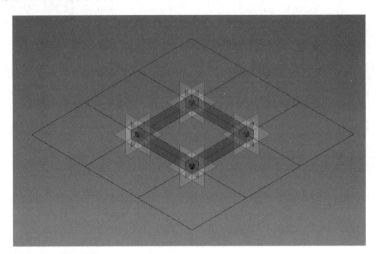

图 2-10-62　创建形体

（2）打开默认三维视图，单击【创建】选项卡→【绘制】面板，选择【矩形█】，单击【创建】选项卡→【工作平面】面板→【设置██ 设置】，光标在绘图区域单击任意参照点，将设置该点的垂直面为工作平面，开始绘制矩形，并锁定，如图 2-10-63 所示。

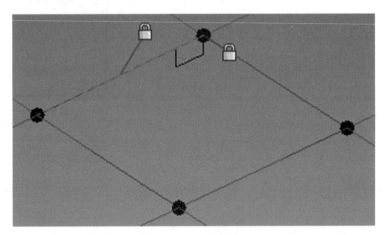

图 2-10-63　绘制矩形

（3）按 Ctrl 键多选四条参照线及刚刚绘制的矩形轮廓，单击【选择多个】选项卡→【形状】面板→【创建形状】工具，即完成了形体的创建，如图 2-10-64 所示。

提示：同在体量族及内建体量一样，选择边并拖拽可以修改形体，也可以为形体【添加边】或【添加轮廓】并编辑，如图 2-10-65 所示。

（4）单击【应用程序菜单】下拉菜单，单击【另存为】→【族】，为族命名如【矩形幕墙嵌板构件】，并载入体量族或内建体量族中。

（5）在体量族中，选择面，单击【修改形式】选项卡→【分割】面板→【分割表面】，

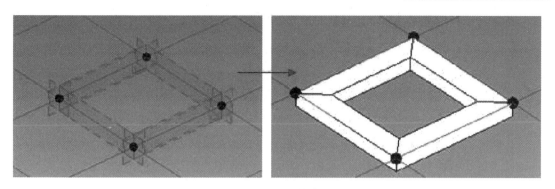

图 2-10-64　图形体的创建

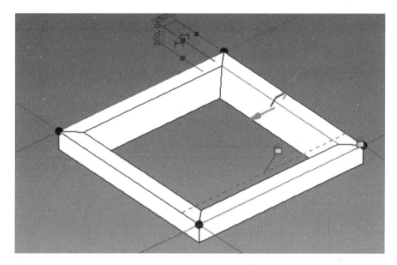

图 2-10-65　添加轮廓

选择已经分割的表面，单击【修改 分割的表面】选项卡→【属性】面板→【修改图元类型】下拉列表，选择刚刚创建并载入的【矩形幕墙嵌板构件】即可应用，如图 2-10-66 所示。

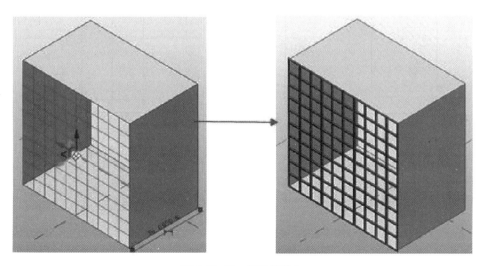

图 2-10-66　创建并载入

提示：项目中关闭【显示体量】时该幕墙嵌板构件不会被关闭。

2.11 练习题

1.图 2-11-1 为某水塔。按照图示尺寸要求建立该水塔的实心体量模型，水塔水箱上下曲面均为正十六面棱台。最终以"水塔"为文件名保存。

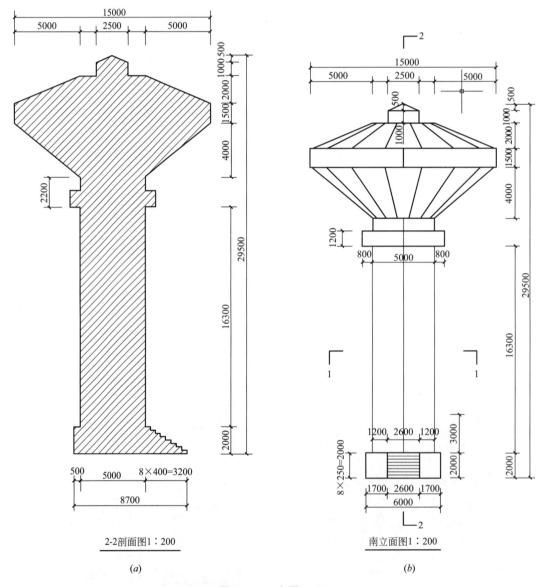

2-2剖面图1：200

(a)

南立面图1：200

(b)

图 2-11-1 水塔（一）

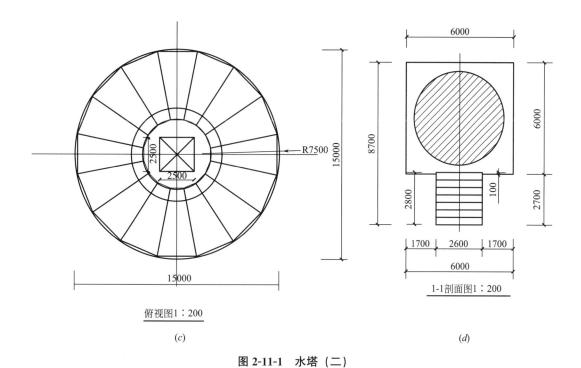

俯视图1：200

(c)

1-1剖面图1：200

(d)

图 2-11-1　水塔（二）

2.图 2-11-2 为某椅子模型。请按照图示尺寸要求新建并制作椅子构件集，椅子靠背与坐垫材质设为"布"，其他设为"钢"。最终结果以"椅子"为文件名保存。

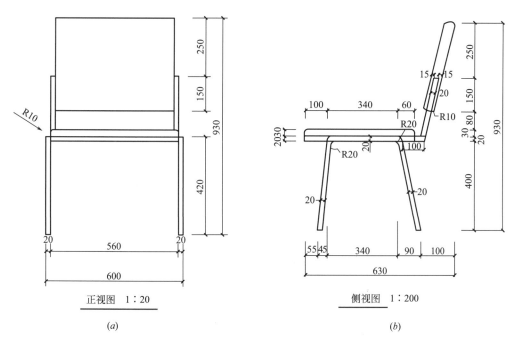

正视图　1：20

(a)

侧视图　1：200

(b)

图 2-11-2　椅子（一）

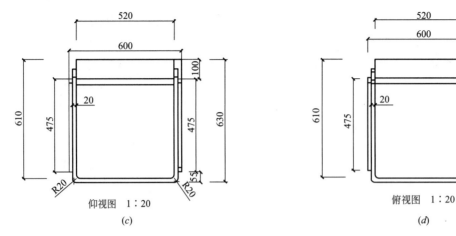

图 2-11-2　椅子（二）

3.创建图 2-11-3 中的螺母模型，螺母孔的直径为 20mm，正六边形边长 18mm，各边距孔中心 16mm，螺母高 20mm。请将模型以"螺母"为文件名保存。

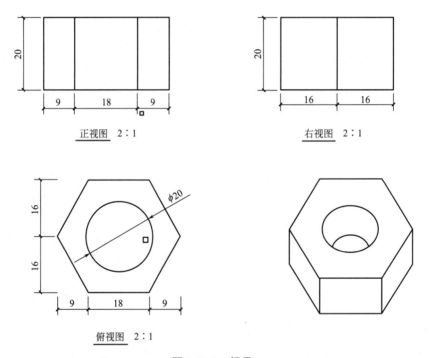

图 2-11-3　螺母

4.创建图 2-11-4 中的榫卯结构，并建在一个模型中，将该模型以构件集保存，命名为"榫卯结构"保存。

5.用体量创建图 2-11-5 中的结构，以"仿央视大厦"为文件名保存。

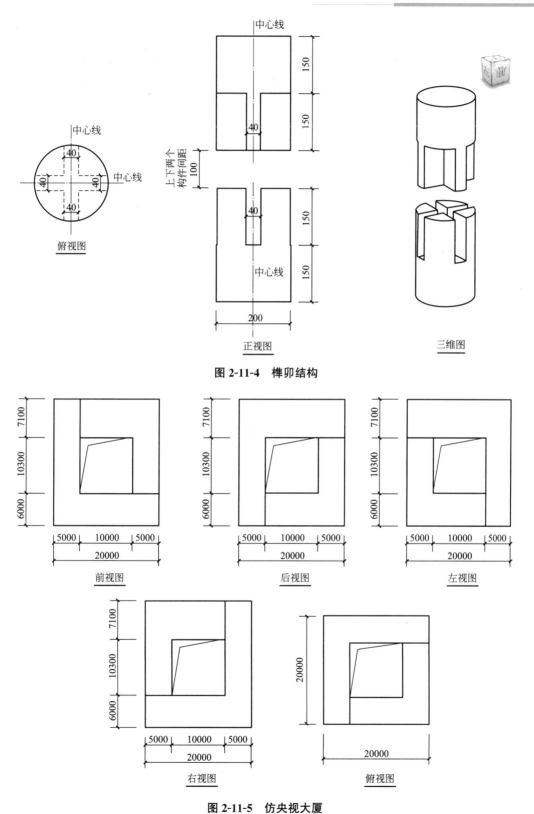

图 2-11-4　榫卯结构

图 2-11-5　仿央视大厦

▸▸ 教学单元 3　MEP 综合

MEP简介

Autodesk Revit MEP 是一款 BIM 软件，是 Autodesk Revit 系列软件中专门针对机电专业（即给水排水、暖通、电气专业）的产品。其提供了水、暖、电专业设计、建模、计算分析以及施工图的各项功能。

Revit MEP 主要定位在 BIM 模型的创建阶段，通过一系列为 MEP 专业设计的工具，帮助用户设计创建 BIM 机电模型。从 BIM 全生命周期应用来看 Revit MEP 主要应用于项目的前期及设计阶段，可以辅助设计师完成方案设计、模型创建、计算分析、施工图设计、深化设计以及精确算量等的工具。

Revit MEP 的强项在于提供了一个 BIM 模型创建平台，用户可以用其内置功能或者二次开发的方式，找到一个快速准确地创建建筑物信息模型的方法。通过准确的创建出建筑物内部所有的机电模型，并使用可视化效果展示出来，用户可以更加深入地了解到机电对象之间以及机电与土建主体之间的空间关系，提前发现设计中可能隐藏的问题，减免施工阶段由于设计深度不足或者设计错误所导致的工期延误及成本浪费。

3.1　风管的绘制

3.1.1　绘制风管准备

风管的绘制(1)

绘制风管系统前，先设置风管设计参数：风管类型、风管尺寸及风管系统。

1. 风管类型设置方法

单击功能区中的【系统】选项卡→【系统】，通过绘图区域左侧的【系统】对话框选择和编辑风管的类型，如图 3-1-1 所示。

单击【编辑类型】对话框，可以对风管类型进行配置，如图 3-1-2 所示。

点击【复制】按钮，可以在已有风管类型基础模板上添加新的风管类型。

通过在【管件】列表中配置各类型风管管件族，可以指定绘制风管时自动添加到风管管路中的管件。

通过编辑【标识数据】中的参数为风管添加标识。

风管的绘制(3)

2. 风管尺寸设置方法

在 Revit MEP 中，通过"机械设置"对话框编辑当前项目文件中的风管尺寸信息。

风管的绘制(4)

打开【机械设置】对话框的方式有如下几种：

（1）单击功能区中的【系统】选项卡→【机械】（快捷键 MS），如图 3-1-3 所示；

（2）单击功能区中的【管理】选项卡→【MEP 设置】下拉列表，【机械设置】如图 3-1-4 所示。

3.设置（添加/删除）风管尺寸

打开【机械设置】对话框后，单击【矩形】【椭圆形】【圆形】可以分别定义对应形状的风管尺寸。单击【新建尺寸】或者【删除尺寸】按钮可以添加或者删除风管的尺寸，软件不允许重复添加列表中已有的尺寸。如果在绘图区域已经绘制了某尺寸的风管，该尺寸在【机械设置】尺寸列表中将不能删除，需要先删除项目中的风管，才能删除【机械设置】尺寸。列表中的尺寸如图 3-1-5 所示。

4.其他设置

在【机械设置】对话框的【风管设置】选项中，可以对风管进行尺寸标注及对风管内流体参数等进行设置，如图 3-1-6 所示。

图 3-1-1　选择和编辑风管的类型

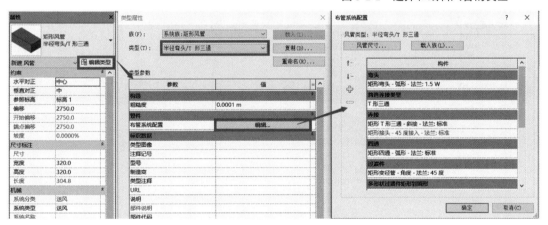

图 3-1-2　编辑类型

图 3-1-3　机械设置

207

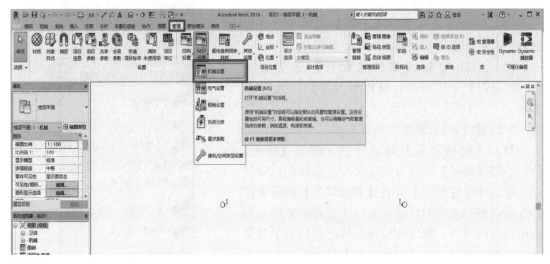

图 3-1-4　机械设置

图 3-1-5　机械设置尺寸

3.1.2　风管绘制方法

1. 基本操作

在平、立、剖视图和三维视图中均可绘制风管。

风管绘制模式有如下方式：

图 3-1-6 修改参数

单击功能区中的【系统】选项卡→【风管】（快捷键 DT），如图 3-1-7 所示。

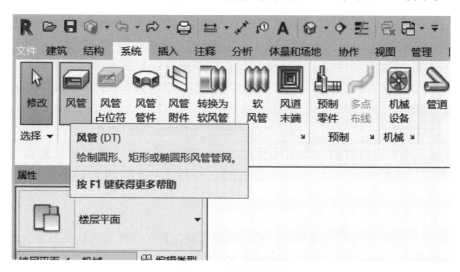

图 3-1-7 系统选项卡

进入风管绘制模式后，"修改│放置风管"选项卡和【修改│放置风管】选项栏被同时激活，如图 3-1-8 所示。

按照如下步骤绘制风管：

（1）选择风管类型。在风管【属性】对话框中选择需要绘制的风管类型。

（2）选择风管尺寸。在风管【修改│放置风管】选项栏的【宽度】或【高度】下拉列表中选择风管尺寸。如果在下拉列表中没有需要的尺寸，可以直接在【宽度】和【高度】中输入需要绘制的尺寸。

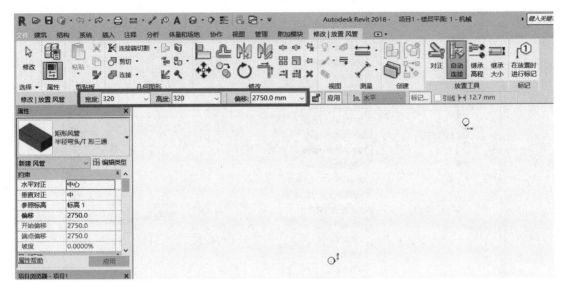

图 3-1-8　风管绘制模式

（3）指定风管偏移。默认【偏移量】是指风管中心线相对于当前平面标高的距离。在【偏移量】下拉列表中可以选择项目中已经用到的风管偏移量，也可以直接输入自定义的偏移数值，默认单位为毫米。

（4）指定风管起点和终点。将鼠标指针移至绘图区域，单击指定风管起点，移动至终点位置再次单击，完成一段风管的绘制。可以继续移动鼠标绘制下一管段，风管将根据管路布局自动添加在类型属性【类型属性】对话框中预设好的风管管件。绘制完成后，按Esc 键，或单击鼠标右键，在弹出的快捷菜单中选择【取消】命令，退出风管绘制命令。

2. 风管对正

（1）绘制风管

在平面视图和三位视图中绘制风管时，可以通过【修改 | 放置风管】选项卡中的【对正】指定风管的对齐方式。单击【对正】，打开【对正设置】对话框，如图 3-1-9所示。

（2）编辑风管

风管绘制完成后，在任意视图中，可以使用【对正】命令修改风管的对齐方式。选中需要修改的管段，单击功能区中的【对正】按钮，如图 3-1-10 所示。进入【对正编辑器】，选择需要的对齐方式和对齐方向，单击【完成】按钮。

3. 自动连接

激活【风管】命令后，【修改 | 放置风管】选项卡中的【自动连接】用于某一段风管管路开始或者结束时自动捕捉相交风管，并添加风管管件完成连接。默认情况下，这一选项是激活的。如绘制两段不在同一高程的正交风管，将自动添加风管管件完成连接，如图3-1-11 所示。

如果取消激活【自动连接】，绘制两段不在同一高程的正交风管，则不会生成配件完成自动连接，如图 3-1-12 所示。

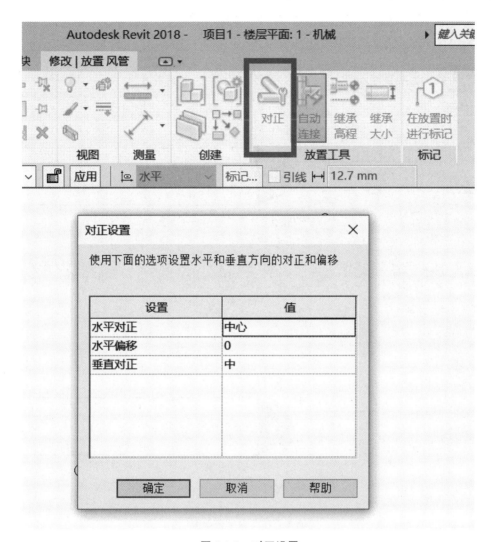

图 3-1-9　对正设置

3.1.3　风管管件的使用

风管管路中包含大量连接风管的管件，下面将介绍绘制风管时管件的使用方法和主要事项。

1. 放置风管管件

（1）自动添加

在绘制某一类型风管时，通过风管【类型属性】对话框中【管件】指定的风管管件，可以根据风管自动布局加载到风管管路中。目前一些类型的管件可以在【类型属性】对话框中指定弯头、T 形三通、接头、四通、过渡件（变径）、多形状过渡件矩形到圆形（天圆地方）、多形状过渡件椭圆形到圆形（天圆地方）、活接头。用户可根据需要选择相应的风管管件族。

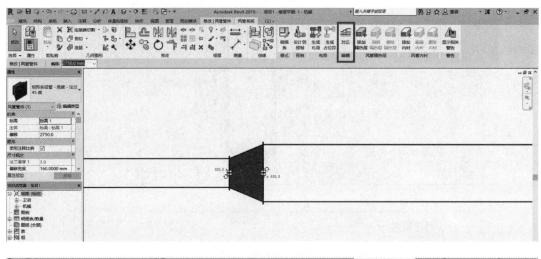

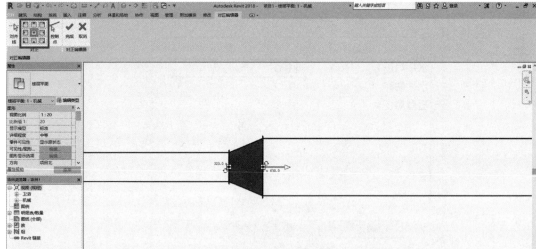

图 3-1-10　对正编辑器

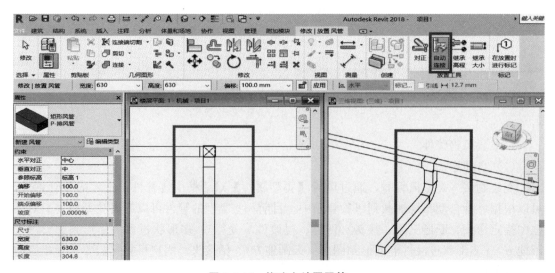

图 3-1-11　修改｜放置风管

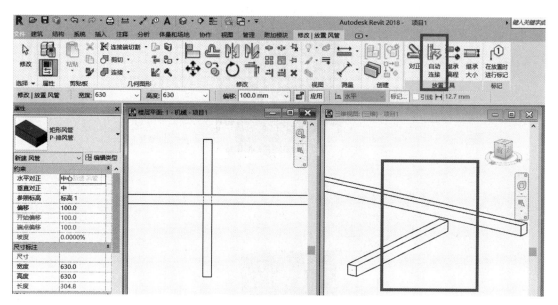

图 3-1-12　取消激活

（2）手动添加

在【类型属性】对话框中的【管件】列表中无法指定的管件类型，例如偏移、Y 形三通、斜 T 形三通、斜四通、喘振（对应裤衩三通）、多个端口（对应非规则管件），使用时需要手动插入到风管中或者将管件放置到所需位置后手动绘制风管。

2. 编辑管件

在绘图区域中单击某一管件，管件周围会显示一组管件控制柄，可用于修改管件尺寸、调整管件方向和进行管件升级或降级。

在所有连接件都没有连接风管时，可单击尺寸标注改变管件尺寸，如图 3-1-13（a）所示。

单击⇔符号可以实现管件水平或垂直翻转 180°。

单击↻符号可以旋转管件。注意：当管件连接了风管后，该符号不会再出现，如图 3-1-13（b）所示。

如果管件的所有连接件都连接风管，则可能出现【＋】，表示该管件可以升级，如图 3-1-13（b）所示。例如，弯头可以升级为 T 形三通，T 形三通可以升级为四通等。

如果管件有一个未使用连接风管的连接件，在该连接件的旁边可能出现【－】，表示该管件可以降级，如图 3-1-13（c）所示。

3.1.4　风管附件放置

单击【系统】选项卡→【风管附件】，在【属性】对话框中选择需要插入的风管附件，插入风管中，如图 3-1-14 所示。

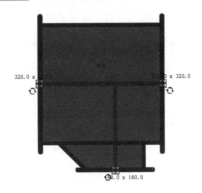

(a)

+

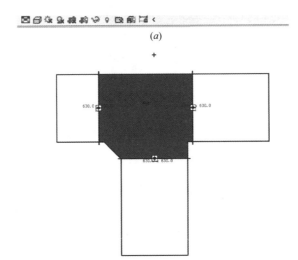

(b)

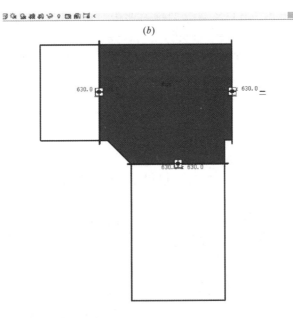

(c)

图 3-1-13　编辑管件

不同零件类型的风管管件，插入风管中，安装效果不同，零件类型为【插入】或【阻尼器】（对应阀门）的附件，插入风管中将自动捕捉风管中心线，单击放置风管附件，附件会打断风管直接插入风管中。零件类型为【附着到】的风管附件，插入风管中将自动捕捉风管中心线，单击放置风管附件，附件将连接到风管一端。

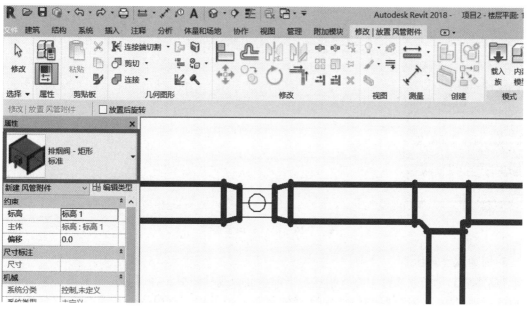

图 3-1-14　风管附件放置

3.1.5　绘制软风管

单击【系统】选项卡→【软风管】，如图 3-1-15 所示。

1. 选择软风管类型

在软风管【属性】对话框中选择需要绘制的风管类型，如图 3-1-16 所示。

2. 选择软风管尺寸

对于矩形风管，可在【修改│放置软风管】选项卡的【宽度】或【高度】下拉列表中选择在【机械设置】中设定的风管尺寸。对于圆形风管，可在【修改│放置软风管】选项卡的【直径】下拉菜单中选择直径大小。如果在下拉列表中没有需要的尺寸，可以直接在【高度】【宽度】【直径】中输入所需绘制的尺寸。

图 3-1-15　绘制软风管

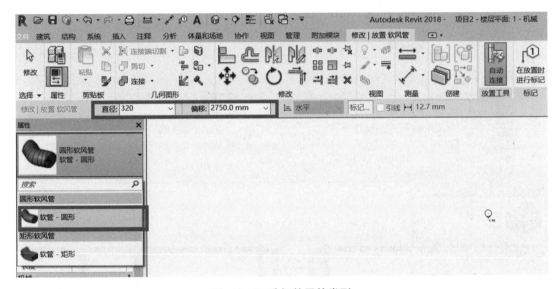

图 3-1-16　选择软风管类型

3. 指定软管偏移量

【偏移量】是指软风管中心线相对于当前平面标高的距离。在【偏移量】下拉列表中，可以选择项目中已经用到的软风管/风管偏移量，也可以直接输入自定义的偏移量数值，默认单位为 mm。

4. 指定风管起点和终点

在绘图区域中，单击指定软风管的起点，沿着软风管的路径在每个拐点单击，最后在软管终点按 Esc 键或单击鼠标右键，在弹出的快捷菜单中选择【取消】命令。

5. 修改软管

在软管上拖拽两端连接件、顶点和切点，可以调整软风管路径，如图 3-1-17 所示。

6. 设备接管

设备的风管连接件可以连接风管和软风管。连接风管和软风管的方法类似，下面将以连接风管为例，介绍设备连接管的三种方法。

（1）第一种方法：

单击选中设备，用鼠标右键单击设备的风管连接件，在弹出的快捷菜单中选择【绘制风管】命令，如图 3-1-18 所示。

（2）第二种方法：

图 3-1-17　调整软风管路径

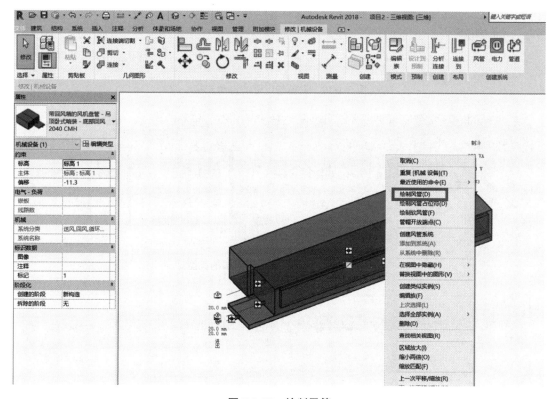

图 3-1-18　绘制风管

　　直接拖拽已绘制的风管到相应设备的风管连接件，风管将自动捕捉设备上的风管连接件。

　　（3）第三种方法：

　　使用【连接到】功能为设备连接风管。单击需要连接的设备，单击【修改/机械设备】选项卡→【连接到】，如果设备包含一个以上的连接件，将打开【选择连接件】对话框，选择需要连接风管的连接件，单击【确定】按钮，然后单击该连接件所有连接到的风管，完成设备与风管的自动连接，如图 3-1-19 所示。

　　7. 风管的隔热层和衬层

　　Revit MEP 可以为风管管路添加隔热层和衬层。分别设置隔热层和衬层的类型、类型属性及厚度，如图 3-1-20、图 3-1-21 所示。

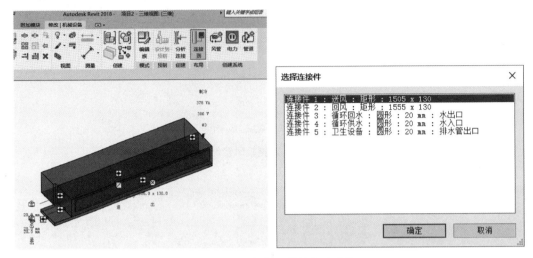

图 3-1-19 设备与风管的自动连接

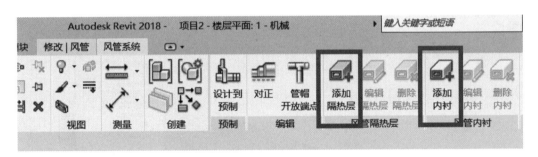

图 3-1-20 设置隔热层和衬层的类型

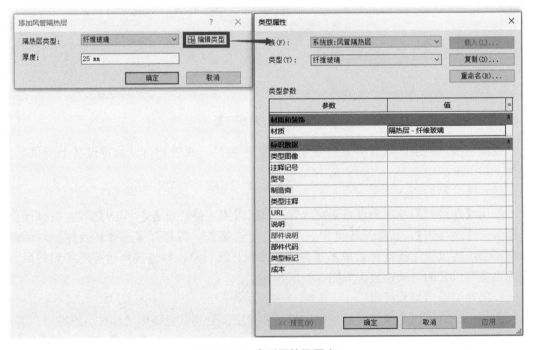

图 3-1-21 类型属性及厚度

分别编辑风管和风管管件的属性，输入所需要的隔热层和衬层厚度，如图 3-1-22 所示。当视觉样式设置为【线框】时，可以清晰地看到隔热层和衬层。

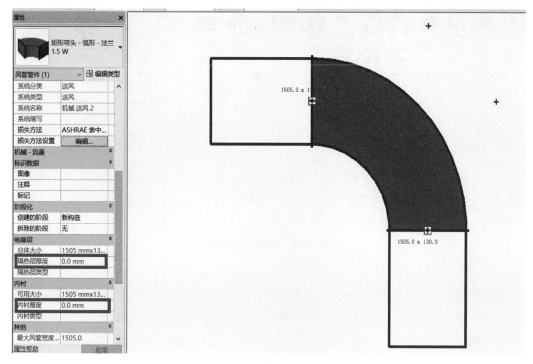

图 3-1-22　编辑风管和风管管件的属性

3.2　水管的创建与编辑

3.2.1　设置管道设计参数

1. 管道尺寸设置

在 Revit MEP 中，通过【机械设置】中的【尺寸】选项设置当前项目文件中的管道尺寸信息。

（1）打开"机械设置"对话框的方式有如下几种：

① 单击【管理】选项卡→【设置】→【MEP 设置】→【机械设置】，如图 3-2-1 所示。

② 单击【系统】选项卡→【机械】，如图 3-2-2 所示。

③ 直接键入 MS（机械设置快捷键）。

（2）添加/删除管道尺寸：

打开【机械设置】对话框后，选择【管段和尺寸】，右侧面板会显示可在当前项目中

水管的创建与编辑
(1)

水管的创建与编辑
(2)

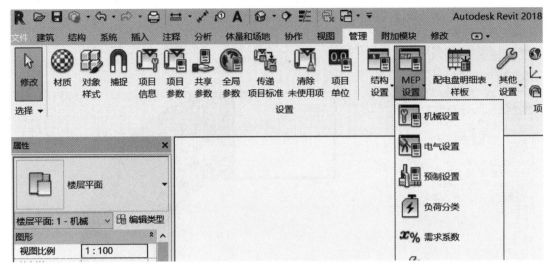

图 3-2-1　打开机械设置

图 3-2-2　系统选项卡

使用的管道尺寸列表。在 Revit MEP 中，管道尺寸可以通过【管段】进行设置，【粗糙度】用于管道的水力计算。

图 3-2-3 显示了热熔对接的 PE63 塑料管，规范《给水用聚乙烯（PE）管道系统》GB/T 13663 中压力等级为 0.6MPa 的管道的公称直径、ID（管道内径）和 OD（管道外径）。

单击【新建尺寸】或【删除尺寸】按钮可以添加或删除管道的尺寸。新建管道的公称直径和现有列表中管道的公称直径不允许重复。如果在绘图区域已绘制了某尺寸的管道，则该尺寸在【机械设置】尺寸列表中将不能删除，需要先删除项目中的管段，才能删除【机械设置】尺寸列表中的尺寸。

（3）尺寸应用

通过勾选【用于尺寸列表】和【用于调整大小】来调节管道尺寸在项目中的应用。如果勾选一段管道尺寸的【用于尺寸列表】，该尺寸可以被管道布局编辑器和【修改｜放置管道】中管道【直径】下拉列表调用，在绘制管道时可以直接在选项栏的【直径】下拉列表中选择尺寸，如图 3-2-4 所示。如果勾选某一管道的【用于调整大小】，该尺寸可以应用于【调整风管/管道大小】功能。

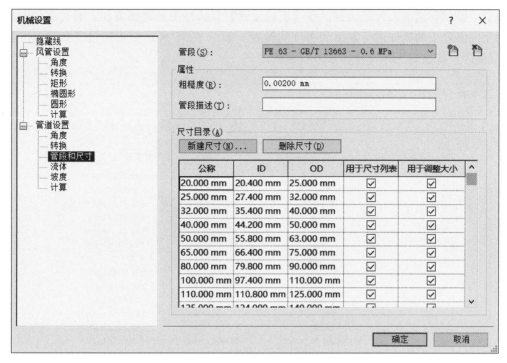

图 3-2-3　添加/删除管道尺寸

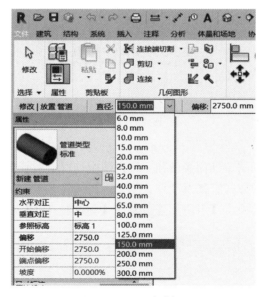

图 3-2-4　尺寸选择

2. 管道类型设置

这里主要是指管道和软管的族类型。管道和软管都属于系统族，无法自行创建，但可以创建、修改和删除类型。

3. 流体设计参数

在 Revit MEP 中，除了定义管道的各种设计参数外还能对管道中的流体的设计参数进行设置，提供管道水力计算依据。在【机械设置】对话框中，选择流体，通过右侧面板可以对不同温度下的流体进行黏度和密度的设置，如图 3-2-5 所示。可通过【新建温度】和【删除温度】按钮对流体设计参数进行编辑。

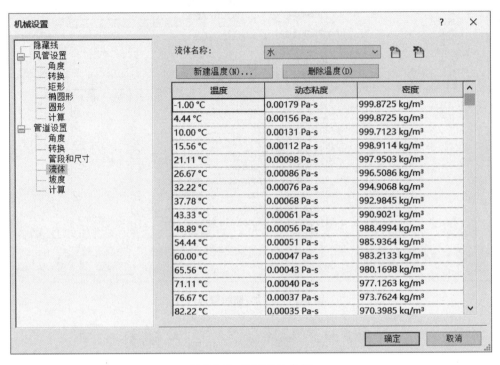

图 3-2-5　流体设计参数

3.2.2　管道绘制

1. 基本操作

在平面视图、立面视图、剖面视图和三维视图中均可绘制管道。

进入管道绘制模式的方式有如下几种：

（1）单击【系统】选项卡【卫浴和管道】→【管道】，如图 3-2-6 所示。

图 3-2-6　管道绘制

（2）选中绘图区已布置构件族的管道连接件，单击鼠标右键，在弹出的快捷菜单中选择【绘制管道】命令。

（3）直接键入 PI（管道快捷键）。

2. 管道对齐

（1）绘制管道

在平面视图和三维视图中绘制管道，可以通过【修改│放置管道】选项卡下【放置工具】中的【对正】按钮制定管道的对齐方式。打开【对正设置】对话框，如图 3-2-6 所示。

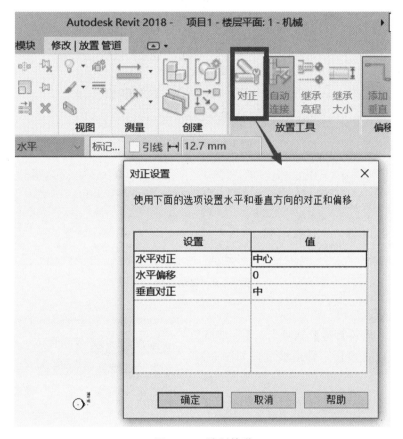

图 3-2-6　绘制管道

（2）编辑管道

管道绘制完成后，每个视图中都可以使用【对正】命令修改管道的对齐方式。选中需要修改的管段，单击功能区的【对正】按钮，进入【对正编辑器】，根据需要选择相应的对齐方式和对齐方向，单击【完成】按钮，如图 3-2-7 所示。

3. 自动连接

在【修改│放置管道】选项卡中的【自动连接】按钮用于某一管段道开始或结束时自动捕捉相交管道，并添加管件完成连接，如图 3-2-8 所示。

4. 坡度设置

在 Revit MEP 中，可以在绘制管道的同时指定坡度，也可以在管道绘制结束后再对管道坡度进行编辑。

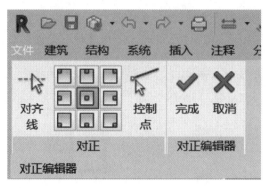

图 3-2-7　编辑管道

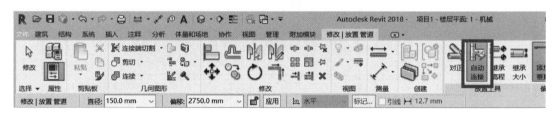

图 3-2-8　自动连接

（1）直接绘制坡度

在【修改｜放置管道】选项卡，【带坡度管道】面板上可以直接指定管道坡度，如图 3-2-9 所示。

在通过单击 向上坡度 按钮修改向上坡度数值，或单击 向下坡度 按钮修改向下坡度数值。

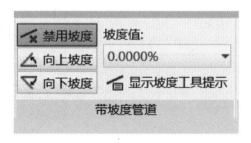

图 3-2-9　坡度设置

（2）编辑管道坡度

在这里介绍两种编辑管道坡度的方法：

1）选中某管段，单击并修改其起点和终点标高来获得管道坡度，如图 3-2-10 所示。当管段上的坡度符号出现时，也可以单击该符号修改坡度值。

图 3-2-10　编辑管道坡度

2）选中某管段，单击功能区中的【修改｜管道】选项卡中的【坡度】，激活【坡度编辑器】选项卡，如图 3-2-11 所示。在【坡度编辑器】选项栏中输入相应的坡度值，单击【坡度控制点】按钮可调整坡度方向。同样，如果输入负的坡度值，将反转当前的坡度方向。

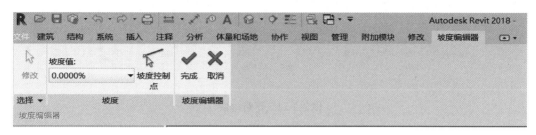

图 3-2-11　激活坡度编辑器选项卡

3.2.3　管件的使用方法和注意事项

每个管路中都会包含大量连接的管键。下面介绍绘制管道时管件的使用方法和注意事项。

管件在每个视图中都可以放置使用，放置管件有两种方法。

1.自动添加管件：在绘制管道过程中自动加载的管件需要在管路【类型属性】对话框中指定。部件类型是弯头、T 形三通、接管-垂直、接管-可调、四通、过渡件、活头或法兰的管件才能被自动加载。

2.手动添加管件：进入【修改│放置管件】模式的方式有如下几种：

（1）单击【系统】选项卡→【卫浴和管道】→【管件】，如图 3-2-12 所示。

图 3-2-12　系统选项卡

（2）在项目浏览器中，展开【族】→【管件】，将【管件】下所需的族直接拖拽到绘图区域进行绘制。

（3）直接键入 PF（管件快捷键）。

3.2.4　管路附件设置

在平面视图、立面视图、剖面视图和三维视图中均可放置管路附件。

进入"修改│放置管路附件"模式的方式有如下几种：

单击【系统】选项卡→【卫浴和管道】→【管路附件】，如图 3-2-13 所示。

在项目浏览器中，展开【族】→【管路附件】，将【管路附件】下所需的族直接拖拽到绘图区域进行绘制。

图 3-2-13　管路附件

直接键入 PA（管路附件快捷键）。

3.2.5　软管绘制

在平面视图和三维视图中可绘制软管。

进入软管绘制模式有如下几种：

单击【系统】选项卡→【卫浴和管道】→【软管】，如图 3-2-14 所示。

图 3-2-14　绘制软管

进入绘图区已布置构件族的管道连接架，单击鼠标右键，在弹出的快捷菜单中选择【绘制软管】命令。

直接键入 PA（软管快捷键）。

3.2.6　设备接管

设备的管道连接件可以连接管道和软管，连接管道和软管的方法类似。本节介绍设备接管的三种方法。

1. 单击浴盆，用鼠标右键其冷水管道连接件，在弹出的快捷菜单中选择【绘制管道】命令。在连接件上绘制管道时，按空格键，可自动根据连接件的尺寸和高程调整绘制管道的尺寸和高程，如图 3-2-15 所示。

2. 直接拖动已绘制的管道道相应的浴盆管道连接件上，管道将自动捕捉浴盆上的管道连接件，完成连接如图 3-2-16 所示。

3. 单击【布局】选项卡→【连接到】，为浴盆连接管道，可以便捷地完成设备接管，如图 3-2-17 所示。

将浴盆放置到视图中制定的位置，并绘制欲连接的冷水管。选中浴盆，并单击【布局】选项卡→【连接到】，选择冷水连接件，单击已绘制的管道。至此，完成连管。

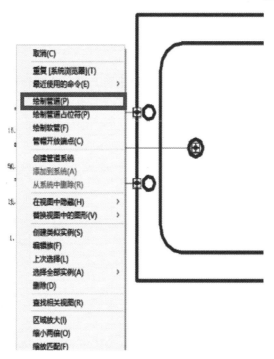

图 3-2-15　调整绘制管道的尺寸和高程

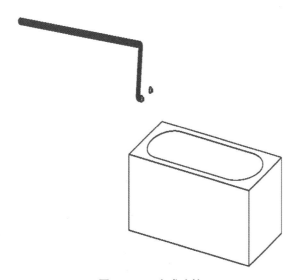

图 3-2-16　完成连接

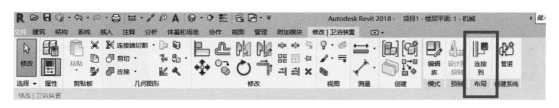

图 3-2-17　完成设备接管

3.2.7 管道隔热层

Revit MEP 可以为管道管路添加相应的隔热层。进入绘制管道模式后，单击【修改｜管道】选项卡→【管道隔热层】→【添加隔热层】，输入隔热层的类型和所需要的厚度，将视觉样式设置为【线框】时，则可清晰地看到隔热层，如图 3-2-18 所示。

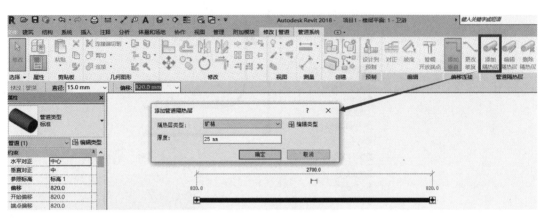

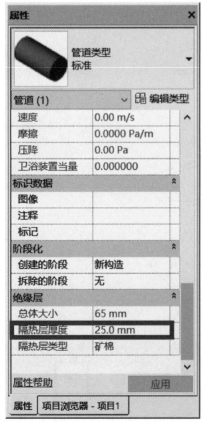

图 3-2-18　管道隔热层

3.3　电气系统的绘制

3.3.1　电缆桥架

1. 电缆桥架

Revit MEP 提供了两种不同的电缆桥架形式：【带配件的电缆桥架】和【无配件的电缆桥架】。【无配件的电缆桥架】适用于设计中不明显区分配件的情况。【带配件的电缆桥架】和【无配件的电缆桥架】是作为两种不同的系统族来实现的，并在这两个系统族下面添加不同的类型。Revit MEP 提供的【机械样板】项目样板文件中分别给【带配件的电缆桥架】和【无配件的电缆桥架】配置了默认类型，如图 3-3-1 所示。

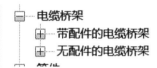

2. 电缆桥架的设置

在布置电缆桥架前，先按照设计要求对桥架进行设置。

在【电气设备】对话框中定义【电缆桥架设置】。单击【管理】选项卡→【设置】→【MEP 设置】下拉列表→【电气设置】（也可以单击【系统】选项卡，

图 3-3-1　默认类型

【电气】【电气设置】），在【电气设置】对话框左侧展开【电缆桥架设置】，如图 3-3-2 所示。

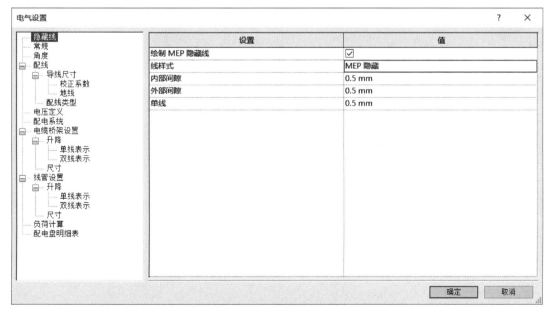

图 3-3-2　电缆桥架设置

229

3. 绘制电缆桥架

在平、立、剖视图和三维视图中均可绘制水平、垂直和倾斜的电缆桥架。

（1）基本操作

进入电缆桥架绘制模式的方式有如下几种：

① 单击【系统】选项卡→【电气】→【电缆桥架】，如图 3-3-3 所示。

图 3-3-3　绘制电缆桥架

② 选中绘图区已布置构件族的电缆桥架连接件右击，在弹出的快捷菜单中选择【绘制电缆桥架】命令。

③ 直接键入快捷键 CT。

（2）电缆桥架对正

在平面视图和三维视图中绘制管道时，可以通过【修改 | 放置电缆桥架】选项卡中放置工具对话框的【对正】按钮指定电缆桥架的对齐方式。单击【对正】按钮，弹出【对正设置】对话框，如图 3-3-4 所示。

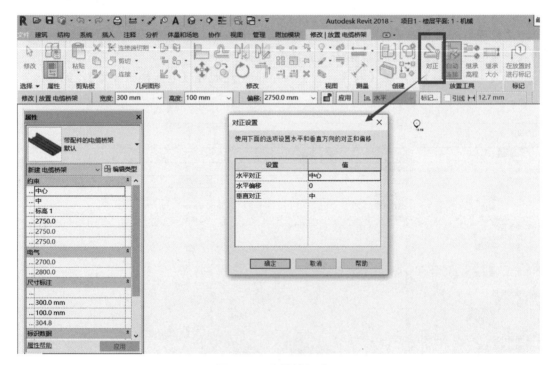

图 3-3-4　电缆桥架对正

（3）自动连接

在【修改 | 放置电缆桥架】选项卡中有【自动连接】选项，如图 3-3-5 所示。

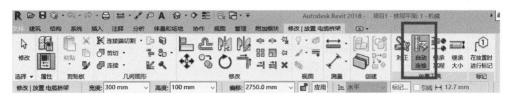

图 3-3-5　自动连接

4. 放置和编辑电缆桥架配件

电缆桥架连接中要使用电缆桥架配件。

（1）放置配件

在平、立、剖视图和三维视图中都可以放置电缆桥架配件。放置电缆桥架配件有两种方法：自动添加和手动添加。

1）自动添加：在绘制电缆桥架过程中自动加载的配件需要在【电缆桥架类型】中的【管件】参数中指定。

2）手动添加：是在【修改│放置电缆桥架配件】模式下进行的，进入【修改│放置电缆桥架配件】有如下方式：

① 单击【系统】选项卡→【电气】→【电缆桥架配件】。

② 在项目浏览器中展开【族】→【电联桥架配件】，将【电缆桥架配件】下的族直接拖到绘图区域。

③ 直接键入快捷键 TF。

（2）编辑电缆桥架配件

在绘图区域中单击某一淡蓝桥架配件后，周围会显示一组控制柄，可用于修改尺寸、调整方向和进行升级或降级。

5. 带配件和无配件的电缆桥架

绘制【带配件的电缆桥架】和【无配件的电缆桥架】在功能上是不同的。

6. 电缆桥架显示

在视图中，电缆桥架模型根据不同的【详细程度】显示，可通过【视图控制栏】的【详细程度】按钮，切换【粗略】【中等】【精细】三种粗细程度。

在创建电缆桥架配件相关族时，应注意配合电缆桥架显示特性，确保整个电缆桥架管路显示协调一致。

3.4　线管

3.4.1　线管的类型

和电缆桥架一样，Revit MEP 的线管也提供了两种线管管路形式：无配件的线管和带配件的线管，如图 3-4-1 所示。Revit MEP 提供的"机械样板"项目样板文件中为这两种系统族分别默认配置了两种线管类型，同时用户可以自行添加定义线管类型。

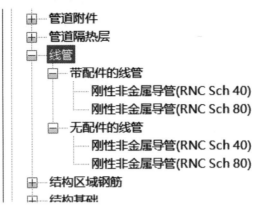

图 3-4-1

1. 线管设置

根据项目对管线进行设置。

在【电气设置】对话框中定义【电缆桥架设置】。单击【管理】选项卡→【MEP 设置】下拉列表→【电气设置】，在【电气设置】对话框的左侧面板中展开【线管设置】，如图 3-4-2 所示。线管的基本设置和电缆桥架类似，这里不再赘述。

线管在平、立、剖视图和三维视图中均可绘制水平、垂直和倾斜的管线。

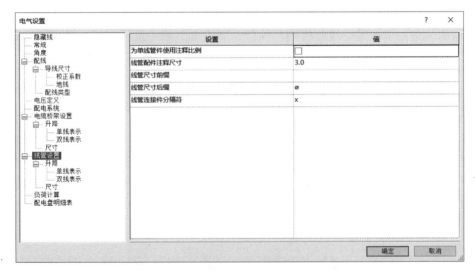

图 3-4-2　线管设置

2. "表面连接" 绘制线管

表面连接是针对线管创建的一个功能。通过在族的模型表面添加【表面连接件】，在项目中实现从该表面的任何位置绘制一根或多根线管。

3. 线管显示

Revit MEP 的视图可以通过视图控制栏设置三种详细程度：粗略、中等和精细。在创建线管配件等相关族时，应注意配合线管显示特性，确保线管管路显示协调一致。

3.5　碰撞检查

水暖电模型搭建好以后，需要进行管线综合，找出并调整有碰撞的管线。利用 Revit MEP 的【碰撞检查】功能可以快速准确地查找出项目中图元间或主体项目和链接模型的图元之间的碰撞并加以解决，操作步骤如下：

1. 选择图元

如果要对项目中部分图元进行碰撞检查，应先选择所需检查的图元。如果要检查整个项目中的图元，可以不选择任何图元，直接进入运行碰撞检查。

2. 运行碰撞检查

选择所需进行碰撞检查的图元后，单击【协作】选项卡→【坐标】→【碰撞检查】下拉列表→【运行碰撞检查】，弹出【碰撞检查】对话框，如图 3-5-1 和图 3-5-2 所示。如果在视图中选择了几类图元，则该对话框将进行过滤，可根据图元类别进行选择；如果未选择任何图元，则对话框将显示当前项目中的所有类别。

图 3-5-1　运行碰撞检查

3. 选择【类别来自】

在【碰撞检查】对话框中，分别从左侧的第一个【类别来自】和右侧的第二个【类别来自】下拉列表中选择一个值，这个值可以是【当前选择】【当前项目】，也可以是连接的 Revit 模型软件将检查类别 1 中图元和类别 2 中图元的碰撞，如图 3-5-3 所示。

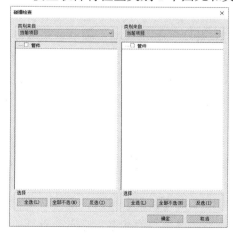

图 3-5-2　碰撞检查

图 3-5-3　类别来自

【链接模型】之间碰撞时应注意如下几点：

（1）能检查【当前选择】和【链接模型（包括其中的嵌套链接模型）】之间的碰撞。

（2）能检查【当前项目】和【链接模型（包括其中的嵌套链接模型）】之间的碰撞。

（3）不能检查项目中两个【链接模型】之间的碰撞。一个类别选择了链接模型后，另一个类别无法再选择其他链接模型。

4. 选择图元类别

分别在类别1和类别2下勾选所需要检查的类别。如图3-5-4所示，将检查【当前项目】中【机械设备】【风管】【风管管件】类别的图元和【当前项目】中【机械设备】【风管】【风管管件】类别的图元之间的碰撞。

如图3-5-5所示，将检查【当前项目】中【机械设备】【风管】【风管管件】类别的图元和链接模型中【结构框架】类别的图元之间的碰撞。

图 3-5-4　选择图元类别

图 3-5-5　图元之间的碰撞

5. 检查冲突报告

完成上述步骤后，单击【碰撞检查】对话框右下角的【确定】按钮。如果没有检查出碰撞，则会显示一个对话框，通知【未检测到冲突】；如果检查出碰撞，则会显示【冲突报告】对话框，该对话框会先列出两两之间相互发生冲突的所有图元。例如，运行管道与风管的碰撞检查，则对话框会先列出管道类别，然后列出与管道有冲突的风管，以及两者对应的图元 ID 号，如图 3-5-6 所示。

在【冲突报告】对话框中可进行如下操作：

（1）显示：要查看其中一个有冲突的图元，在【冲突报告】对话框中选择该图元的名称。单击下方的【显示】按钮，该图元将在当前视图中高亮显示，要解决冲突，在视图中直接修改该图元即可。

（2）刷新：解决冲突后，在【冲突报告】对话框中单击【刷新】按钮，则会从冲突列表中删除发生冲突的图元。注意【刷新】仅重新检查当前报告中的冲突，它不会重新运行碰撞检查。

图 3-5-6　检查冲突报告

（3）导出：可以生成 HTML 版本的报告。在【冲突报告】对话框中单击【导出】按钮，在弹出的对话框中输入名称，定位到保存报告的所需文件夹，然后再单击"保存"按钮。

关闭"冲突报告"对话框后，要再次查看生成的上一个报告，可以单击【协作】选项卡→【坐标】→【碰撞检查】下拉列表→【显示上一个报告】，如图 3-5-7 所示，该工具不会重新运行碰撞检查。

图 3-5-7　显示上一个报告

3.6　练习题

3.6.1　单选题

1.风管属于（　　）。

A. 施工图构件　　　　　　　　　　　　B. 模型构件

C. 标注构件   D. 体量构件

2. 在创建风管系统中，有时会绘制参照平面帮助建模，如何给参照平面命名？（   ）。

A. 使用"扩散范围"命令   B. 直接点击参照平面在屏幕上设置

C. 在参照平面的"图元属性"中设置   D. 以上做法都不对

3. 在放置风管时，放置工具栏上默认被激活的放置工具是（   ）。

A. 对正   B. 自动连接   C. 继承高程   D. 继承

4. 下列关于风管放置时的对正设置选项的具体内容说法正确的是（   ）。

A. 水平对正是指以风管的"中心""左"或"右"侧作为参照，将各风管部分的边缘垂直对齐

B. 垂直对正是指以风管的"中""底"或"顶"作为参照，将各风管部分的边缘水平对齐

C. 水平偏移是用于指定在绘图区域中的单击位置与风管绘制位置之间的偏移

D. 如果要在视图中距另一构件固定距离的地方放置管网，最好采用水平对正

5. 在项目建模初期，用来代替风管，提高软件运行速度的是（   ）。

A. 风管附件   B. 风管管件   C. 风道末端   D. 风管占位符

6. 关于图元属性与类型属性的描述，错误的是（   ）。

A. 修改项目中某个构件的图元属性只会改变该构件的外观和状态

B. 修改项目中某个构件的类型属性只会改变该构件的外观和状态

C. 修改项目中某个构件的类型属性会改变项目中所有该类型构件的状态

D. 窗的尺寸标注是它的类型属性，而楼板的标高就是实例属性

7. 要灵活地改变软风管的转弯半径，最好的办法是拖动（   ）。

A. 拖曳顶点   B. 切点   C. 端点   D. 夹点

8. 我们在绘制机电专业时，经常会遇到测量两个水管、风管、桥架之间的距离。捉不到风管的中心线或边缘线，可以通过下列哪项操作来完成？（   ）。

A. 调整要量测对象的相关属性参数   B. 管理选项卡下"捕捉"按钮去设置

C. 调整视图控制栏的"精细程度"   D. 切换到三维视图中去选择

9. 电气设备由（   ）和变压器组成。

A. 配电盘   B. 电缆桥架

C. 线管   D. 线管附件

3.6.2 多选题

1. 风管中心处的坡度值有下列哪几种表现形式？（   ）。

A. 坡高/坡长   B. 角度   C. 坡度的百分比   D. 比率

E. 坡长/坡高

2. 在绘制 Revit 通风/电气模型时，会导入 CAD 底图，下列哪些选项是在导入底图时必须设置的？（   ）。

A. 颜色   B. 定位

C. 图层/标高   D. 导入单位

3. 风道末端可以采用下列哪些方法创建？（　　　）。

A. 复制图片　　　　　　　　　　　　　B. 载入族

C. 内建模型　　　　　　　　　　　　　D. 外建模型导入

E. 链接模型

4. 下列选项中，属于风管设置的是（　　　）。

A. 风管管件注释尺寸　　　　　　　　　B. 空气密度

C. 空气黏度　　　　　　　　　　　　　D. 风管具体尺寸

5. 下列选项中，属于电气系统中基于主体的构件是（　　　）。

A. 配电盘　　　　　B. 变压器　　　　　C. 开关面板　　　　　D. 壁灯

E. 柴油发电机

6. 要在图例视图中创建某个风管的图例，以下正确是（　　　）。

A. 用"绘图-图例构件"命令，从"族"下拉列表中选择该风管类型

B. 可选择图例的"视图"方向

C. 可按需要设置图例的主体长度值

D. 图例显示的详细程度不能调节，总是和其在视图中的显示相同

E. 图例显示的详细程度是可以调节的

练习题
答案

教学单元 4 　二层小别墅

4.1 创建标高

创建标高

　　选择【建筑】选项卡中【基准】面板的【标高】命令，任意打开一个立面图，根据图纸进标高的绘制。

　　在绘制标高的同时修改标高的属性，如图 4-1-1 所示。

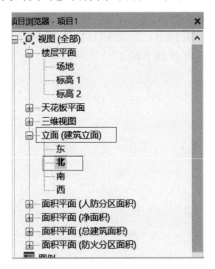

图 4-1-1　北立面图

以图 4-1-2 为例，开始创建标高。

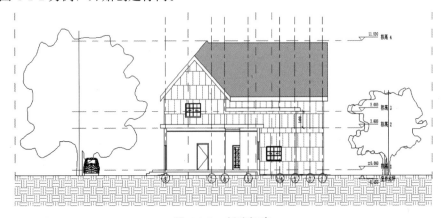

图 4-1-2　创建标高

系统一开始默认有两条标高，点击【建筑】选项卡中基准面板的【标高】，如图 4-1-3 所示，开始创建图纸中的标高。

图 4-1-3 创建图纸中的标高

出现修改/放置标高面板，再将鼠标移动到绘图区域，如图 4-1-4 所示。

图 4-1-4 修改/放置标高面板

设置标高的偏移量，并且勾选创建平面视图，如图 4-1-5 所示。

图 4-1-5

鼠标移动到已有的标高附近会高亮显示将要绘制的标高是否对齐，对齐后可以直接输入层高值 1400mm，如图 4-1-6 所示。

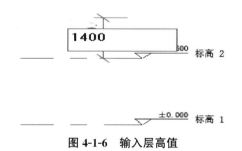

图 4-1-6 输入层高值

或者绘制后调整其高度 1400mm，如图 4-1-7 所示。
建立室外地坪标高点击属性中的【下标头】，如图 4-1-8 所示。
绘制标高输入 -0.45，如图 4-1-9 所示。

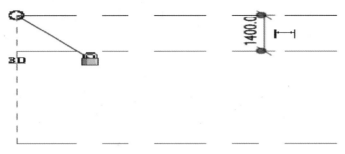

图 4-1-7　调整其高度

图 4-1-8　建立室外地坪标高

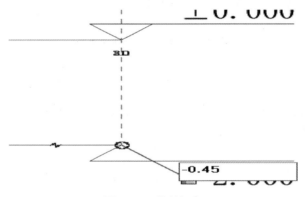

图 4-1-9　绘制标高

标高 4 及数字显示的标高高度，修改标高的名字及高程，如图 4-1-10 所示。

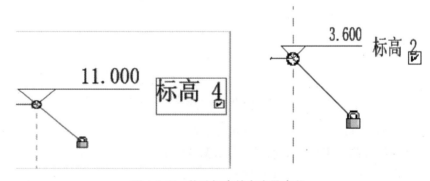

图 4-1-10　修改标高的名字及高程

将所有的标高作出后，开始修改标高的属性。点击属性面板中的编辑类型，如图 4-1-11
所示。

图 4-1-11　编辑类型

点击线型图案将实线改为【三分段虚线】，如图 4-1-12 所示。

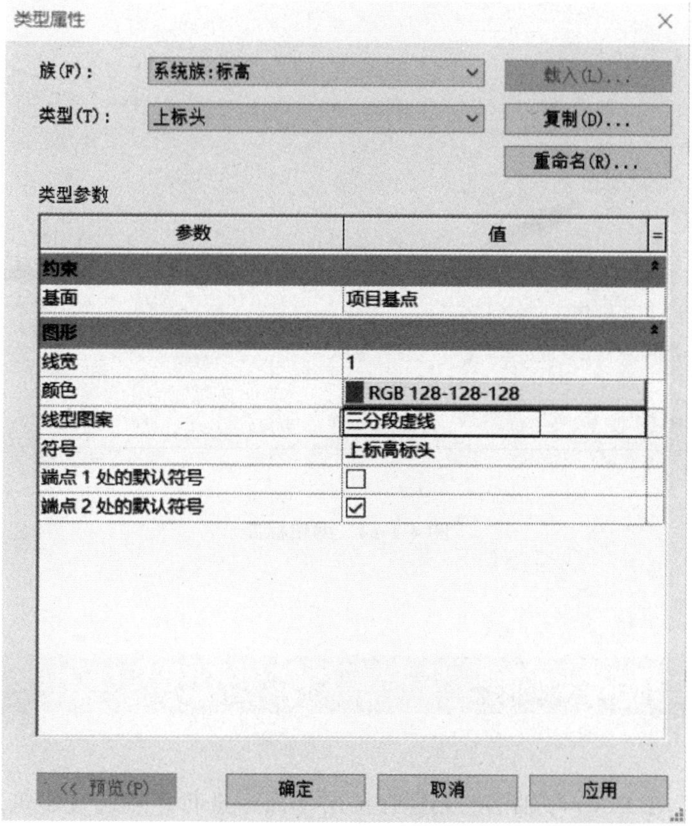

图 4-1-12　三分段虚线

勾选"端点 4 处的默认符号"，标高修改完后，将如图 4-1-13 所示。

标高编辑方法：选择任意一根标高线，会显示临时尺寸、一些控制符号和复选框，
如图 4-1-14 所示，可以编辑其尺寸值、单击并拖拽控制符号可整体或单独调整标高标头位
置、控制标头隐藏或显示、标头偏移等操作。

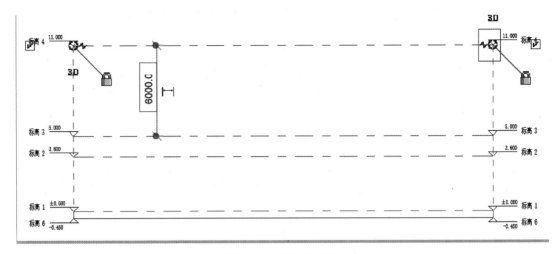

图 4-1-13　标高修改后

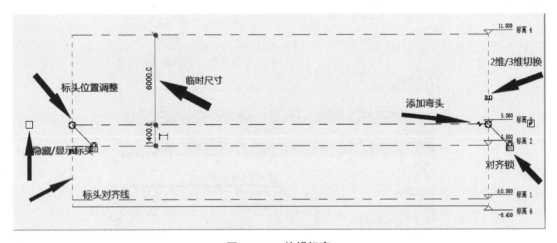

图 4-1-14　编辑标高

4.2　创建轴网

创建轴网

在 Revit 中轴网的创建在楼层平面中进行。点选【建筑】选项卡中【基准】面板里的【轴网】指令。再双击选择楼层平面的标高 1，如图 4-2-1 所示。

接下来我们开始创建轴网，如图 4-2-2 所示。

发现创建完的轴网与标准不相符，需要进行一些修改。

点击【轴网】指令后，选择属性面板中的编辑类型，对轴网的属性做一些修改，如图 4-2-3 所示。

图 4-2-1 选择楼层平面的标高一

— – — ————————————— — – –①

图 4-2-2 创建轴网

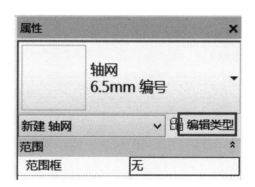

图 4-2-3 选择属性面板

修改如图 4-2-4 所示，轴线中段改为【连续】，勾选【平面视图轴号端点 1】。

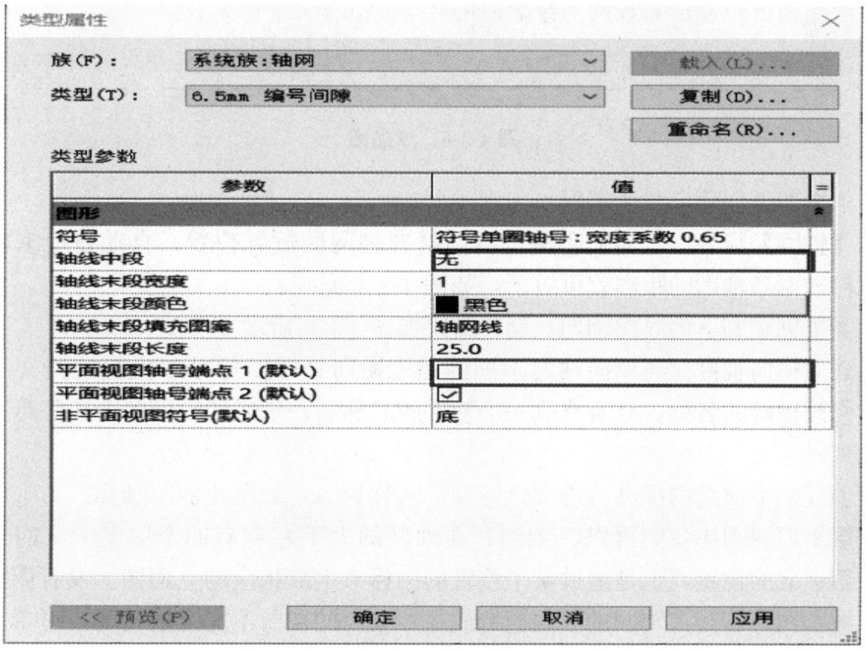

图 4-2-4 编辑属性

修改完后如图 4-2-5 所示。

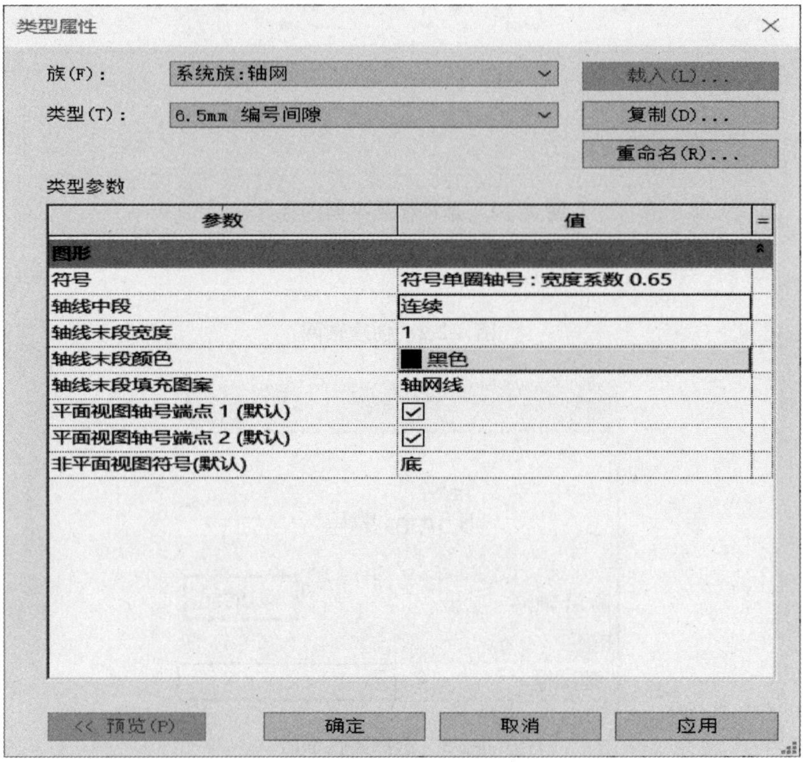

图 4-2-5　修改后

此时绘图面板中显示的轴网为修改后的样子，如图 4-2-6 所示。

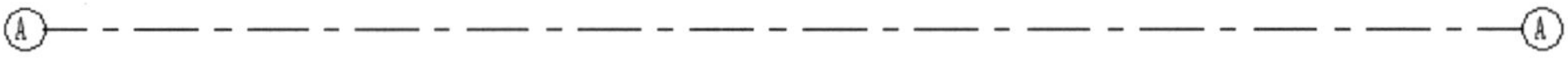

图 4-2-6　成品图

开始依据图纸创建完整的轴网，如图 4-2-7 所示。

点击【轴网】指令后，面板会显示自动对齐轴网的放置位置，自动显示临时尺寸标注，我们输入两条轴网的距离就可以了，如图 4-2-8 所示。

以此类推创建剩下的纵向轴网，创建结果如图 4-2-9 所示。

开始建立横向轴网。与纵向轴网不同的是，横向轴网的标号以大写的英文字母为标注。需要修改轴网的名称，且若修改一个轴网的名称后，随后的轴网将会按字母或数字顺序依次排列。

首先创建一个横向的标高再修改，标高的名称为 A，如图 4-2-10 所示。

在楼层平面视图中我们可以注意到，在轴网的上下左右有四个图案。这四个图案是东、南、西、北的位置，也是通过某个位置的图标来生成相应的立面图。没有图标则不能生成立面图。图标若是在轴网的立面会造成这一立面的视图不完全的情况，可单击图标拖拽到适当的位置，如图 4-2-11 所示。

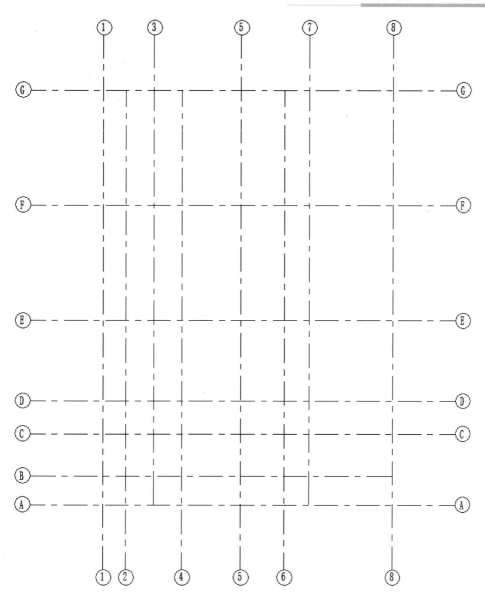

图 4-2-7 依据图纸创建完整的轴网

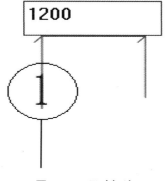

图 4-2-8 尺寸标注

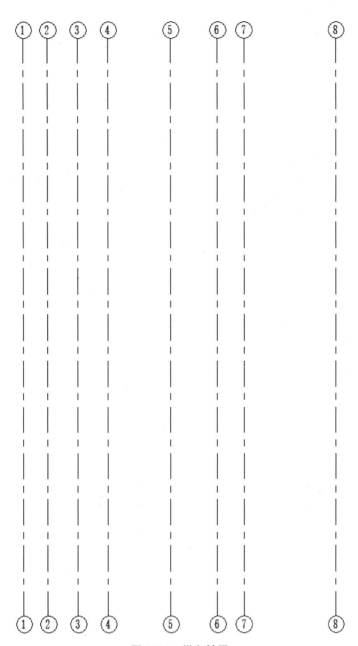

图 4-2-9　纵向轴网

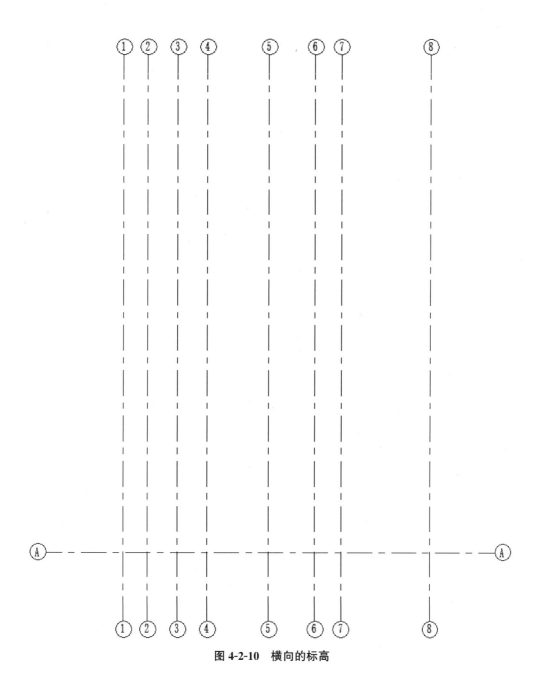

图 4-2-10 横向的标高

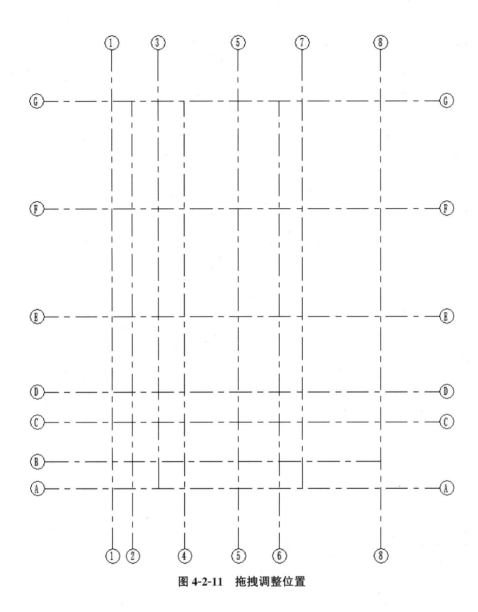

图 4-2-11　拖拽调整位置

如图 4-2-12 所示为建立好的轴网。

之后我们全选所有轴网，如图 4-2-13 所示。

然后点击影响范围，如图 4-2-14 所示。

进入影响范围界面选择"楼层平面：标高 2"，"楼层平面：标高 3"，"楼层平面：标高 4"，如图 4-2-15 所示。

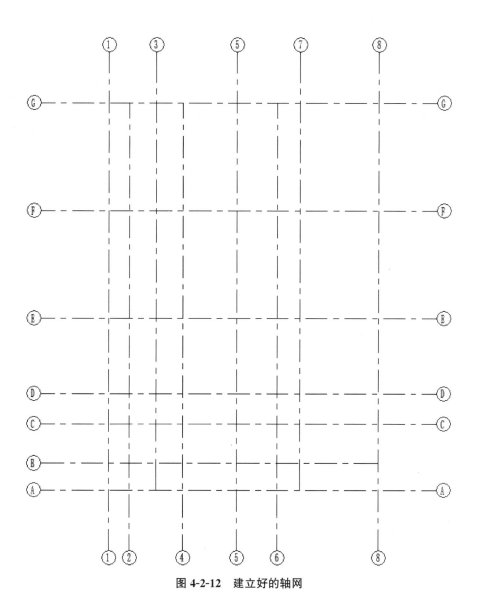

图 4-2-12　建立好的轴网

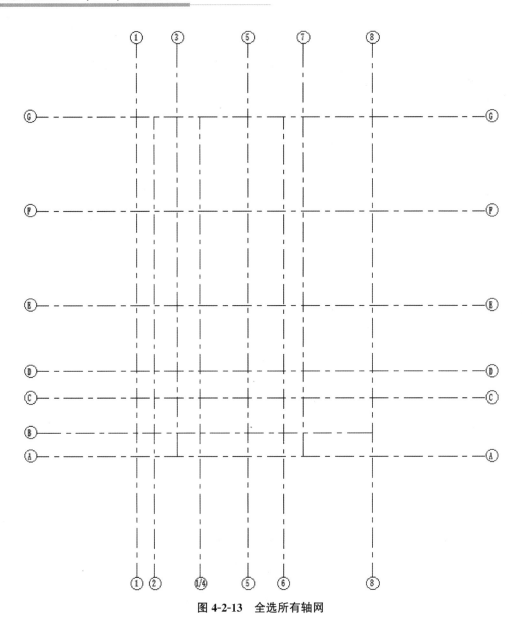

图 4-2-13　全选所有轴网

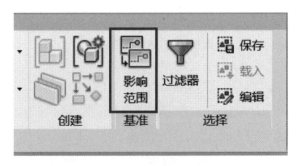

图 4-2-14　影响范围

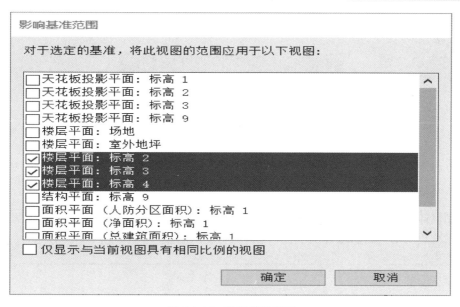

图 4-2-15　选择楼层平面

4.3　创建墙体

建立墙体的基础是要确定墙体的组成并按照要求将其创建出来。以外墙为例，如图 4-3-1 所示。

做法：在【建筑】选项卡【构建】面板中点击【墙】指令。然后系统自动切换到【修改/放置墙】选项卡中，如图 4-3-2 所示。

创建墙体(1)

创建墙体(2)

创建墙体(3)

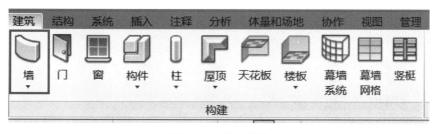

图 4-3-1　创建外墙

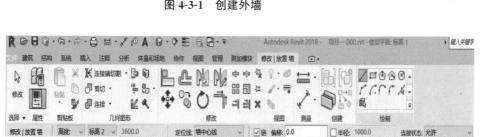

图 4-3-2　切换选项卡

点击属性面板中的【编辑类型】进入基于墙的组成选择与属性设置，如图 4-3-3 所示。

图 4-3-3　选择与属性设置

复制墙体，并且重命名。这样做的好处是保留了系统自带墙，在之后的建模中可以继续按照系统自带墙进行新墙体的生成，如图 4-3-4 所示。

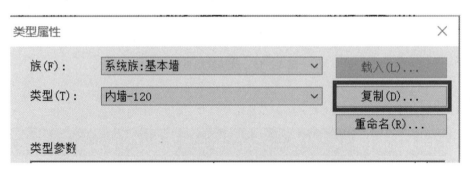

图 4-3-4　复制墙体

为你要编辑的墙体命名"别墅外墙"，如图 4-3-5 所示。

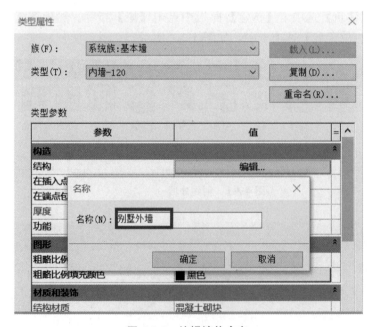

图 4-3-5　编辑墙体命名

复制好墙体之后点击构造栏中的【结构——编辑】进入墙体的编辑模式，如图 4-3-6 所示。

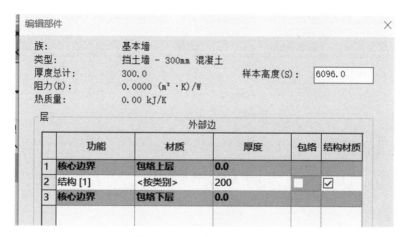

图 4-3-6　墙体的编辑模式

进入编辑部件模式中，如图 4-3-7 所示。

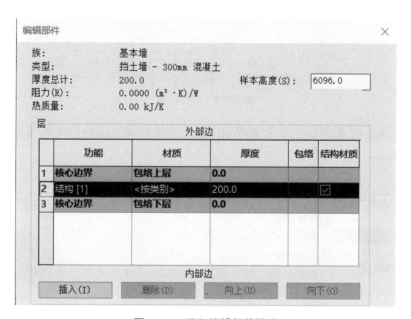

图 4-3-7　进入编辑部件模式

将鼠标移动到数字附近，鼠标会自动变成实心的箭头。点击鼠标左键，再点击下方的插入指令，会生成新的结构面层，如图 4-3-8 所示。

按照图纸中墙体结构的要求插入相应的面层层数。

当面层被选中时，会呈现内部填充为黑色。可用向上、向下的指令来调节位置，如图 4-3-9 所示。

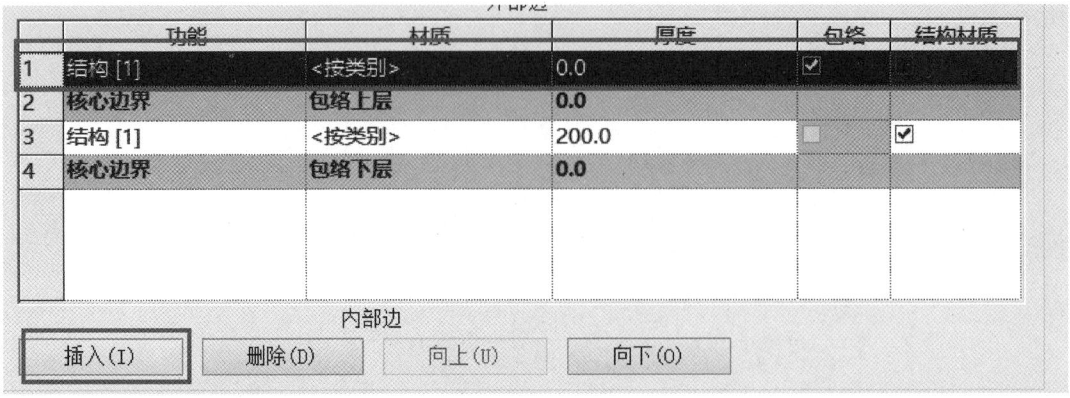

	功能	材质	厚度	包络	结构材质
1	结构 [1]	<按类别>	0.0	☑	☑
2	核心边界	包络上层	0.0		
3	结构 [1]	<按类别>	200.0	☐	☑
4	核心边界	包络下层	0.0		

内部边

插入(I)　　　删除(D)　　　向上(U)　　　向下(O)

图 4-3-8　插入指令

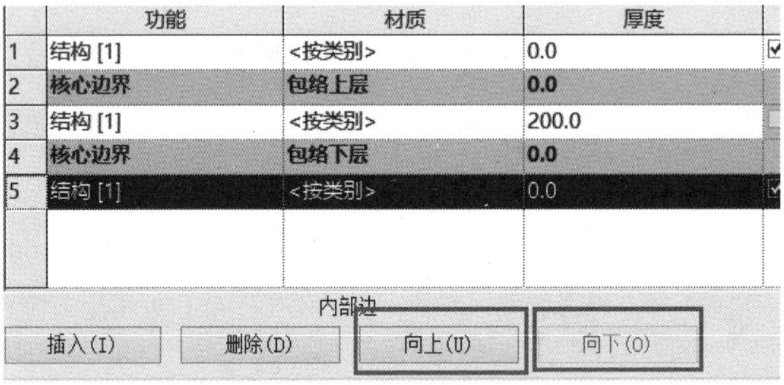

	功能	材质	厚度	
1	结构 [1]	<按类别>	0.0	☑
2	核心边界	包络上层	0.0	
3	结构 [1]	<按类别>	200.0	
4	核心边界	包络下层	0.0	
5	结构 [1]	<按类别>	0.0	☑

内部边

插入(I)　　　删除(D)　　　向上(U)　　　向下(O)

图 4-3-9　调节位置

点击功能选项的【结构［1］】修改面层基于墙的功能，选择功能为【面层 1［4］】，如图 4-3-10 所示。

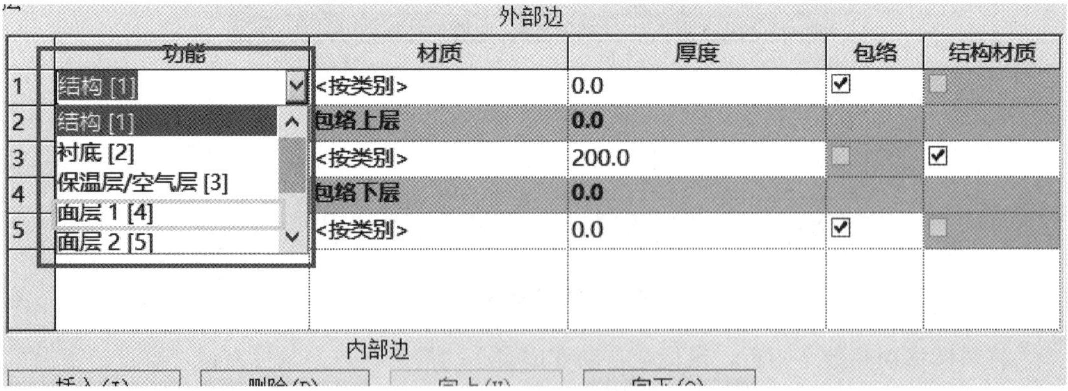

外部边

	功能	材质	厚度	包络	结构材质
1	结构 [1] ▾	<按类别>	0.0	☑	☐
2	结构 [1] ∧	包络上层	0.0		
3	衬底 [2]	<按类别>	200.0	☐	☑
4	保温层/空气层 [3]	包络下层	0.0		
5	面层 1 [4]	<按类别>	0.0	☑	☐
	面层 2 [5] ∨				

内部边

插入(I)　　　删除(D)　　　向上(U)　　　向下(O)

图 4-3-10　选择功能

之后修改"面层 1［4］"的材质与厚度，点击【按类别】后方的隐藏键，如图 4-3-11 所示。

	功能	材质		厚度	包络	结构材质
		外部边				
1	结构 [1]	<按类别>	...	0.0	☑	☐
2	核心边界	包络上层		0.0		
3	结构 [1]	<按类别>		200.0	☐	☑
4	核心边界	包络下层		0.0		
5	结构 [1]	<按类别>		0.0	☑	☐

图 4-3-11　修改材质

单击后将弹出如图 4-3 -12 所示窗口，搜索需要的材料，例如混凝土砌块、白色涂料和棕红涂料等。其【墙体】厚度为【260】。

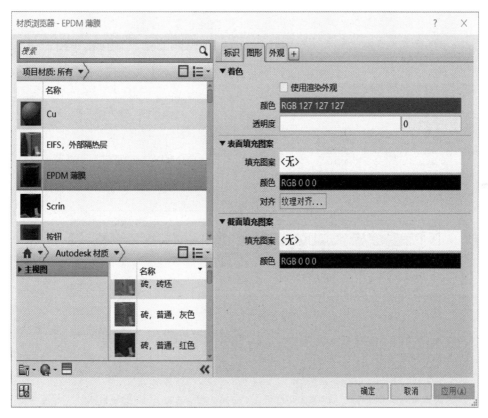

图 4-3-12　调整材料

单击该材料的厚度区域，修改为所需要的厚度，如图 4-3-13 所示，单击确定，外墙体编辑完成。

用相同方法创建别墅内墙，【墙体】厚度为【100】，如图 4-3-14 所示。

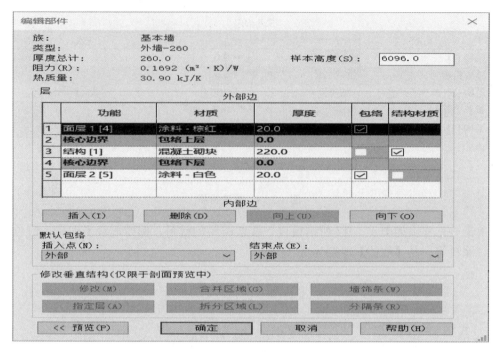

图 4-3-13　修改材料的厚度区域

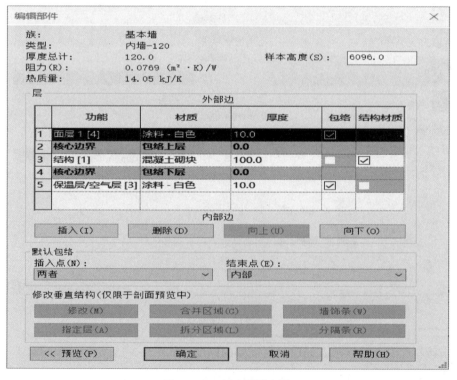

图 4-3-14　创建别墅内墙

创建完成后修改其墙体高度底部约束为标高 1，顶部约束为标高 2，如图 4-3-15 所示。

图 4-3-15 修改其墙体高度底部约束

按照图纸的要求在标高 1 的轴网上绘制一层的墙体，单击【建筑——墙体】（选择建筑墙体），点击下拉键选择创建好的外墙，开始绘制。同上步骤绘制内墙，如图 4-3-16 所示。

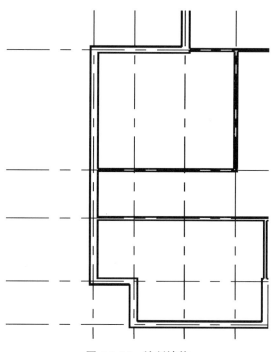

图 4-3-16 绘制墙体

一层墙体绘制完成后如图 4-3-17 所示。

同理在标高 2 处绘制【外墙】和【内墙】，修改其墙体高度，底部约束为标高 2，顶部约束为标高 4，如图 4-3-18 所示。

按照图纸的要求在标高 2 的轴网上绘制二层的墙体，单击【建筑——墙体】（选择建筑墙体），点击下拉键选择创建好的外墙，开始绘制。同上步骤绘制内墙，如图 4-3-19 所示。

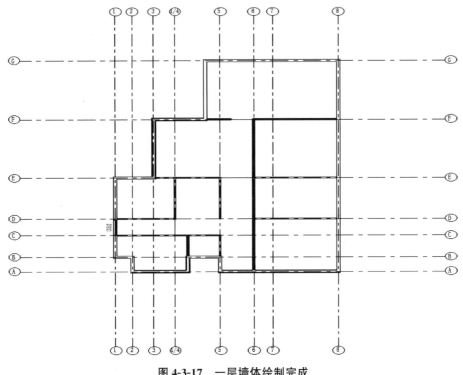

图 4-3-17　一层墙体绘制完成

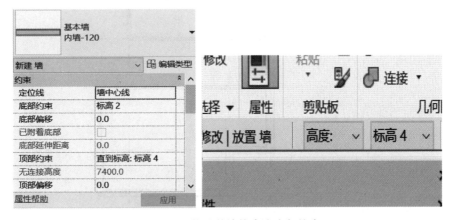

图 4-3-18　修改其墙体高度底部约束

二层墙体中内墙的一部分用【偏移】命令得来，如图 4-3-20 所示。

绘制结束后原图如图 4-3-21 所示。

之后我们点击这部分墙选择命令中的【移动】命令，如图 4-3-22 所示。

点击【移动】命令后，再分别点击墙的左边空白部分和墙的右边部分，输入 2300，如图 4-3-23 所示。

得到修改的图如图 4-3-24 所示。

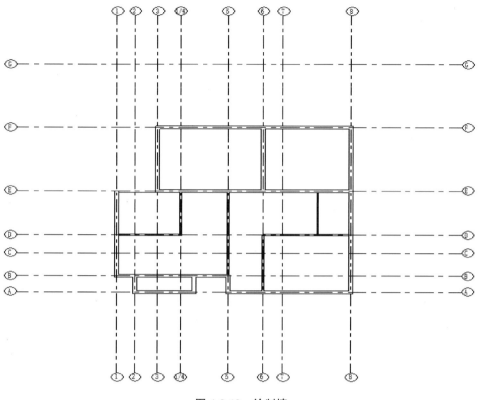

图 4-3-19　绘制墙

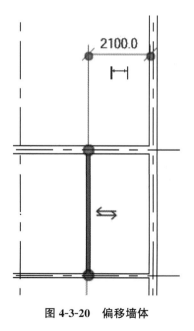

图 4-3-20　偏移墙体

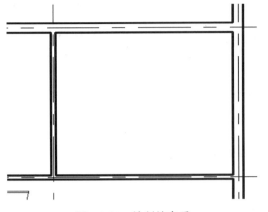

图 4-3-21　绘制结束后

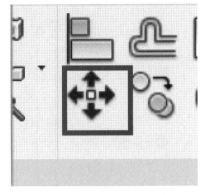

图 4-3-22　移动命令

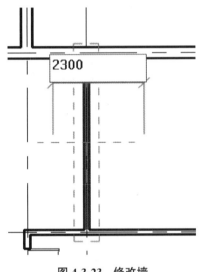

图 4-3-23　修改墙

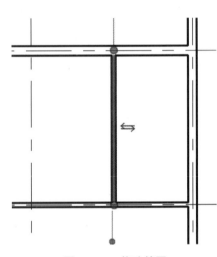

图 4-3-24　修改的图

点击快速访问栏中的【三维视图】指令，查看当前模型。进入三维模型，如图 4-3-25 所示。

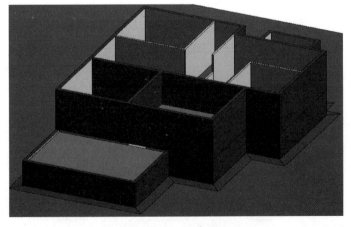

图 4-3-25　三维模型

4.4　创建窗

点击建筑选项卡中构建面板中【窗】指令，如图 4-4-1 所示。

点击属性面板中的编辑类型，复制创建窗 C1512，如图 4-4-2 所示。

修改高度为 1200，宽度为 1500，默认窗台高为 900，如图 4-4-3 所示。

点击插入选项卡中【载入族】。继续打开普通窗文件夹，选择"普通窗-百叶风口"并载入当前项目中创建 C2012，如图 4-4-4 所示。

创建窗

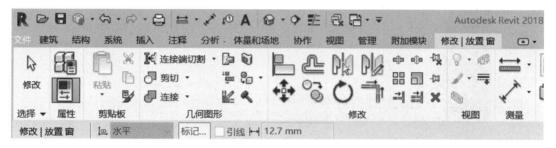

图 4-4-1　建筑选项卡

图 4-4-2　复制创建窗 C1512

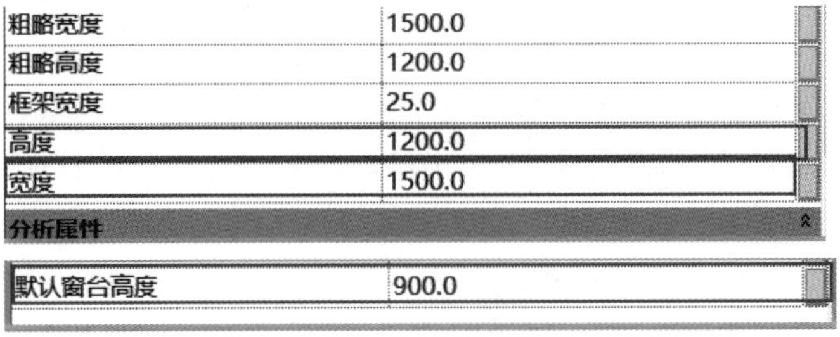

粗略宽度	1500.0
粗略高度	1200.0
框架宽度	25.0
高度	1200.0
宽度	1500.0
分析属性	
默认窗台高度	900.0

图 4-4-3　修改属性

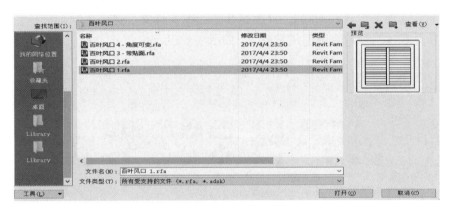

图 4-4-4　载入当前项目中

同上步骤来建立 C1215 上下拉窗 2-带贴面，C0912 双扇平开-带贴面窗。创建完成后进行放置，一层平面放置如图 4-4-5 所示。

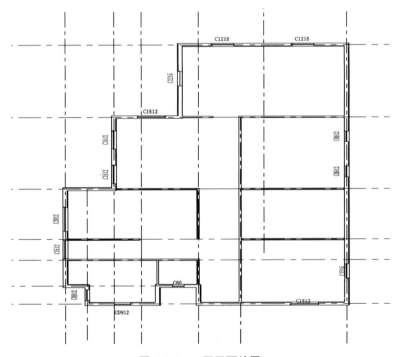

图 4-4-5　一层平面放置

二层窗的平面放置图如图 4-4-6 所示。

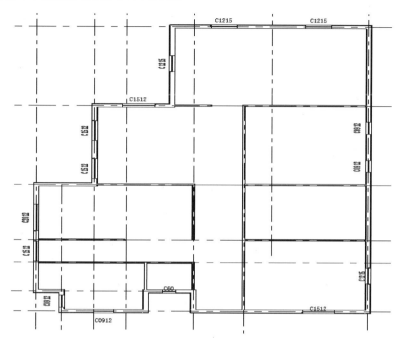

图 4-4-6　二层窗的平面放置图

4.5　创建门

Revit 中为大家准备了一些门的类型，可以载入项目中，或者通过族自行建立。这里选用已有的门类型载入项目中建立门 M1022。点击【建筑】→门→编辑类型载入，如图 4-5-1 所示。

单击【载入】弹出如图 4-5-2 所示对话框，选择【建筑】→门→普通门，根据要求选择相应的类型。

创建门

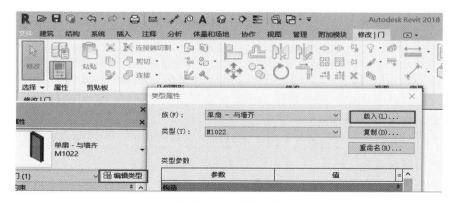

图 4-5-1　编辑类型载入

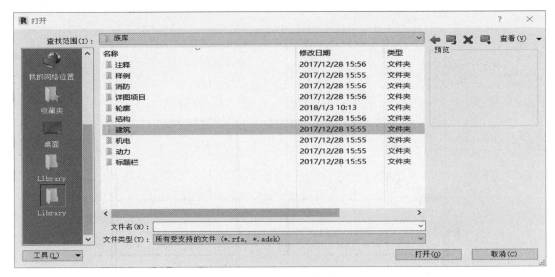

图 4-5-2　选择相应的类型

复制并相应命名，按照图纸要求修改门的高度（2200）和宽度（1000），如图 4-5-3 所示。

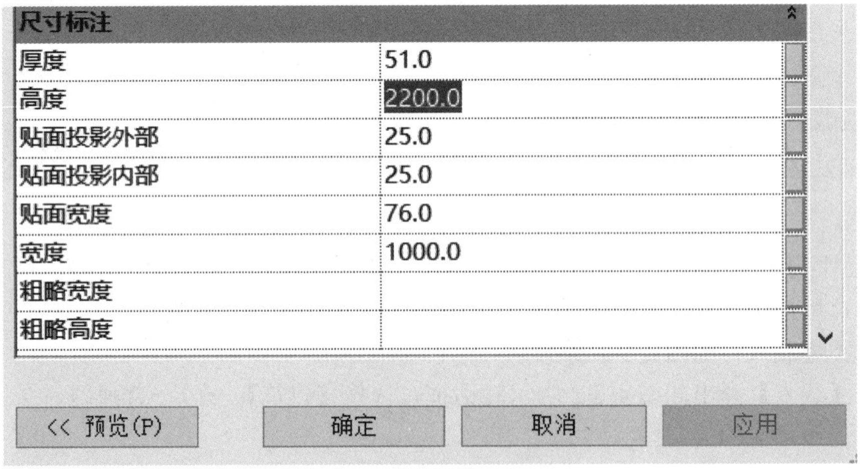

图 4-5-3　修改门的高度和宽度

同上步骤分别创建单嵌板木门 M0721【700×2100】、M3 滑升门【3000×2200】、M0921 单嵌板格栅门【900×2100】、M1024 双面嵌板木门【1800×2100】。

点击【确定】成功创建 M1022 后，开始放置门。按照图纸所示门的位置，单击门所在墙的位置，如图 4-5-4 所示。

1.我们可以调整墙和门的距离方向，相对放置的两组剪头，可控制门的朝向。或者点击门后，点击空格键。

2.数字显示的是当前门与墙面的距离，双击数字可修改距离。点住蓝点拖动可调整尺寸标注的位置。

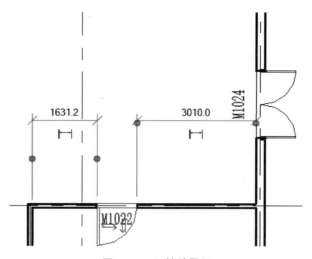

图 4-5-4 开始放置门

3.点击尺寸标注的图标，临时尺寸标注可改为永久尺寸标注，如图 4-5-5 所示。

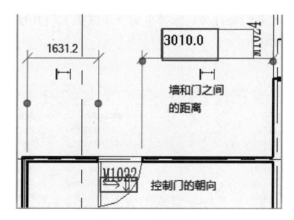

图 4-5-5 尺寸标注

放置完门 M1022 后，继续创建门 M0721。点击属性栏中的编辑类型进入【载入】，如图 4-5-6 所示。

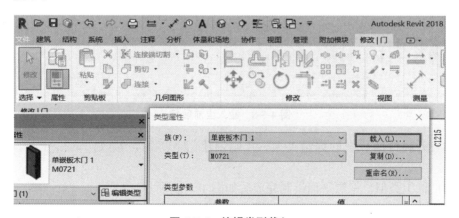

图 4-5-6 编辑类型载入

点击【载入】进入族库，点击【建筑】，如图 4-5-7 所示。

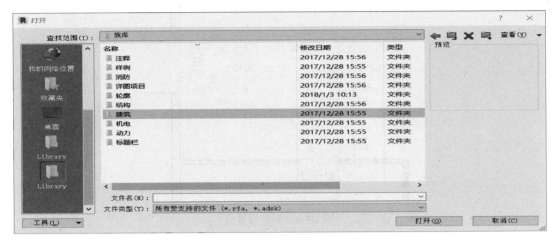

图 4-5-7　载入族库

打开门→普通门→平开门文件夹，选择单扇→单嵌板木门并且点击【打开】，载入当前项目中，如图 4-5-8 所示。

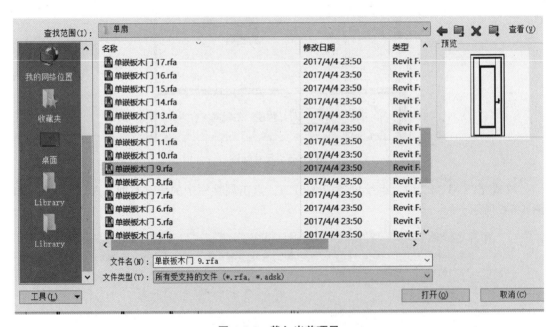

图 4-5-8　载入当前项目

然后打开属性面板中的编辑类型。复制创建门 M0721，修改门的尺寸，如图 4-5-9 所示。

其他门同上类似。一层平面绘制完成后如图 4-5-10 所示。

第二层建立门与之前做法相同，如图 4-5-11 所示，不再叙述。

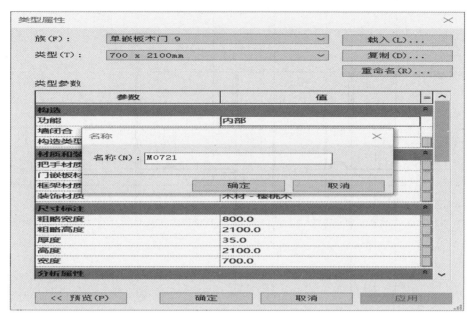

图 4-5-9　修改门的尺寸

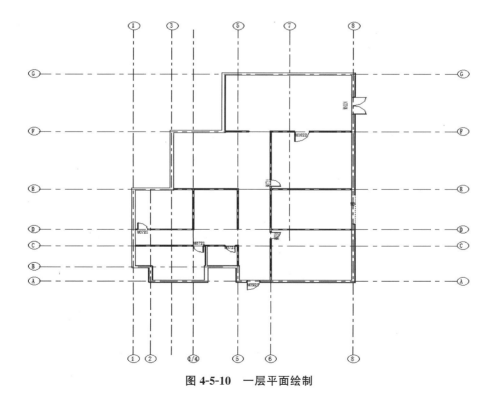

图 4-5-10　一层平面绘制

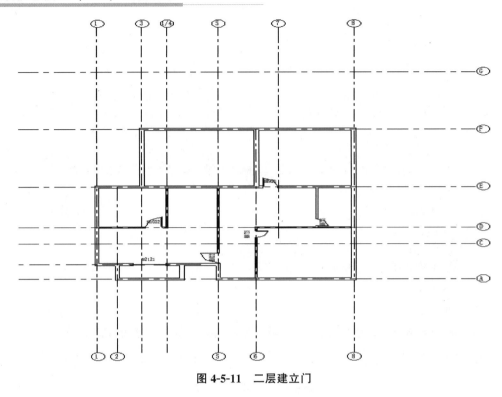

图 4-5-11　二层建立门

4.6　创建楼板

创建楼板

点击建筑选项卡中构建面板里的楼板指令，选择【建筑楼板】，如图 4-6-1 所示。

进入创建楼板的界面中，如图 4-6-2 所示。

点击属性面板中的编辑类型。复制当前的楼板，并重命名为"别墅楼板"，如图 4-6-3 所示。

图 4-6-1　楼板的创建

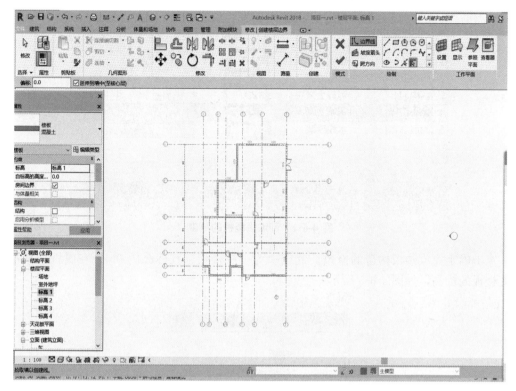

图 4-6-2　创建楼板的界面

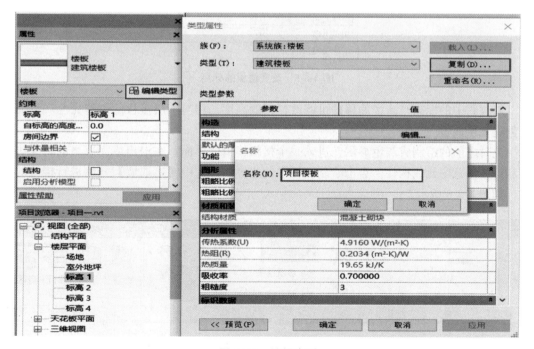

图 4-6-3　编辑类型

可编辑楼板的厚度为 150mm，材质为现场浇筑混凝土，如图 4-6-4 所示。

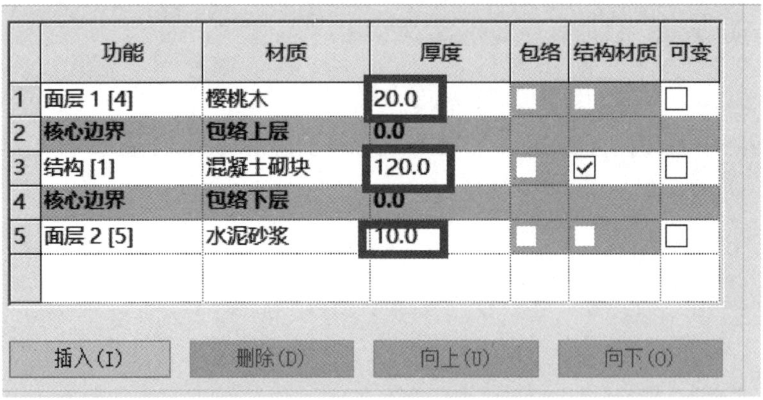

	功能	材质	厚度	包络	结构材质	可变
1	面层 1 [4]	樱桃木	20.0			
2	核心边界	包络上层	0.0			
3	结构 [1]	混凝土砌块	120.0			
4	核心边界	包络下层	0.0			
5	面层 2 [5]	水泥砂浆	10.0			

插入(I)
删除(D)
向上(U)
向下(O)

图 4-6-4　可编辑楼板的厚度

点击确定完成楼板构造的修改。此楼板为一层楼板，其标高为 0m。在属性面板中可改变楼板的标高，如图 4-6-5 所示。

属性
楼板
别墅楼板
楼板 (1)
编辑类型
限制条件
标高
标高 1
自标高的高度偏移
0.0
房间边界
与体量相关

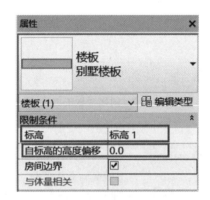

图 4-6-5　改变楼板的标高

修改图中的标高与高度偏移即可修改楼板的高度。用与一层楼板的创建完全一致的方法创建二层楼板。

此时之前的绘制成灰色显示，进入一个楼板编辑的界面，在退出或完成之前将无法选中和修改任意图元或构件。点击绘制面板中的边界线并选中【拾取墙】开始进行楼板的创建，如图 4-6-6 所示。

修改 | 创建楼层边界
边界线
坡度箭头
跨方向
设置
显示
参照平面
查看器
视图
测量
创建
模式
绘制
工作平面

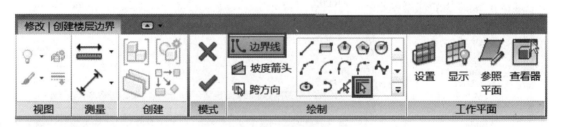

图 4-6-6　楼板的创建

提示：在边界线中有很多种创建楼板边界线的指令，可以选择【拾取墙】，选中墙体内侧进行创建，也可选择【直线】沿着外墙内侧作图。选择外墙内侧并点击生成楼板边缘，如图 4-6-7 所示。

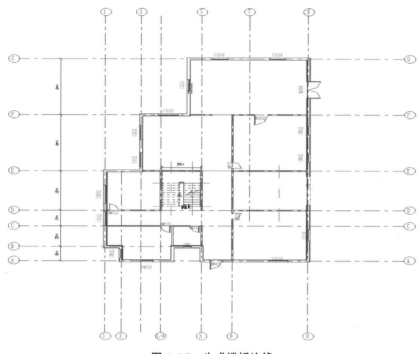

图 4-6-7 生成楼板边缘

我们可以控制边界线在内墙和外墙，如图 4-6-8 红框中的箭头所示。

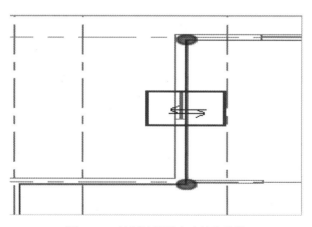

图 4-6-8 控制边界线在内墙和外墙

出现线没画在墙上的时候（图 4-6-9）我们可以用修剪的命令，如图 4-6-10 所示。

点击模式面板中的完成，即创建楼板，如图 4-6-11 所示。

标高 2 楼板建立如上述操作过程，不再叙述，标高 2 建立楼板如图 4-6-12 所示。

在平面楼层中观察楼板不明显，进入三维视图查看创建的楼板。如图 4-6-13 所示。

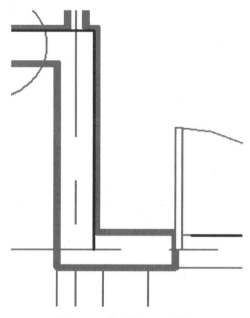

图 4-6-9　出现线没画在墙上

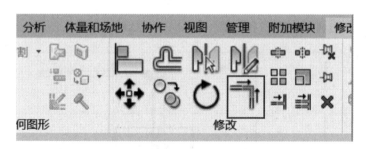

图 4-6-10　修剪的命令

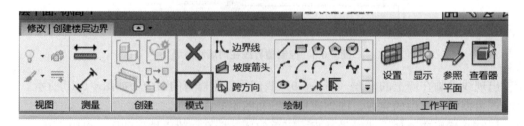

图 4-6-11　创建楼板

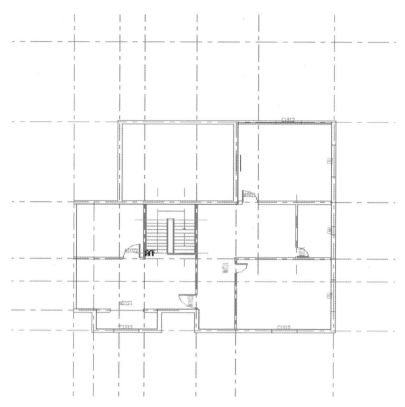

图 4-6-12　标高 2 建立楼板

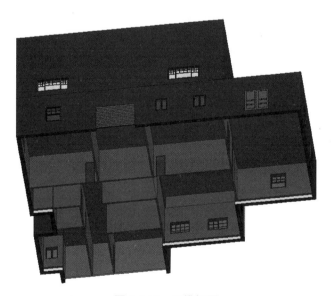

图 4-6-13　三维视图

4.7 房间进行命名

我们进入建筑选项卡里，单击【房间分割】，如图 4-7-1 所示。

将未连接位置用建筑选项卡中房间【分割】命令进行连接，如图 4-7-2 所示。

点击建筑选项卡中【房间】命令，如图 4-7-3 所示。

图 4-7-1　建筑选项卡

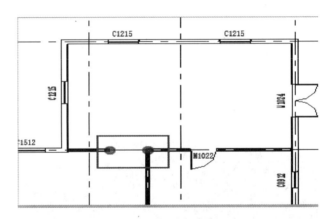

图 4-7-2　分割命令

图 4-7-3　建筑选项卡

然后在标高 1 中放置房间，如图 4-7-4 所示。

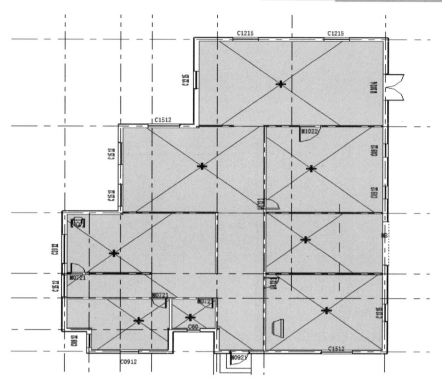

图 4-7-4　放置

如图 4-7-5 所示编辑房间名称。

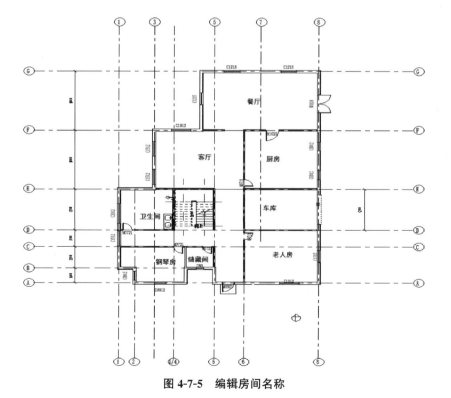

图 4-7-5　编辑房间名称

进入标高 2 继续用房间命令建立房间，如图 4-7-6 所示。

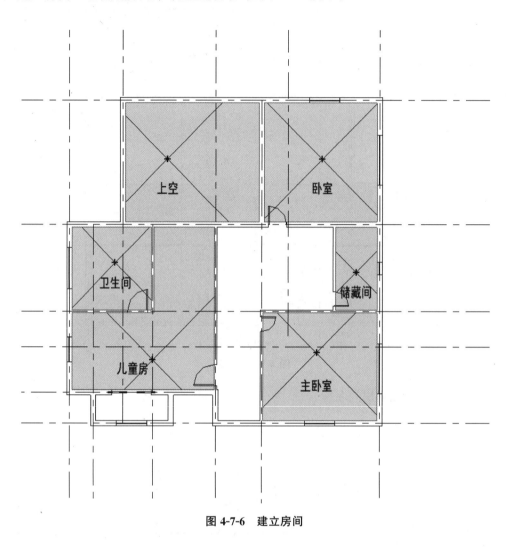

图 4-7-6　建立房间

4.8　创建屋顶

创建屋
顶(1)

创建屋
顶(2)

在建筑选项卡构建面板中点击【屋顶】并选择迹线屋顶，如图 4-8-1 所示。

点击属性中的【编辑类型】，点击【类型属性】复制平屋顶，如图 4-8-2 所示。

点击类型参数中的【编辑】进入修改参数，如图 4-8-3 所示。

设置悬挑为 400，选择边界线当中的拾取墙，如图 4-8-4 所示。

绘制平屋顶如图 4-8-5 所示。

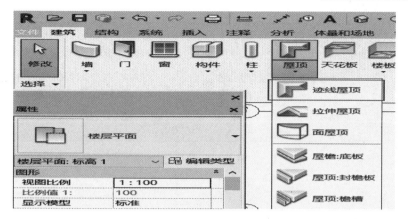

图 4-8-1　选择迹线屋顶

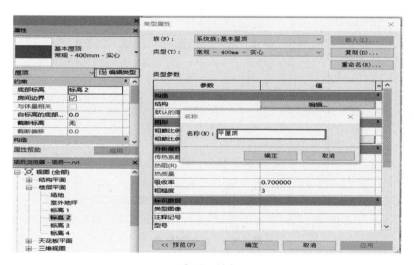

图 4-8-2　类型属性复制平屋顶

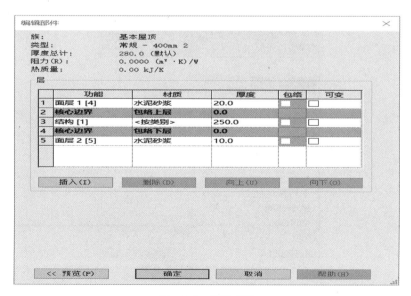

图 4-8-3　修改参数

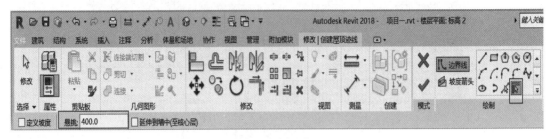

图 4-8-4　拾取墙

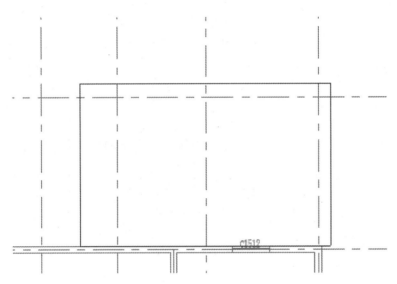

图 4-8-5　绘制平屋顶

绘制第二个平屋顶前，我们先修改属性中的底部标高为标高 3，如图 4-8-6 所示。

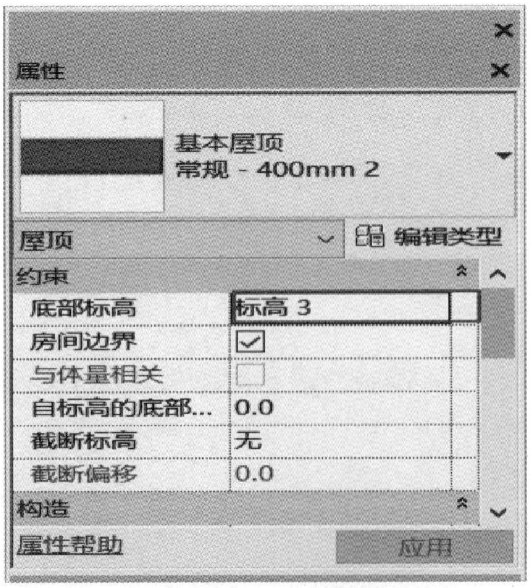

图 4-8-6　修改属性

接下来绘制第二个平屋顶，如图 4-8-7 所示。

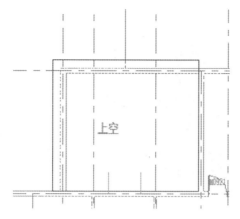

图 4-8-7　绘制第二个平屋顶

回到三维视图，两个平屋顶如图 4-8-8 所示。

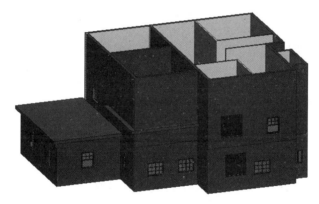

图 4-8-8　三维视图

我们发现此时墙在平屋顶上，解决方法是将平屋顶周围的墙全选中后单击【附着顶部/底部】，点击位于墙下的平屋顶，就可以使多余墙体消失，如图 4-8-9 所示。

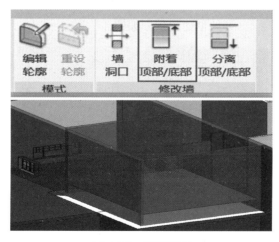

图 4-8-9　附着底部

完成后如图 4-8-10 所示。

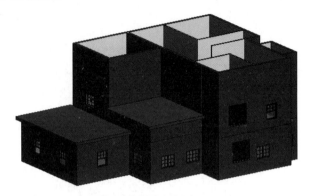

图 4-8-10　成图

建立坡屋顶的过程同上，不再详述。复制坡屋顶如图 4-8-11 所示。

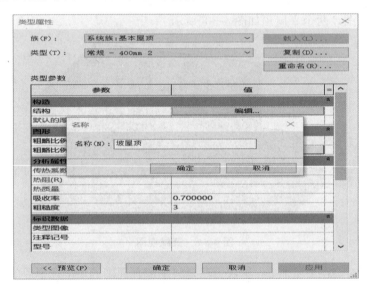

图 4-8-11　复制坡屋顶

接下来我们回到标高 4，开始创建屋顶，如图 4-8-12 所示。

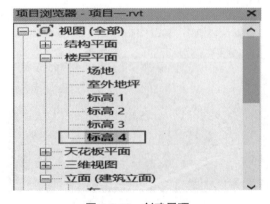

图 4-8-12　创建屋顶

选用边界线中的直线绘制屋顶，如图 4-8-13 所示。

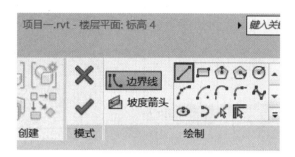

图 4-8-13　边界线绘制屋顶

绘制完成的二层小别墅的屋顶如图 4-8-14 所示。

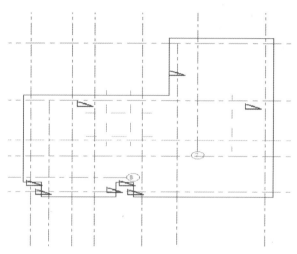

图 4-8-14　二层小别墅的屋顶

如图 4-8-15 所示定义坡度，修改完如图 4-8-16 所示。

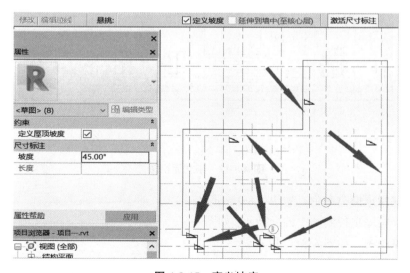

图 4-8-15　定义坡度

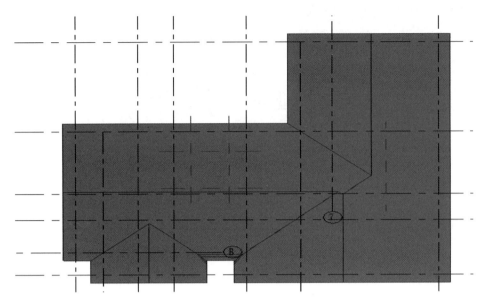

图 4-8-16　改后的图

回到东立面视图查看我们建立的屋顶，如图 4-8-17 所示。

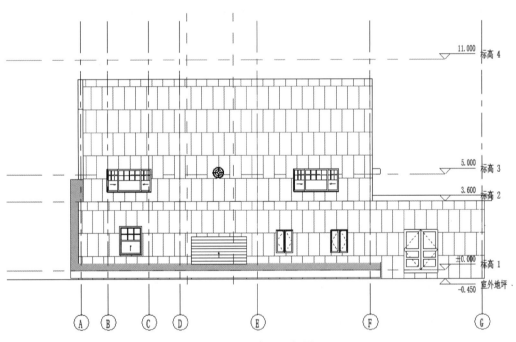

图 4-8-17　东立面视图

点击上述屋顶修改命令，如图 4-8-18 所示。

点击命令将屋顶拉到图中的标高 4，如图 4-8-19 所示。

回到三维视图，如图 4-8-20 所示。

重复上步骤将两层墙都选上，点击【附着顶部/底部】，如图 4-8-21 所示。

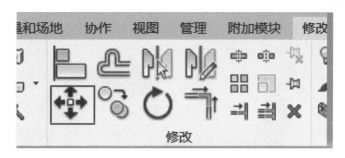

图 4-8-18 屋顶修改命令

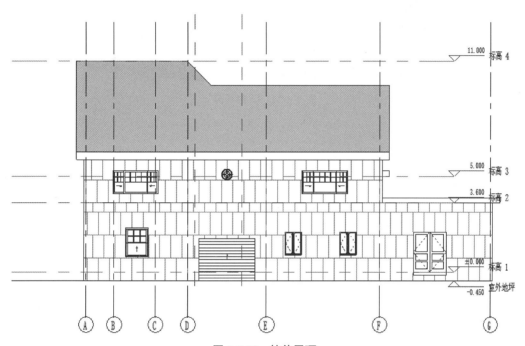

图 4-8-19 拉伸屋顶

图 4-8-20 三维视图

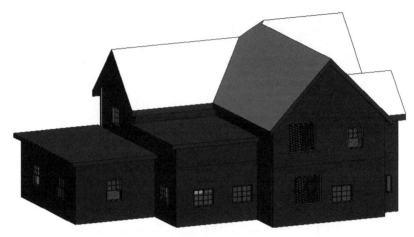

图 4-8-21　附着顶部

4.9　创建楼梯、洞口

4.9.1　楼梯

创建楼梯、
洞口（1）

创建楼梯、
洞口（2）

创建楼梯、
洞口（3）

点击建筑选项卡中楼梯坡道面板中的楼梯，选择【楼梯】，如图 4-9-1 所示。

进入楼梯编辑模式。与楼板编辑相似的是，楼梯编辑的界面中，其他图元与构件既不能选中也不能修改，如图 4-9-2 所示。

图 4-9-1　选择楼梯

首先修改楼梯的属性。在属性面板中将楼梯的类型改为"整体浇筑楼梯"。如图 4-9-3 所示。

点击属性面板中的编辑类型，修改最小踏板深度为 250mm，最大踢面高度为 160mm，如图 4-9-4 所示。

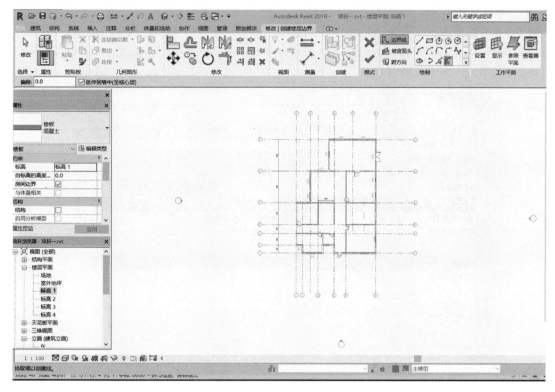

图 4-9-2　楼梯编辑的界面

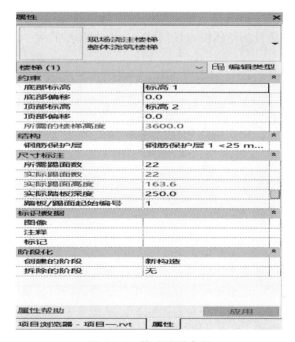

图 4-9-3　修改楼梯类型

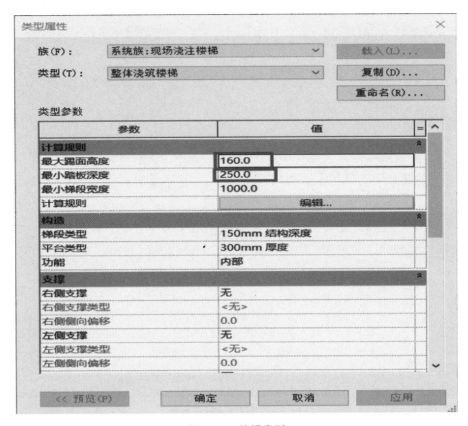

图 4-9-4　编辑类型

点击【确定】后开始绘制楼梯。在平面面板中选择【参照平面】，做几条绘制楼梯的辅助线。参照平面对于项目的整体没有任何显示，只是参照的线。如图 4-9-5 所示。

图 4-9-5　参照平面

在楼梯间内部绘制两条水平的线段，然后继续绘制两条垂直的线段，如图 4-9-6 所示。

选择上面的水平线段，进行距离的修改。单击这条参照线会显示临时尺寸标注，点击临时尺寸标注可更改范围，双击数字可修改距离，如图 4-9-7 所示。

然后点击选择【梯段】，选择"直线"命令，开始绘制楼梯。旁边会有灰色的字提醒已经画了几级台阶，如图 4-9-8 所示。

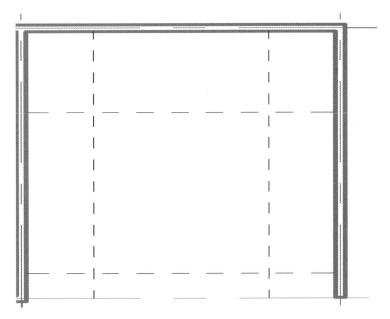

图 4-9-6　绘制参照平面

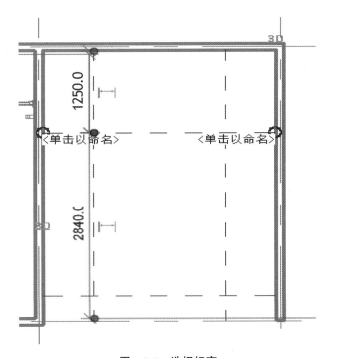

图 4-9-7　选择标高

创建 10 个台阶后，在上方也创建 10 个台阶。并且楼梯方向是连续的，不是重新从另一个交点出发，如图 4-9-9 所示。

绘制完的楼梯如图 4-9-10 所示。

接下来我们开始修改栏杆扶手。第一步，删除外部栏杆扶手，如图 4-9-11 所示。

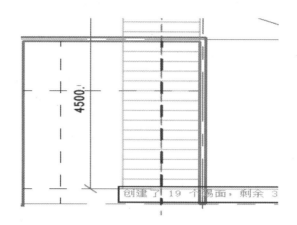

图 4-9-8　绘制楼梯

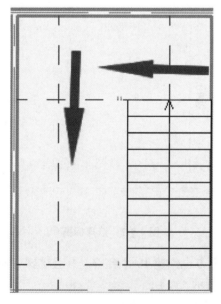

图 4-9-9　创建方向

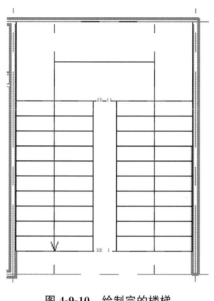

图 4-9-10 绘制完的楼梯

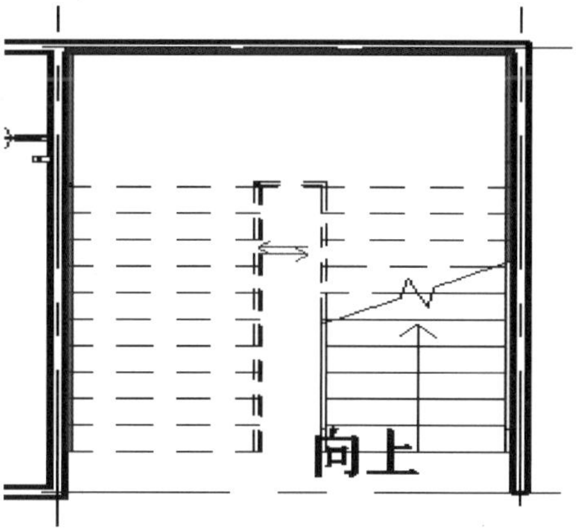

图 4-9-11 修改栏杆扶手

第二步，增加内部栏杆扶手，高度 60mm。因为原来墙到参照平面距离是 1260mm，而栏杆高度增加 60mm，所以墙到参照平面距离变为 1200mm，如图 4-9-12 所示。

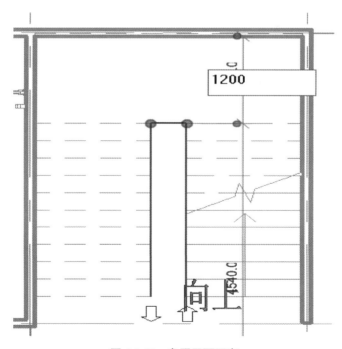

图 4-9-12 参照平面距离

第三步，点击标高 2 进入，点击【内部扶手】→【编辑路径】，如图 4-9-13 所示。

第四步，绘制栏杆向下延长 60mm，再次连接墙体如图 4-9-14 所示。

图 4-9-13　编辑路径

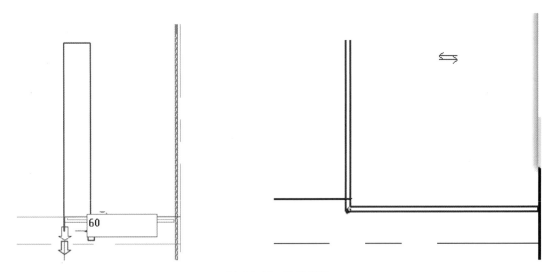

图 4-9-14　绘制栏杆

4.9.2　洞口

点击建筑选项卡洞口面板的"【竖井】"指令开始创建洞口，如图 4-9-15 所示。

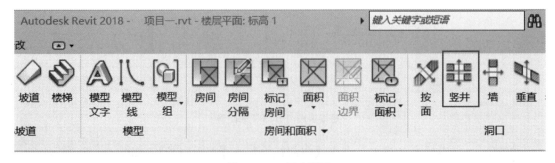

图 4-9-15　创建洞口

进入创建竖井显示界面中，点击绘制面板中边界线的【直线】命令在楼梯的周围绘制矩形，如图 4-9-16 所示。

然后修改属性面板中竖井的限制条件。将底部偏移改为 0，将顶部约束改为标高 2，如图 4-9-17 所示。

图 4-9-16 周围绘制矩形

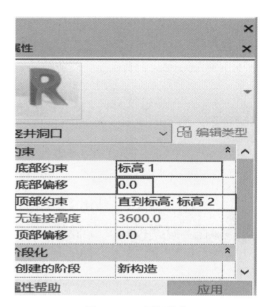

图 4-9-17 顶部约束

点击模式面板中的【完成】，洞口创建成功。在三维模式下查看，如图 4-9-18 所示。

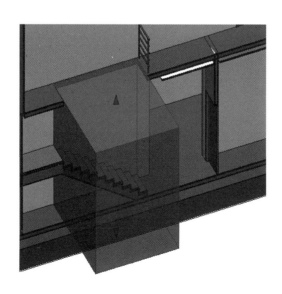

图 4-9-18 三维模式

4.10 创建台阶

首先我们在建筑选项卡中选择楼板命令，如图 4-10-1 所示。

图 4-10-1 选择楼板命令

点击【楼板】命令，选择【楼板；建筑】进入如图 4-10-2 所示界面。

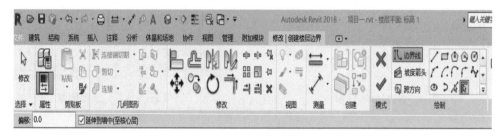

图 4-10-2 进入界面

在属性中点击【编辑类型】，然后在类型属性中点击【复制】，修改名称为室外楼板，如图 4-10-3 所示。

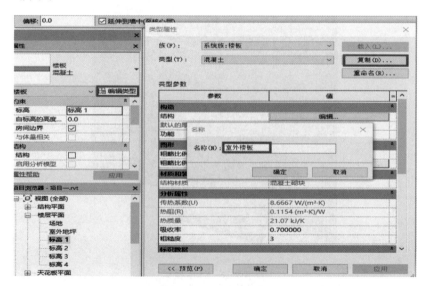

图 4-10-3 修改名称

单击【边界线】选择直线开始绘制，如图 4-10-4 所示。

图 4-10-4　绘　制

绘制完成，宽度 1000mm，长度 1200mm，如图 4-10-5 所示。

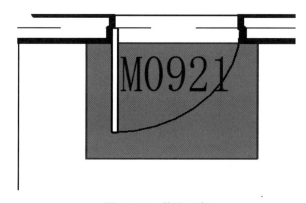

图 4-10-5　修改距离

接下来我们创建一个轮廓族。点击文件选择新建，点击族进入界面，选择公制轮廓如图 4-10-6 所示。

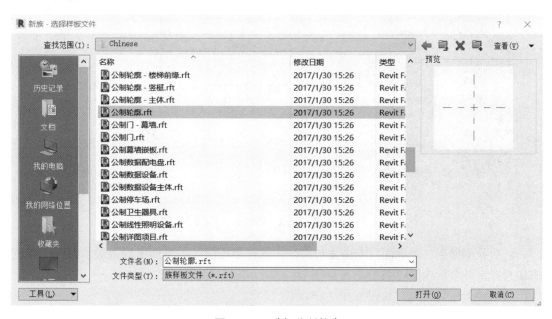

图 4-10-6　选择公制轮廓

点击直线绘制，长 300，高 150，如图 4-10-7 所示。

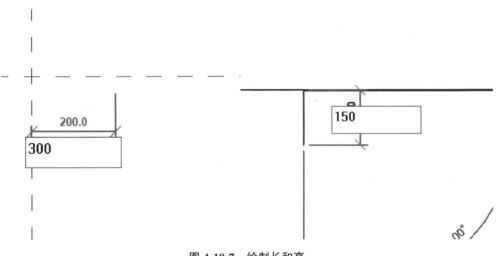

图 4-10-7　绘制长和高

点击另存为，如图 4-10-8 所示。

图 4-10-8　另存为

然后我们回到三维平面，点击楼板命令，选择楼板边，在属性中点击编辑类型，在轮廓中选择室外台阶轮廓，如图 4-10-9 所示。

点击楼板建立完成，如图 4-10-10 所示。

绘制东立面室外台阶的方法同上，不再详述。完成后如图 4-10-11 所示。

图 4-10-9　室外台阶轮廓

图 4-10-10　点击楼板建立

图 4-10-11　绘制东立面的室外台阶

4.11 创建散水

点击文件，新建一个族，打开公制轮廓界面，选择直线命令，如图 4-11-1 所示。

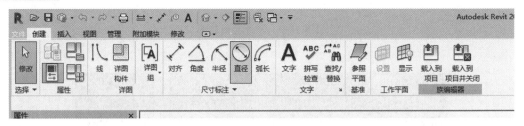

图 4-11-1　选择直线

绘制散水，高度 100mm，长度 800mm，如图 4-11-2 所示。

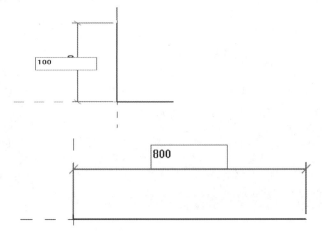

图 4-11-2　绘制散水高度（一）

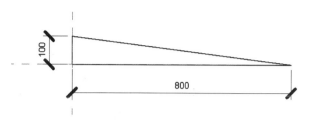

图 4-11-2 绘制散水高度（二）

保存命名为散水。在三维视图中，选择墙饰条，并复制创建室外散水，如图 4-11-3 所示。

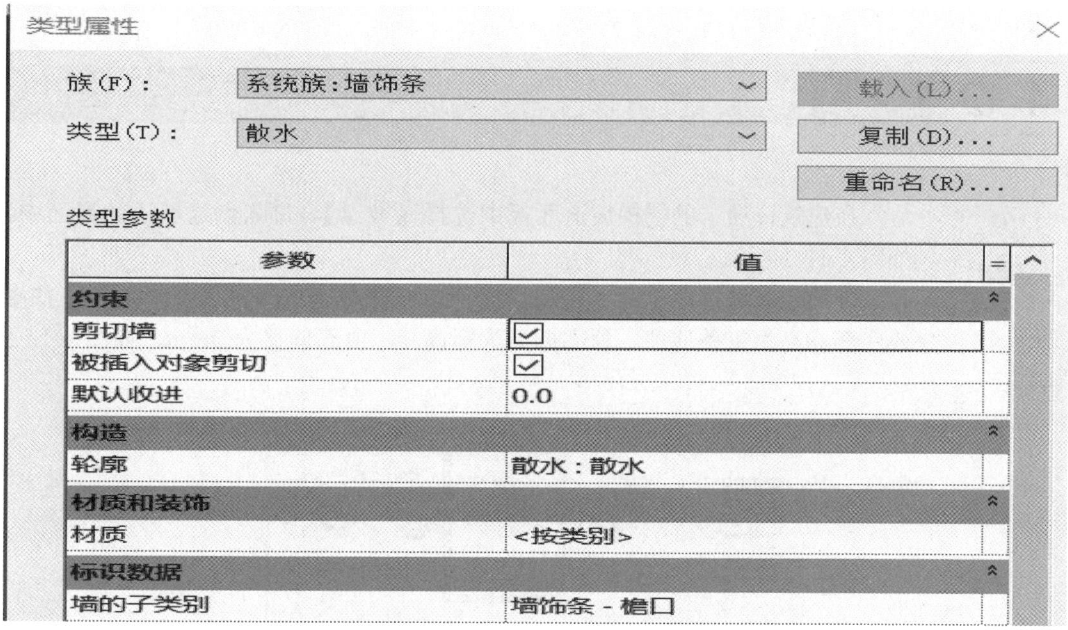

图 4-11-3 复制创建室外散水

点击墙体边缘即放置散水，如图 4-11-4 所示。

图 4-11-4 放置散水

室外散水创建完成后如图 4-11-5 所示。

297

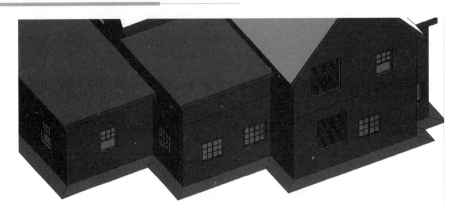

图 4-11-5　创建完成情况

4.12 创建坡道

在建筑选项卡的楼梯坡道面板中选择【坡道】，进入创建坡道的界面中，如图 4-12-1 所示。

开始绘制坡道的轮廓。在属性面板中修改坡道的宽度为 1600mm，并修改底部标高为室外地坪，顶部标高为标高 1，顶部偏移为 0mm，如图 4-12-2 所示。

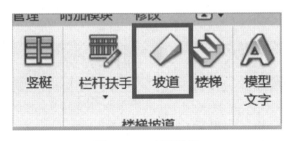

图 4-12-1　创建坡道

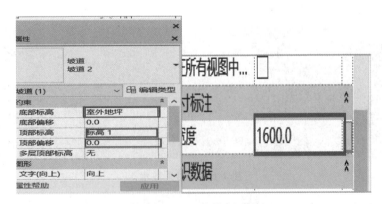

图 4-12-2　修改底部偏移

点击属性中的【编辑类型】将造型改为实体，功能改为内部，如图 4-12-3 所示。

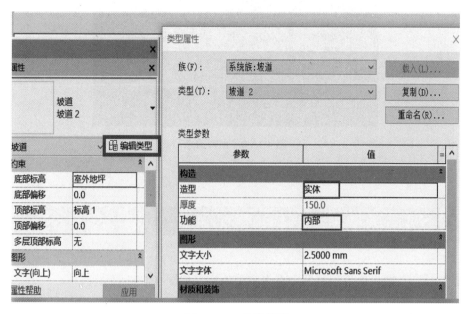

图 4-12-3　编辑类型

接下来绘制参照面如图 4-12-4 所示。

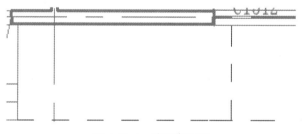

图 4-12-4　绘制参照面

绘制坡道轮廓，如图 4-12-5 所示。

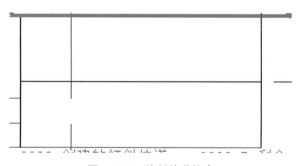

图 4-12-5　绘制坡道轮廓

点击完成，创建坡道，如图 4-12-6 所示。

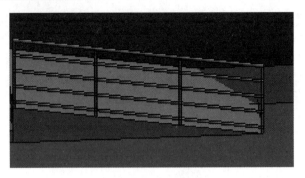

图 4-12-6　创建坡道

4.13　创建场地

进入项目浏览器中点击室外地坪，如图 4-13-1 所示。

点击体量和场地选项卡，选择【地形表面】命令，如图 4-13-2 所示。

点击【参照平面】进行绘制，如图 4-13-3 所示。

点击参照平面开始绘图，如图 4-13-4 所示。

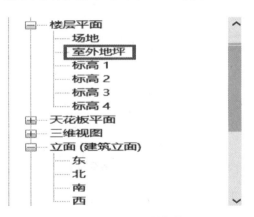

图 4-13-1　项目浏览器

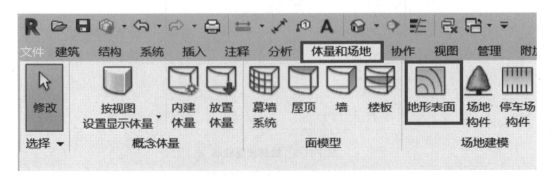

图 4-13-2　体量和场地选项卡

图 4-13-3 绘制参照平面

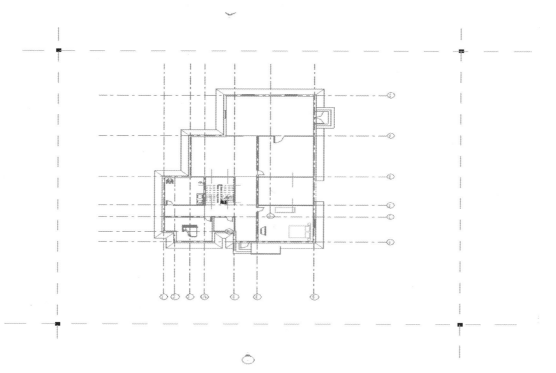

图 4-13-4 参照平面绘图

回到【修改│编辑表面】中点击【放置点】命令，如图 4-13-5 所示。

图 4-13-5 放置点命令

接下来我们把高程改为－450，如图 4-13-6 所示。

图 4-13-6　修改高程

点击放置点，再点击参照平面 4 个连接处，如图 4-13-7 所示。

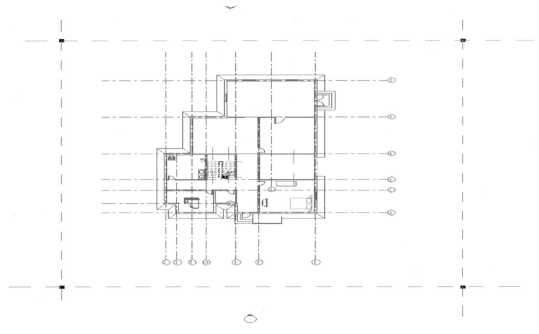

图 4-13-7　放置点参照平面

修改场地的材质，点击材质中的〈按类别〉，如图 4-13-8 所示。

图 4-13-8　按类别修改场地的材质

进入界面，在搜索中输入"草"，然后在【着色】中勾选"使用渲染外观"，如图 4-13-9 所示。

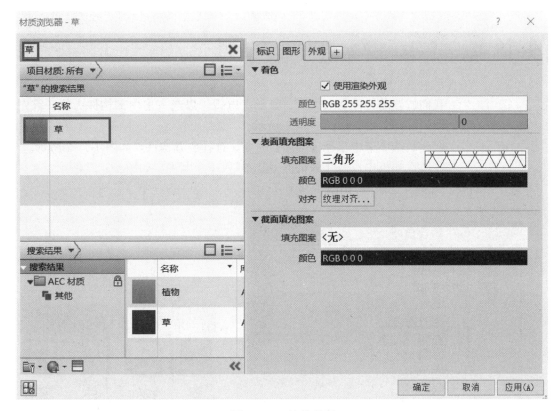

图 4-13-9　渲染外观

建立好的场地如图 4-13-10 所示。

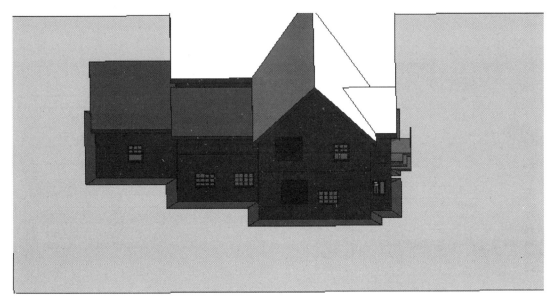

图 4-13-10　三维视图

4.14　放置构件

放置构件

我们放置的构件有双人床、家具、电视。以老人房内部构件为例，首先我们回到标高 1 处，如图 4-14-1 所示。

在建筑选项卡中选择【构件】命令，选择放置构件，如图 4-14-2 所示。

在属性样板中点击【编辑类型】，载入一个电视，如图 4-14-3 所示。

进入界面我们选择"建筑"，如图 4-14-4 所示。

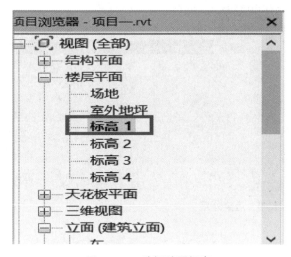

图 4-14-1　选择放置标高

图 4-14-2

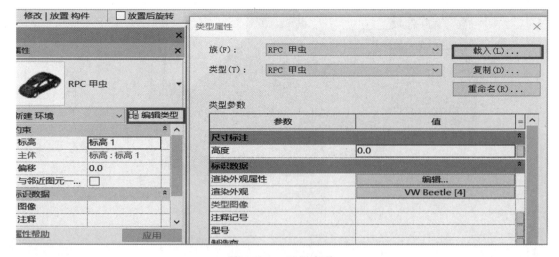

图 4-14-3　编辑类型

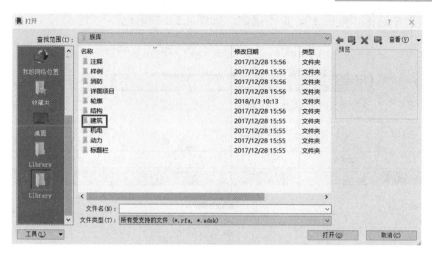

图 4-14-4　选择建筑

之后点击"专用设备",如图 4-14-5 所示。

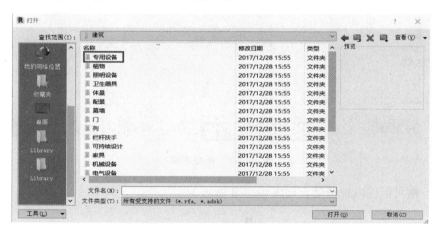

图 4-14-5　专用设备

点击"家用电器",选择"电视 1.rfa",如图 4-14-6 所示。

图 4-14-6　家用电器

在【族】中选择"电视1"，点击确定，如图 4-14-7 所示。

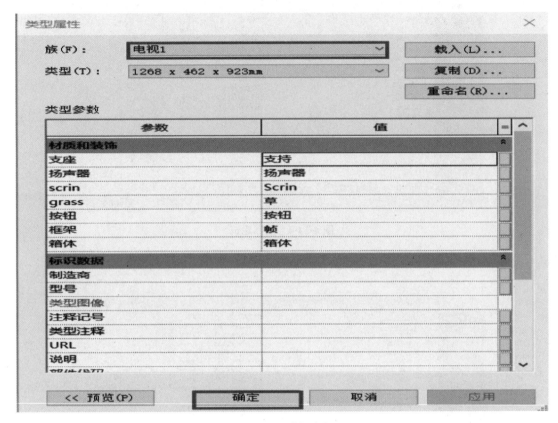

图 4-14-7　选择电视

点击空格可以使电视转动，如图 4-14-8 所示。

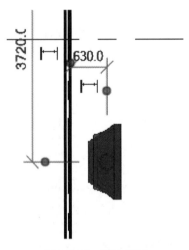

图 4-14-8　转动视图

接下来载入双人床，重复之前的操作，点击"双人床带床头柜.rfa"，如图 4-14-9 所示。

图 4-14-9　载入双人床

重复之前的操作载入装饰柜，点击"装饰柜.rfa"，如图 4-14-10 所示。

图 4-14-10　载入装饰柜

完成老人房绘制，电视、双人床、装饰柜如图 4-14-11 所示。

二层小别墅全部绘制完成，如图 4-14-12 所示。

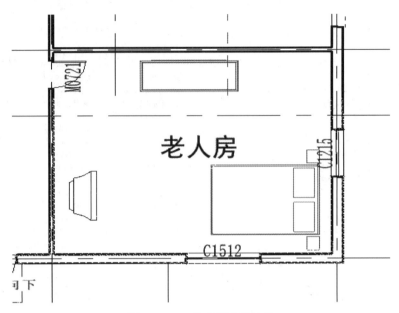

图 4-14-11　老人房绘制完成

图 4-14-12　绘制完成二层小别墅

4.15　练习题

4.15.1　学习目标

1.掌握 BIM 建模软件的基本概念和基本操作（建模环境设置、项目设置、坐标系定义、标高及轴网绘制、命令与数据的输入等）。

2.掌握样板文件的创建（参数、族、视图、渲染场景、导入\导出以及打印设置等）。

3.掌握 BIM 参数化建模过程及基本方法：基本模型元素的定义和创建基本模型元素及其类型。

4.掌握 BIM 参数化建模方法及操作：包括基本建筑形体，墙体、门窗、楼梯、楼板、屋顶、台阶等基本建筑构件。

5.掌握 BIM 实体编辑及操作：包括移动、复制、旋转、阵列、镜像、删除及分组等。

6.掌握模型的族实例编辑：包括修改族类型的参数、属性，添加族实例属性等。

7.掌握创建 BIM 属性明细表及操作：从模型属性中提取相关信息，以表格的形式进行显示，包括门窗、构件及材料统计表等。

8.掌握创建设计图纸及操作：包括定义图纸边界、图框、标题栏、会签栏。

4.15.2　任务情境（任务描述）

1.以小别墅公共建筑为例创建建模模型。

2.设置建模环境，项目设置、坐标系定义、创建标高及轴网。

3.创建墙体、柱、门窗、楼梯、楼板、台阶、屋顶等基本建筑构件。

4.创建模型中所需的族类型参数、属性，添加族实例属性等。

5.创建 BIM 属性明细表，包括门窗、构件及材料统计表等。

6.创建设计图纸，定义图纸边界、图框、标题栏、会签栏。

4.15.3　任务分析

1.熟悉系统设置、新建 BIM 文件及 BIM 建模环境设置。

2.熟悉建筑族的制作流程和技能。

3.熟悉建筑方案设计 BIM 建模，包括建筑方案造型的参数化建模和 BIM 属性定义及编辑。

4.熟悉建筑方案设计的表现，包括模型材质及纹理处理、建筑场景设置、建筑场景渲染、建筑场景漫游。

5.熟悉建筑施工图绘制与创建。

6.熟悉模型文件管理与数据转换技能。

4.15.4　任务实施

1.根据以下要求和给出的图纸（图 4-15-1～图 4-15-10），创建模型并将结果输出。新建名为"小别墅"的文件夹，并将结果文件保存在该文件夹。

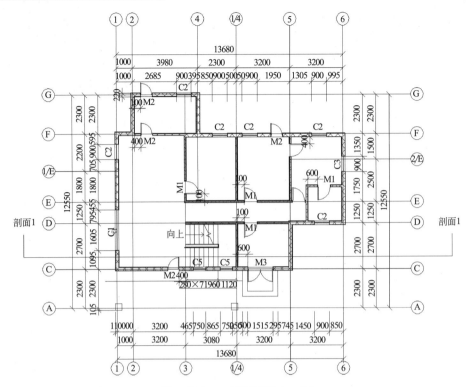

图 4-15-1　一层平面图 1：100

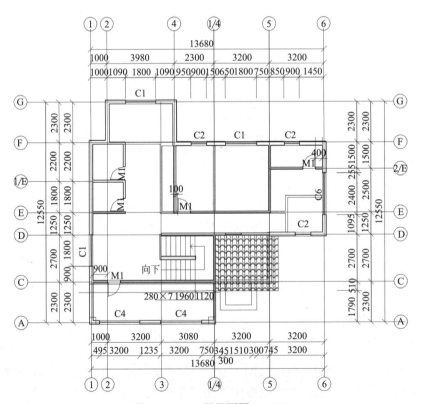

图 4-15-2　二层平面图 1：100

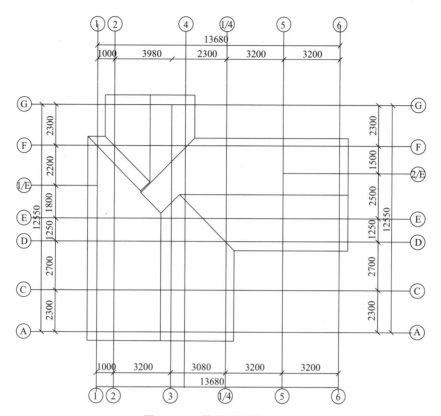

图 4-15-3　屋顶平面图 1：100

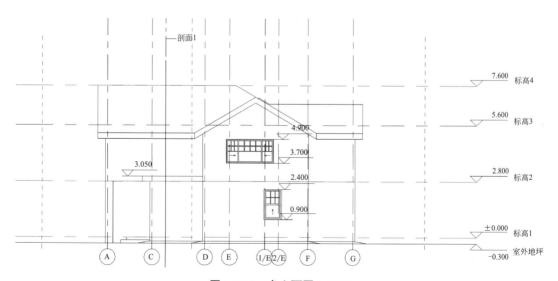

图 4-15-4　东立面图 1：100

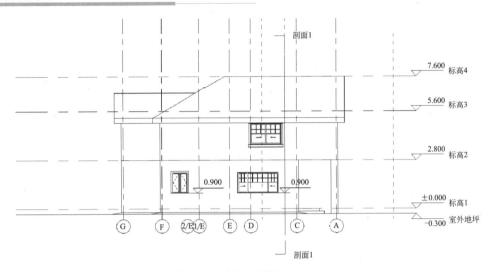

图 4-15-5　西立面图 1∶100

图 4-15-6　南立面图 1∶100

图 4-15-7　北立面图 1∶100

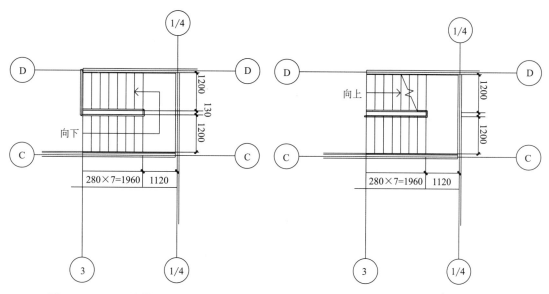

图 4-15-8　一层楼梯平面图 1∶50　　　　图 4-15-9　二层楼梯平面图 1∶50

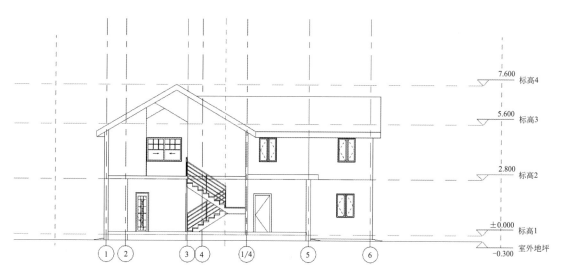

图 4-15-10　楼梯剖面图 1∶100

（1）BIM 建模环境设置

设置项目信息：①项目发布日期：2018 年 1 月 1 日；2018001-1

（2）BIM 参数化建模

1）根据给出的图纸创建标高、轴网、建筑形体，包括：墙、门窗、屋顶、楼梯、洞口、台阶。其中，要求门窗尺寸、位置、标记名称正确。未标明尺寸与样式不作要求。

2）主要建筑构件参数要求见表 4-15-1～表 4-15-3。

（3）创建图纸

1）创建门窗表，要求包含类型标记、宽度、高度、底高度、合计，并计算总数。

2）建立 A3 或 A4 尺寸图纸，创建"2-2 剖面图"，样式要求（尺寸标注；试图比例：

1∶200；图纸命名：2-2剖面图；轴头显示样式；在底部显示）。

主要建筑构件表   表 4-15-1

内墙	10 厚涂料	外墙	20 厚涂料	屋顶	20 厚瓦片	楼板	20 厚樱桃木
	200 厚混凝土		220 厚混凝土		混凝土 250		混凝土砌块
	10 厚内墙面层		20 厚涂料		水泥砂浆 10		水泥砂浆

窗明细表   表 4-15-2

类型标记	宽度	高度
C1215	1200	1500
C1512	1500	1700
C0921	900	1200

门明细表   表 4-15-3

类型标记	宽度	高度
M0721	700	2100
M3	3000	2200
M0921	900	2100
M1024	1800	2100
M1022	1000	2200

4.15.5　任务总结

1. 培养学生熟练掌握系统设置、新建 BIM 文件及 BIM 建模环境设置操作。
2. 培养学生熟练掌握 BIM 参数化建模的方法。
3. 培养学生熟练掌握族的创建与属性的添加。
4. 培养学生熟练掌握 BIM 属性定义与编辑的操作。
5. 培养学生熟练掌握创建图纸与模型文件管理的能力。

▶▶ 教学单元 5 办公楼

5.1 创建标高

选择【建筑】选项卡中【基准】面板的【标高】指令，任意打开一个立面图，根据图纸进行标高的绘制，在绘制标高的同时修改标高的属性，如图 5-1-1 所示。

创建标高

图 5-1-1 修改标高的属性

5.2 创建轴网

打开楼层平面标高 1，点击选项卡中的【轴网】命令进行轴网的绘制，如图 5-2-1 所示。

创建轴网

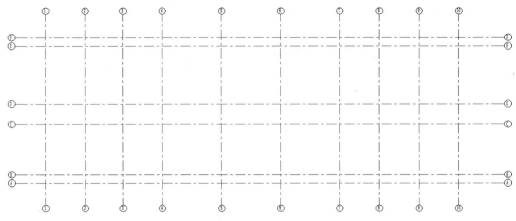

图 5-2-1　轴网的绘制

5.3　外墙的创建及绘制

外墙的创建及绘制

　　选择【建筑】选项卡【构建】面板中的【墙】指令。点击【属性】面板中的【编辑类型】选项后，进行外墙的创建。首先复制创建"办公楼外墙"，如图 5-3-1 所示。

　　编辑墙的结构，如图 5-3-2 所示。

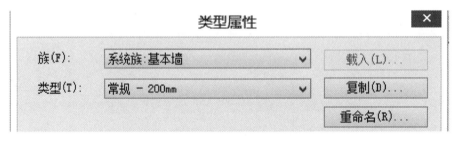

图 5-3-1　外墙的创建

　　如果材质浏览器中没有所需的材料，可点击【材质库】选择所需的材料。第一步，先创建一个材料，如图 5-3-3 所示。

　　创建新材质后修改名称为所需要的材料名称，如图 5-3-4 所示。

　　打开位于下方的【材质库】，替换所需材料，如图 5-3-5 所示。

　　出现材质库，根据需要材料的分类或搜索材料名称，找到材料，如图 5-3-6 所示。

　　找到材料后，点击后面的【替换】，将材料的属性添加到刚刚复制创建的材料中，如图 5-3-7 所示。

　　关闭材质库，查看新建的材料属性，如图 5-3-8 所示。

　　如果想让模型的外观更加真实，可以勾选【使用渲染外观】，如图 5-3-9 所示。

　　根据这一步对于材质的创建，创建外墙的所有材质，如图 5-3-10 所示。

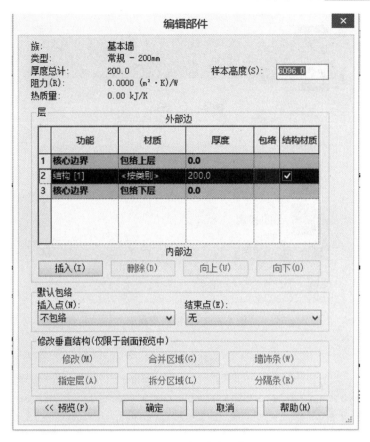

图 5-3-2 编辑墙的结构

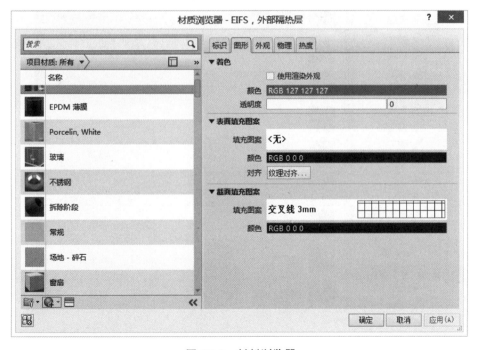

图 5-3-3 材料浏览器

图 5-3-4　材料

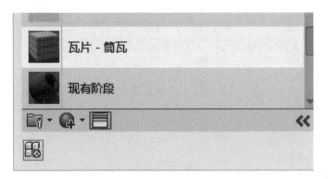

图 5-3-5　替换所需材料

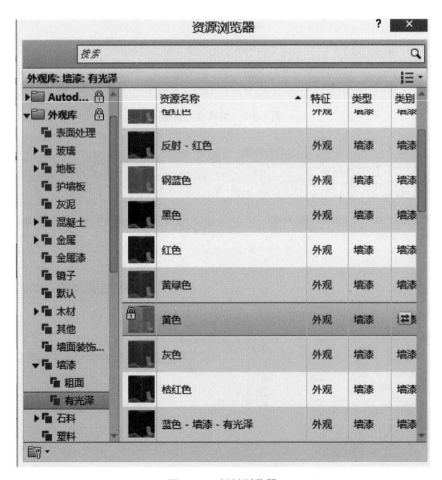

图 5-3-6　材料浏览器

图 5-3-7　材料

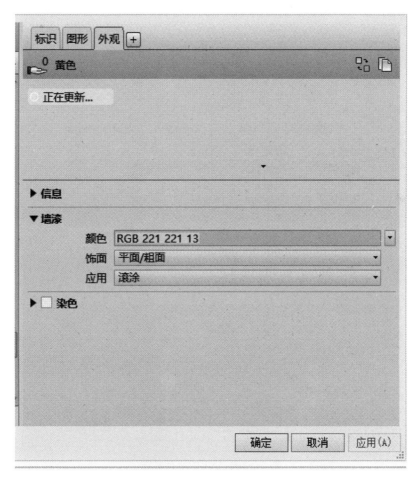

图 5-3-8　新建的材料属性

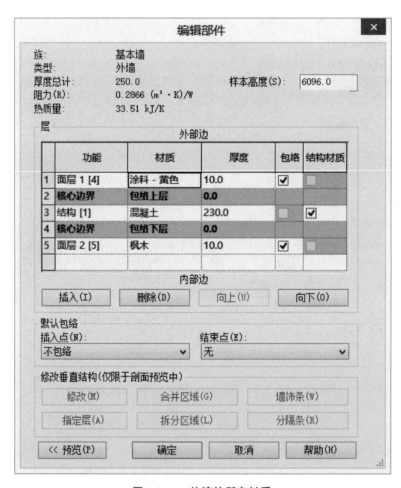

图 5-3-9　渲染外观

图 5-3-10　外墙的所有材质

5.4　创建及绘制内墙

在【建筑】选项卡【构建】面板中选择【墙】指令，复制创建"办公楼内墙"，如图 5-4-1 所示。

编辑内墙的结构，如图 5-4-2 所示。

绘制办公楼内墙，绘制完成后如图 5-4-3 所示。

创建及绘制内墙

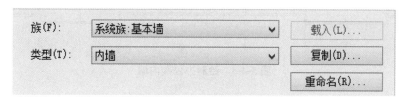

图 5-4-1　办公楼内墙

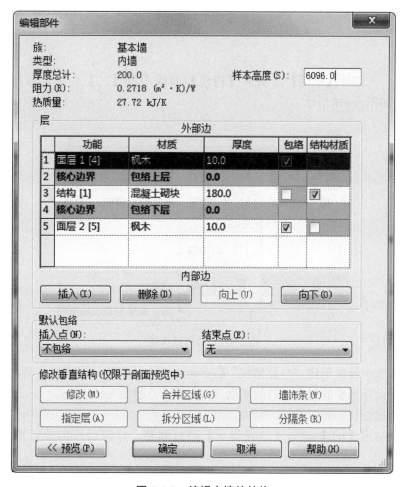

图 5-4-2　编辑内墙的结构

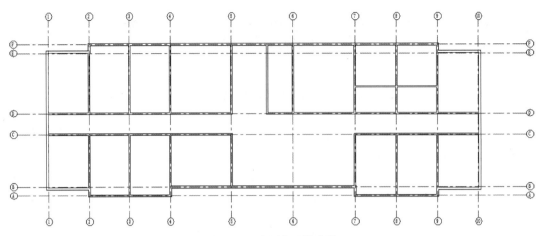

图 5-4-3　绘制办公楼内墙

5.5　创建柱

创建柱

选择【建筑】选项卡【构建】面板中的【柱】命令，选择【结构柱】，如图 5-5-1 所示。

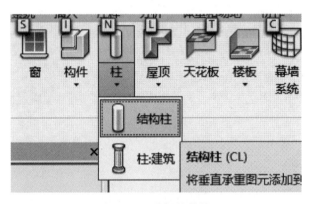

图 5-5-1　选择结构柱

在属性面板中复制创建"办公楼柱"【600mm×600mm】，如图 5-5-2 所示。

在楼层平面标高中放置柱，柱的高度选择标高 2，如图 5-5-3 所示。

贴着面层放置柱，如图 5-5-4 所示。

在放置柱时用【tab】键与【对齐命令】进行调整。修改后柱的放置情况如图 5-5-5 所示。

完成标高 1 的柱放置，标高 2、3、4 以此类推。

图 5-5-2　复制创建

图 5-5-3　选择标高

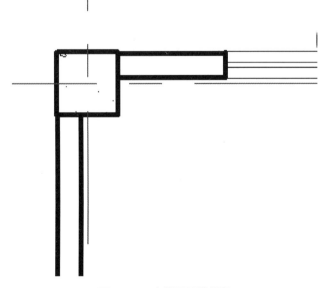

图 5-5-4　贴着面层放置柱

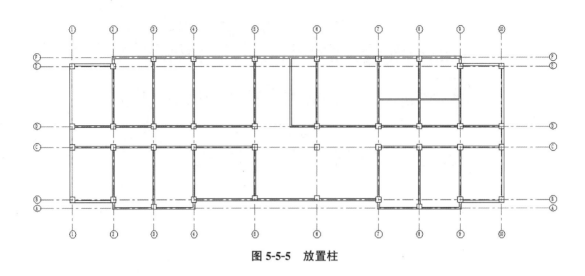

图 5-5-5　放置柱

5.6 创建一、二层门

创建门，复制创建"M1"【1000mm×2100mm】、"M2"【1500mm×2100mm】、"M4"【2400mm×2100mm】、"M5"【1500mm×2100mm】、"M6"【700mm×2100mm】并放置，如图 5-6-1 所示。

创建二层门与一层的方法相同，请参照上文进行，创建完成后如图 5-6-2 所示。

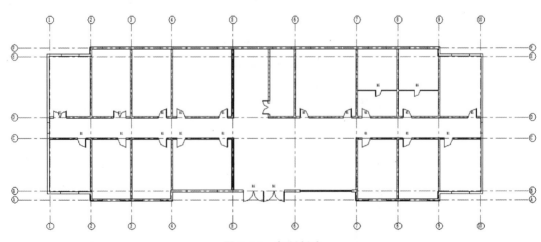

图 5-6-1　复制创建

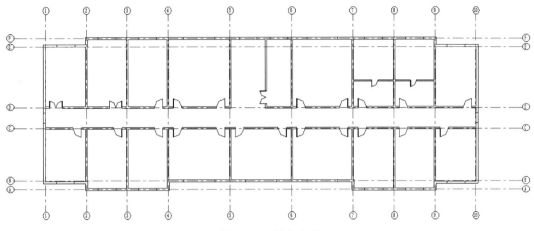

图 5-6-2　创建完成

5.7　创建一、二层窗

在【建筑】选项卡【构建】面板中选择【窗】，复制创建窗为"C1"，并修改为【2100mm×1800mm】，底标高均为【900mm】，如图 5-7-1 所示。

放置窗 C1，放置后如图 5-7-2 所示。

创建一、二层窗

图 5-7-1　构建面板中选择

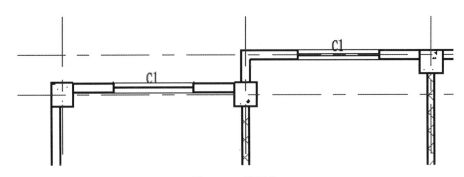

图 5-7-2　放置窗

用类似方法依次创建窗"C2"【3600mm×2400mm】与窗"C3"【1200mm×1500mm】并放置，如图 5-7-3 所示。

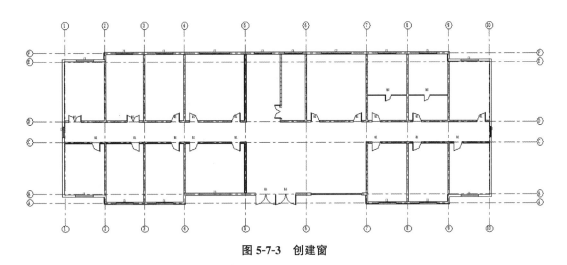

图 5-7-3　创建窗

然后用同样的方法创建第二层的窗详图，如图 5-7-4 所示。

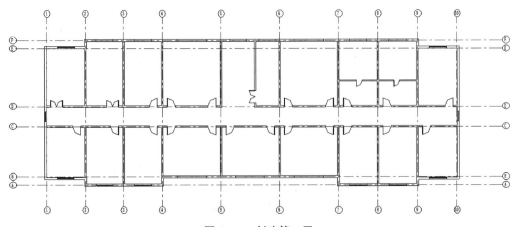

图 5-7-4　创建第二层

5.8 创建办公楼楼板

一层楼板的创建，选择【楼板】命令，边界线选择【拾取墙】，创建楼板，如图 5-8-1 所示。

当需要偏移高度时在属性面板中修改楼板的标高，如图 5-8-2 所示。

用上面讲述的方法绘制二层楼板，如图 5-8-3 所示。

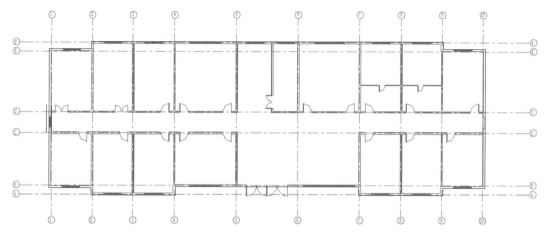

图 5-8-1　创建楼板

图 5-8-2　修改楼板的标高

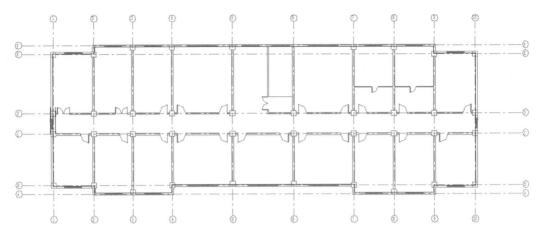

图 5-8-3 绘制二层楼板

创建后的 3D 模型，如图 5-8-4 所示。

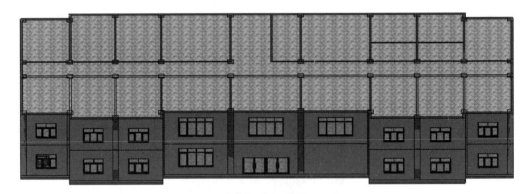

图 5-8-4 模型

5.9 创建楼梯与洞口

创建楼梯
与洞口

在建筑选项卡中选择【楼梯】，如图 5-9-1 所示。

图 5-9-1 选项卡中选择

首先创建【参照平面】，如图 5-9-2 所示。

开始修改楼梯的属性。在属性面板中修改宽度为【1350mm】，实际踏板深度为

C1
675
1450
675
1400
3600
向上
M2

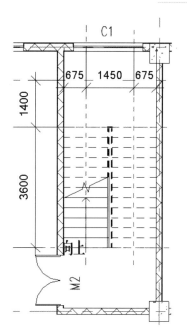

图 5-9-2　创建参照平面

【300mm】，实际踢面高度为【180mm】，如图 5-9-3 所示。

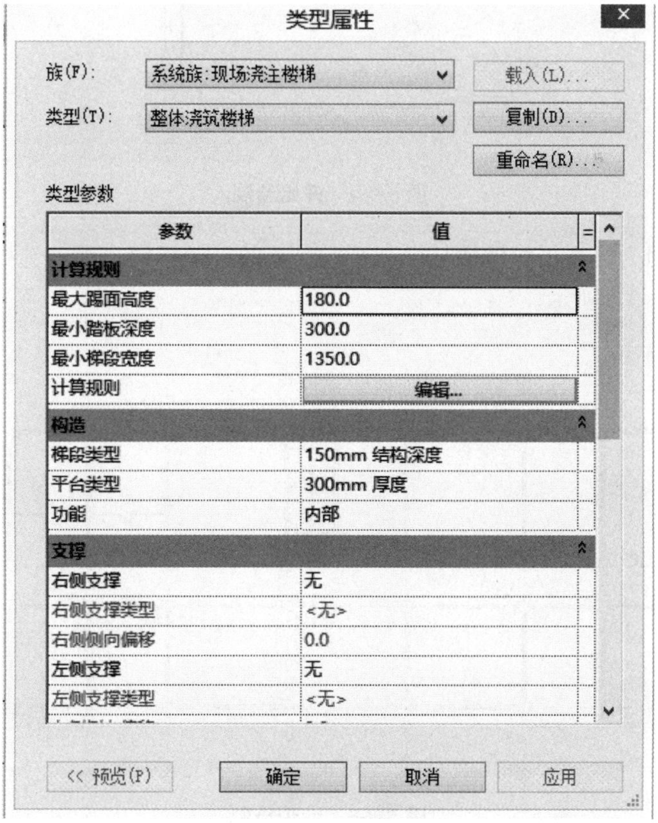

类型属性
族(F):
系统族:现场浇注楼梯
载入(L)...
类型(T):
整体浇筑楼梯
复制(D)...
重命名(R)...
类型参数
参数
值
计算规则
最大踢面高度
180.0
最小踏板深度
300.0
最小梯段宽度
1350.0
计算规则
编辑...
构造
梯段类型
150mm 结构深度
平台类型
300mm 厚度
功能
内部
支撑
右侧支撑
无
右侧支撑类型
<无>
右侧侧向偏移
0.0
左侧支撑
无
左侧支撑类型
<无>
<< 预览(P)
确定
取消
应用

图 5-9-3　修改宽度

开始绘制，如图 5-9-4 所示。

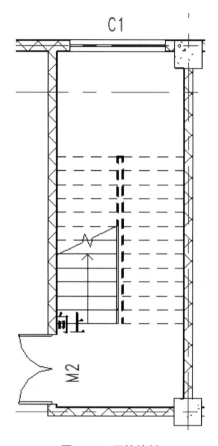

图 5-9-4　开始绘制

点击完成，因为标高 1 的楼梯与标高 2、3、4 的楼梯相同，可以选择【复制粘贴】的命令绘制，如图 5-9-5 所示。

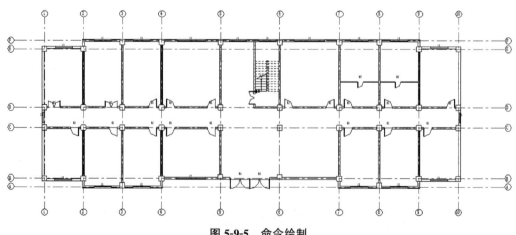

图 5-9-5　命令绘制

在【修改】面板中选择【复制到剪切板】，如图 5-9-6 所示。

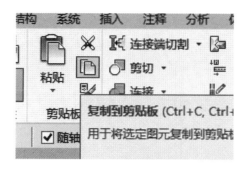

图 5-9-6　选择复制到剪切板

选择【粘贴】中的【与选定的标高对齐】，如图 5-9-7 所示。

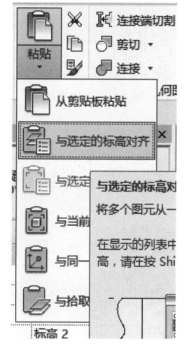

图 5-9-7　选定标高对齐

选择标高 2、3、4，楼梯创建成功。开始创建洞口，在【建筑】选项卡中选中【竖井】命令，如图 5-9-8 所示。

图 5-9-8　创建洞口

按照楼梯的轮廓绘制竖井的轮廓，如图 5-9-9 所示。

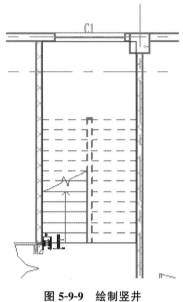

图 5-9-9　绘制竖井

修改【属性】面板中竖井的【底部约束】与【顶部约束】，如图 5-9-10 所示。

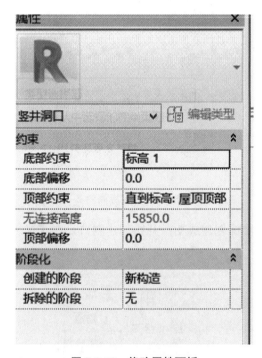

图 5-9-10　修改属性面板

完成绘制，做一个剖面视图，查看洞口与楼梯的创建情况。在【视图】选项卡的【创建】面板中选择【剖面】命令，如图 5-9-11 所示。

图 5-9-11　选择剖面命令

将鼠标移动到要绘制剖面视图的地方，单击鼠标左键即可创建成功，如图 5-9-12
所示。

查看剖面图如图 5-9-13 所示。

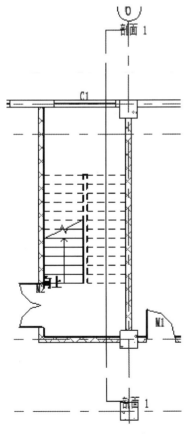

图 5-9-12　完成创建

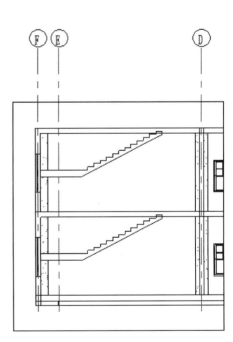

图 5-9-13　查看剖面图

5.10 创建雨棚

创建雨棚

在楼层平面标高 2 中创建雨棚，首先选择【插入】，如图 5-10-1 所示。

找到【插入】后我们可以看到【从库中载入】，选择【载入族】，如图 5-10-2 所示。

然后选择【主入口雨棚】这个族，如图 5-10-3 所示。

载入完成后回到【建筑】选项卡，选择【构件】的选项，如图 5-10-4 所示。

图 5-10-1　创建雨棚

图 5-10-2　选择载入族

图 5-10-3　选择主入口雨棚

图 5-10-4　建筑选项卡

单击插入完成后如图 5-10-5 所示。

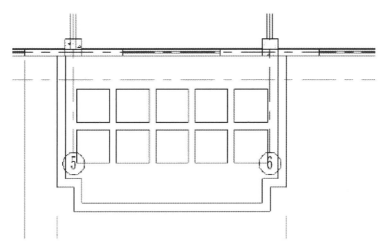

图 5-10-5　单击插入完成

5.11 创建 3、4 层

复制创建 3、4 层，打开三维视图框选整个 2 层，如图 5-11-1 所示。
选择好以后在【修改】的选项中选择【剪贴板】，如图 5-11-2 所示。
点击【与选定的标高对齐】，如图 5-11-3 所示。
选择楼层平面→标高 3，直接创建 3 层，标高 4 同理，如图 5-11-4 所示。

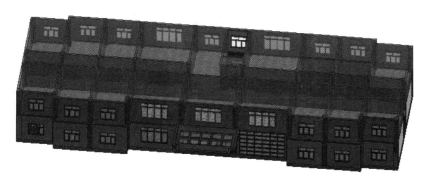

图 5-11-1　打开三维视图

图 5-11-2　选项中选择

图 5-11-3　选定标高对齐

图 5-11-4　选择楼层平面

创建完后的标高 3 的楼层平面如图 5-11-5 所示。

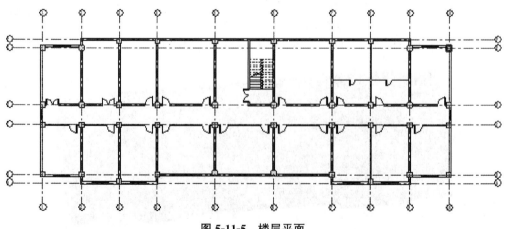

图 5-11-5　楼层平面

绘制内墙，绘制方法请参照教学单元 1 中创建墙体章节。创建完成后如 5-11-6 所示。

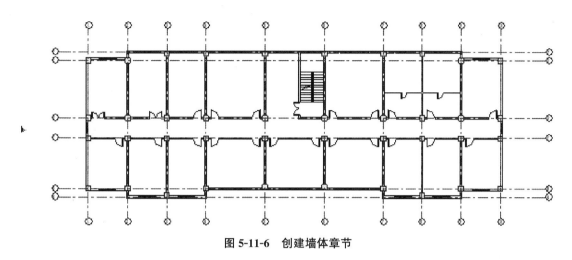

图 5-11-6　创建墙体章节

需要注意，因为第四层已经到屋顶了，我们需要在第四层绘制屋顶，因此需删除第四层楼板。

5.12　创建屋顶

开始绘制天台屋顶。选择【建筑】选项卡【构建】面板中的【迹线屋顶】。首先开始编辑屋顶的结构，点击【属性】面板中的【编辑类型】，复制创建新的屋顶"办公楼 4 层屋顶"，如图 5-12-1 所示。

编辑屋顶的结构，如图 5-12-2 所示。

首先插入面层，逐一编辑材质类型及厚度，如图 5-12-3、图 5-12-4 所示。

绘制屋顶，完成后如图 5-12-5 所示。

绘制完成的三维图像如图 5-12-6 所示。

族(F):	系统族:基本屋顶	载入(L)...
类型(T):	屋顶250mm	复制(D)...
		重命名(R)...

类型参数

图 5-12-1　复制创建新的屋顶

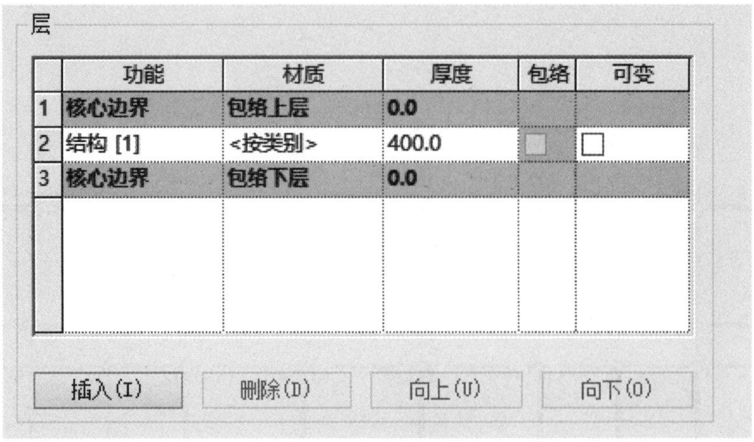

	功能	材质	厚度	包络	可变
1	核心边界	包络上层	0.0		
2	结构 [1]	<按类别>	400.0		
3	核心边界	包络下层	0.0		

图 5-12-2　编辑屋顶

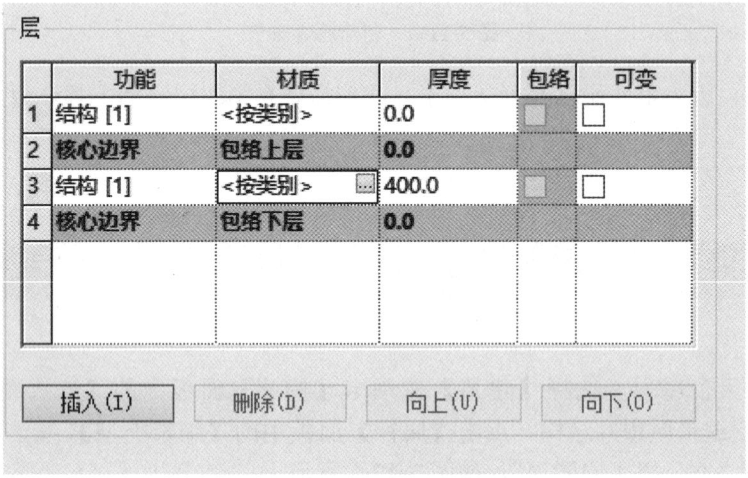

	功能	材质	厚度	包络	可变
1	结构 [1]	<按类别>	0.0		
2	核心边界	包络上层	0.0		
3	结构 [1]	<按类别>	400.0		
4	核心边界	包络下层	0.0		

图 5-12-3　编辑材质类型

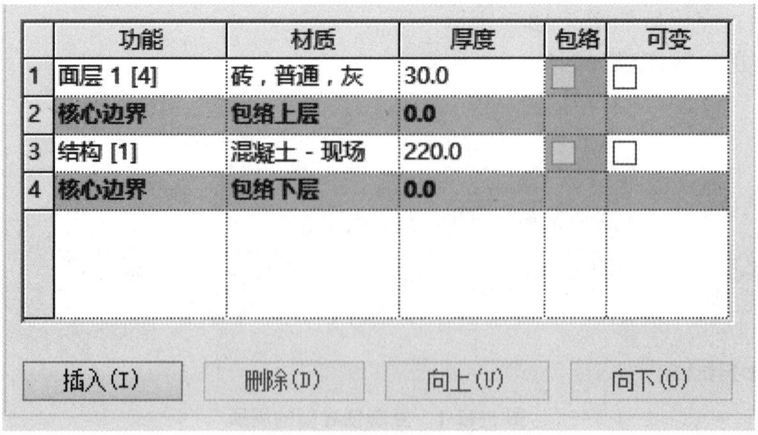

	功能	材质	厚度	包络	可变
1	面层 1 [4]	砖，普通，灰	30.0		
2	核心边界	包络上层	0.0		
3	结构 [1]	混凝土 - 现场	220.0		
4	核心边界	包络下层	0.0		

图 5-12-4　编辑材质厚度

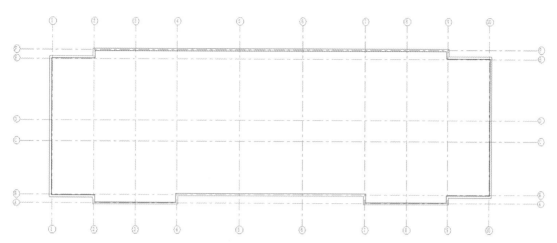

图 5-12-5 开始绘制屋顶

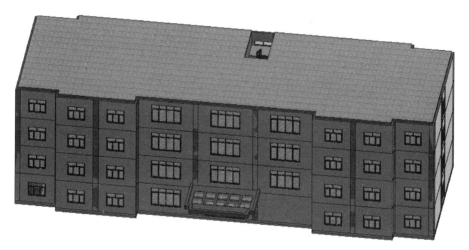

图 5-12-6 绘制完成的三维图像

5.13 绘制女儿墙

在【建筑】选项卡【构建】面板中选择【墙】命令，在属性面板中选中"办公楼外墙"，在楼层平面"屋顶"上开始绘制，修改标高，如图 5-13-1 所示。

创建完成后如图 5-13-2 所示。

绘制女儿墙

图 5-13-1　修改标高

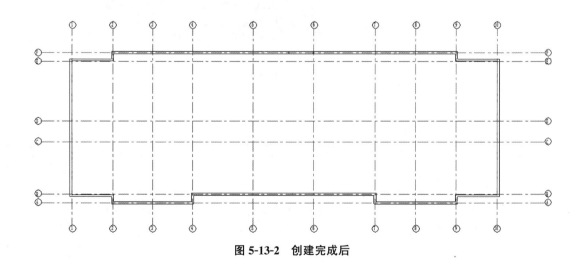

图 5-13-2　创建完成后

5.14　创建幕墙

选择【墙】命令，并在属性面板中找到【幕墙】命令，如图 5-14-1 所示。

创建幕墙

图 5-14-1　找到命令

打开【属性】面板中的【编辑类型】，勾选【自动嵌入】，如图 5-14-2 所示。

在标高 1 楼层平面中绘制幕墙，【修改高度】，【底部约束为标高 1】，【顶部约束到标高 2】。如图 5-14-3 所示。

鼠标左键点击幕墙起始的位置，然后继续点击鼠标左键到结束的位置。幕墙所在墙的地方会自动变成幕墙，如图 5-14-4 所示。

将视图切换到南立面，继续创建幕墙网格与竖梃，如图 5-14-5 所示。

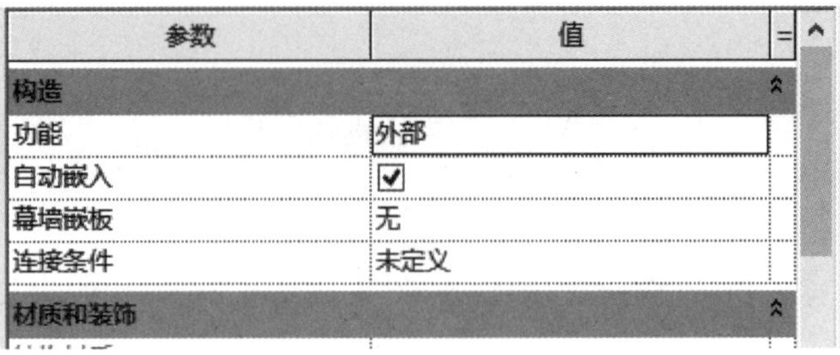

参数	值	=
构造		☆
功能	外部	
自动嵌入	☑	
幕墙嵌板	无	
连接条件	未定义	
材质和装饰		☆

图 5-14-2　编辑类型

图 5-14-3　绘制幕墙

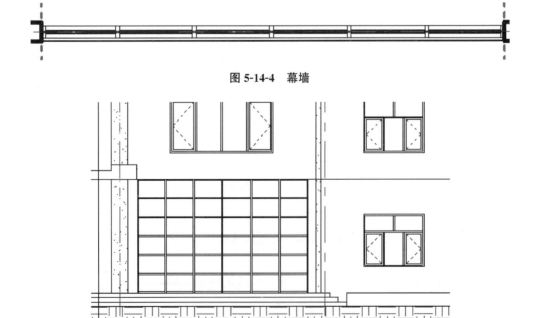

图 5-14-4　幕墙

图 5-14-5　南立面

在【建筑】选项卡，【构建】面板中选择【幕墙网格】，先绘制网格确定竖梃的具体位置，再安放竖梃，如图 5-14-6、图 5-14-7 所示。

图 5-14-6　具体位置

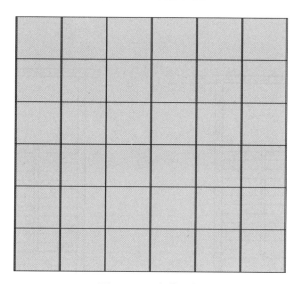

图 5-14-7　安装竖梃

按照尺寸的多少绘制网格之后，选择【竖梃】命令，鼠标点击网格时会自动形成竖梃，如图 5-14-8 所示。

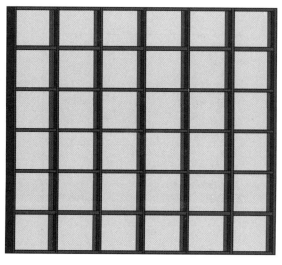

图 5-14-8　形成竖梃

5.15 屋顶楼梯间的绘制

屋顶楼梯
间的绘制

我们可以看到屋顶有个小房子，按照之前墙的绘制方法，用【墙】命令绘制出四周的墙，如图 5-15-1 所示。

把之前建造的 M5 放置在墙上，如图 5-15-2 所示。

然后用使用【屋顶】命令绘制屋顶向外【悬挑 400mm】，如图 5-15-3、图 5-15-4 所示。

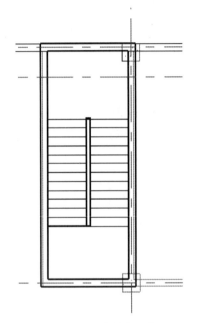

图 5-15-1　绘制出四周

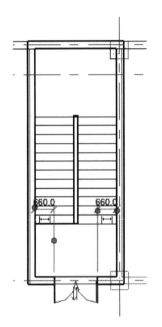

图 5-15-2　放置在墙上

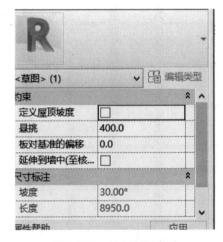

〈草图〉(1)	编辑类型
约束	
定义屋顶坡度	☐
悬挑	400.0
板对基准的偏移	0.0
延伸到墙中(至核...	☐
尺寸标注	
坡度	30.00°
长度	8950.0

图 5-15-3　绘制屋顶向外

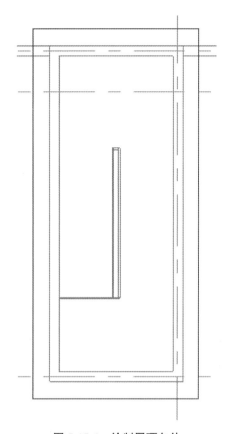

图 5-15-4　绘制屋顶向外

完成绘制最终如图 5-15-5 所示。

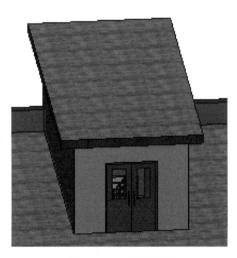

图 5-15-5　完成绘制

这里的楼梯我们需要注意将其修改到【顶部标高】。

5.16 室内构件的绘制

室内构件
的绘制

打开标高 1 选择【构建】命令，如图 5-16-1 所示。

图 5-16-1　构建

点击【编辑类型】命令，在类型属性中选择【载入】命令，打开【建筑】→【家具】→【3D】→【系统家具】→【办公桌椅组合 3】，如图 5-16-2 所示。

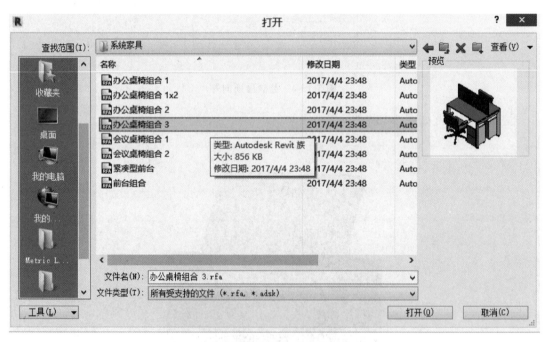

图 5-16-2　命令打开

点击【确定】绘制即可。在绘制过程中我们可以用【空格】改变方向，也可以使用【对齐】使它们拼接在一起，如图 5-16-3、图 5-16-4 所示。

还可以在【建筑】→【专用设备】中找到饮水机，使用同样的方法布置，如图 5-16-5 所示。

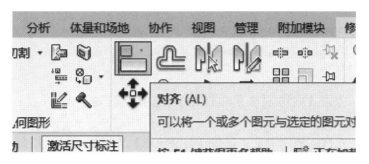

图 5-16-3　使用对齐

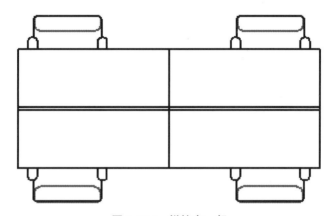

图 5-16-4　拼接在一起

卫生间部分的洗脸盆绘制方法与之相同，载入【台式双洗脸盆】，点击绘制即可，如图 5-16-6 所示。

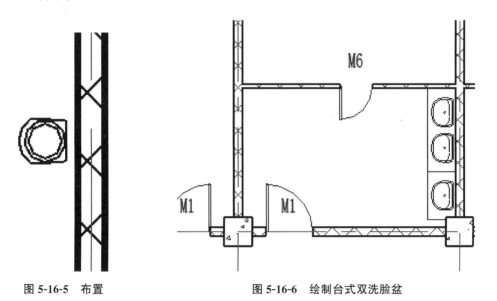

图 5-16-5　布置　　　　　　　　图 5-16-6　绘制台式双洗脸盆

5.17 绘制台阶

绘制台阶

点击【应用程序菜单按钮】，选择【新建】，创建【族】，如图 5-17-1 所示。

出现了族库界面，选择【公制轮廓】族样板，开始绘制台阶轮廓，如图 5-17-2 所示。

族的创建界面与模型的创建界面有些不同，如图 5-17-3 所示。

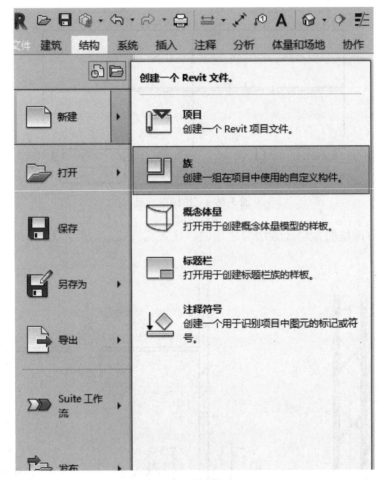

图 5-17-1　创建族

选择【创建】选项卡，【详图】面板中的【直线】，绘制轮廓，如图 5-17-4 所示。

点击【创建】选项卡【族编辑器】中的【载入到项目】，如图 5-17-5 所示。

或者在办公楼项目中载入，如图 5-17-6 所示。

图 5-17-2 绘制台阶轮廓

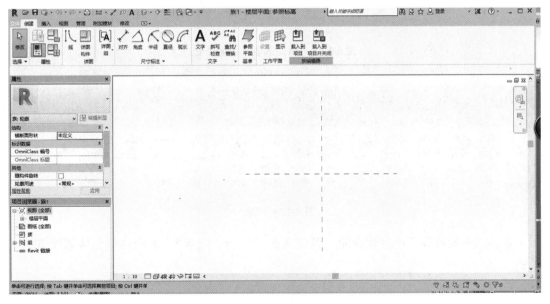

图 5-17-3 创建界面

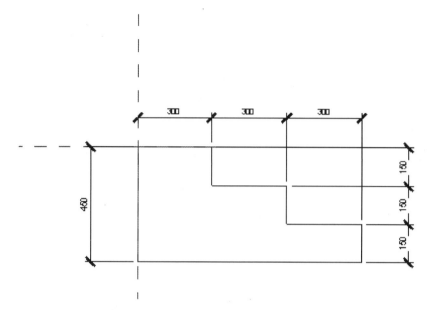

图 5-17-4　绘制轮廓

图 5-17-5　创建选项卡族编辑器

图 5-17-6　载入

在楼层平面标高1中创建台阶。首先选择【楼板：建筑】，绘制台阶主体如图 5-17-7 所示。

图 5-17-7　创建台阶

　　放置台阶，选择【构建】面板【楼板】命令中的【楼板：楼板边】命令，如图 5-17-8 所示。

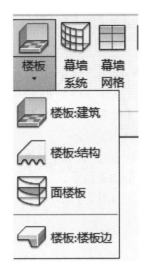

图 5-17-8　选择构建面板

复制创建 tj，如图 5-17-9 所示。

图 5-17-9　复制创建

　　修改轮廓为刚刚创建的室外台阶轮廓，点击刚刚创建的楼板边缘即放置成功，如图 5-17-10 所示。

图 5-17-10　创建的楼板

5.18 创建散水

创建散水

点击应用程序菜单按钮继续创建一个新的散水轮廓【族】，如图 5-18-1 所示。

画出如下图形，【保存并载入族】中，如图 5-18-2 所示，命名为"散水"。

在三维视图中，选择【墙饰条】，并复制创建室外散水，如图 5-18-3 所示。

点击墙体边缘即放置散水，图 5-18-4 所示。

室外散水创建成功，创建完成后如图 5-18-5 所示。

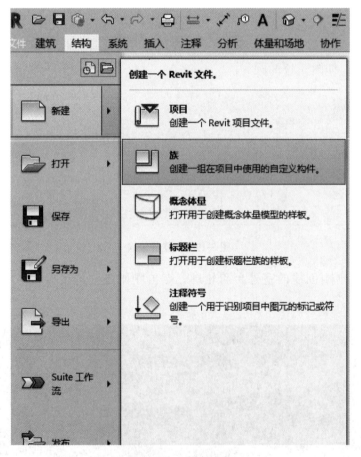

图 5-18-1　散水轮廓

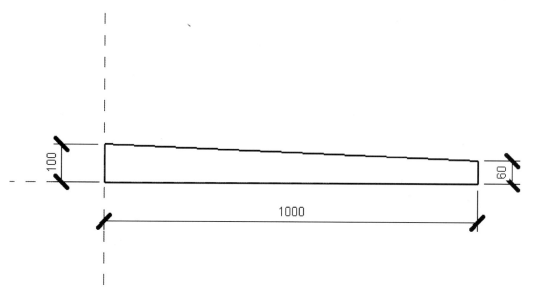

图 5-18-2　散水轮廓

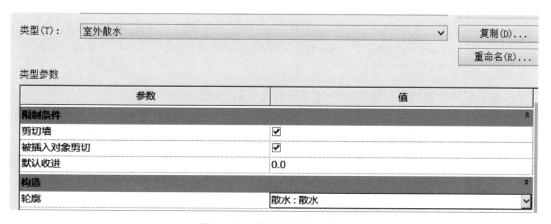

图 5-18-3　复制创建室外散水

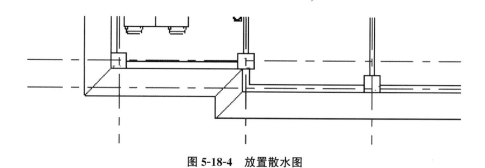

图 5-18-4　放置散水图

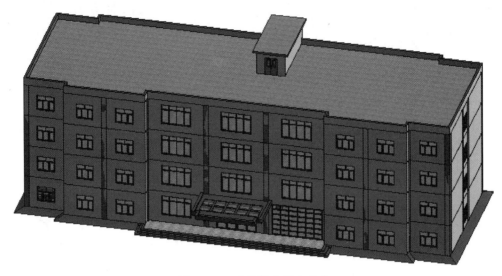

图 5-18-5　室外散水创建成功

5.19　场地的绘制

场地的
绘制

选择项目浏览器中的【场地选项】，如图 5-19-1 所示。

然后在上面的选项卡中选择【体量和场地】中的【地形表面】，如图 5-19-2 所示。

我们可以看见【放置点】的选项，在放置之前可以画【参照平面】来辅助放置点，如图 5-19-3 所示。

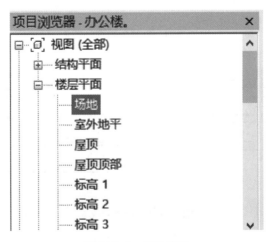

图 5-19-1　场地选项

选择放置点如图 5-19-4 所示。

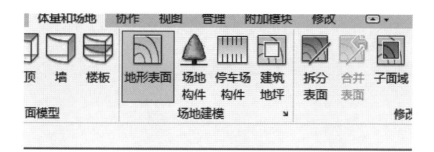

图 5-19-2　选项卡中选择

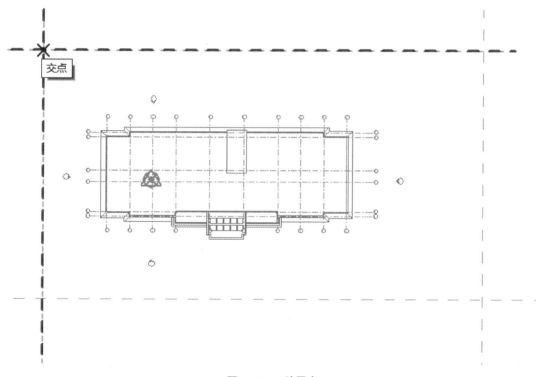

图 5-19-3　放置点

图 5-19-4　选择放置点

然后在交点处【放置点】，如图 5-19-5 所示。

四个点选择完后点击【完成】就可自动生成地面，如图 5-19-6 所示。

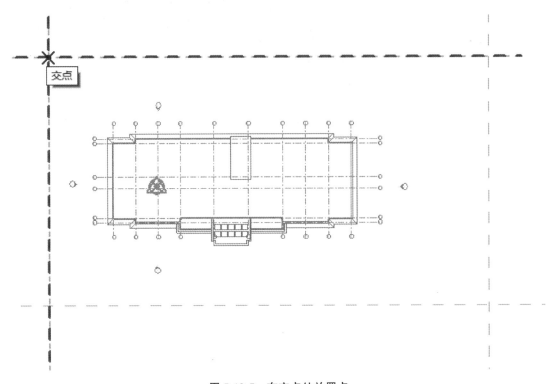

图 5-19-5　在交点处放置点

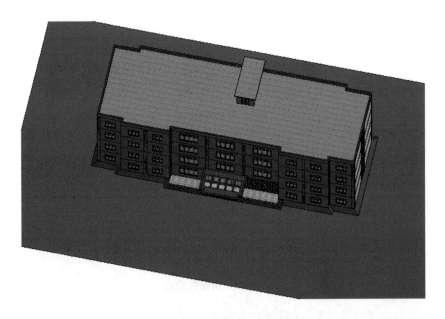

图 5-19-6　自动生成地面

我们需要修改一下四个点的立面，选择四个点修改标高为"－450"，如图 5-19-7 所示。

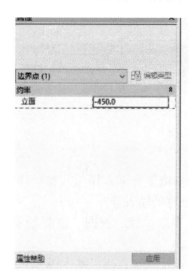

图 5-19-7　修改标高

修改完成后可以看到场地已被调整到室外地坪的位置，如图 5-19-8 所示。

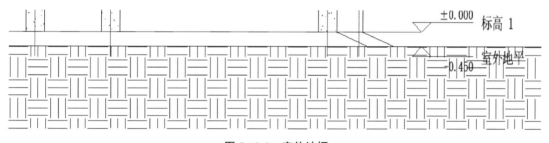

图 5-19-8　室外地坪

在场地的【构建】选项中选择【载入建筑场地】【体育设施选择】【体育场选择】【篮球场】，单击确定点选在所需要的位置即可，如图 5-19-9 所示。

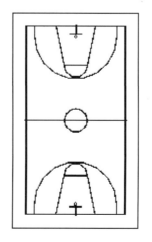

图 5-19-9　单击确定点

插入树木的方法类似于体育场，这里我们就不详细说明了。

5.20 练习题

5.20.1 学习目标

1. 掌握 BIM 建模软件的基本概念和基本操作（建模环境设置、项目设置、坐标系定义、标高及轴网绘制、命令与数据的输入等）。

2. 掌握样板文件的创建（参数、族、视图、渲染场景、导入\导出以及打印设置等）。

3. 掌握 BIM 参数化建模过程及基本方法：基本模型元素的定义和创建基本模型元素及其类型。

4. 掌握 BIM 参数化建模方法及操作：包括基本建筑形体，墙体、柱、门窗、屋顶、地板、天花板、散水、楼梯等基本建筑构件。

5. 掌握 BIM 实体编辑及操作：包括移动、复制、旋转、阵列、镜像、删除及分组等。

6. 掌握模型的族实例编辑：包括修改族类型的参数、属性，添加族实例属性等。

7. 掌握创建 BIM 属性明细表及操作：从模型属性中提取相关信息，以表格的形式进行显示，包括门窗、构件及材料统计表等。

8. 掌握创建设计图纸及操作：包括定义图纸边界、图框、会签栏等。

5.20.2 任务情境（任务描述）

1. 以办公楼为例创建建模模型。

2. 设置建模环境，项目设置、坐标系定义、创建标高及轴网。

3. 创建墙体、柱、门窗、屋顶、地板、天花板、散水、楼梯等基本建筑构件。

4. 创建模型中所需的族类型参数、属性，添加族实例属性等。

5. 创建 BIM 属性明细表，包括门窗、构件及材料统计表等。

6. 创建设计图纸，定义图纸边界、图框、标题栏、会签栏。

5.20.3 任务分析

1. 熟悉系统设置、新建 BIM 文件及 BIM 建模环境设置。

2. 熟悉建筑族的制作流程和技能。

3. 熟悉建筑方案设计 BIM 建模，包括建筑方案造型的参数化建模和 BIM 属性定义及编辑。

4.熟悉建筑方案设计的表现，包括模型材质及纹理处理、建筑场景设置、建筑场景渲染、建筑场景漫游。

5.熟悉建筑施工图绘制与创建。

6.熟悉模型文件管理与数据转换技能。

5.20.4 任务实施（图 5-20-1～图 5-20-14）

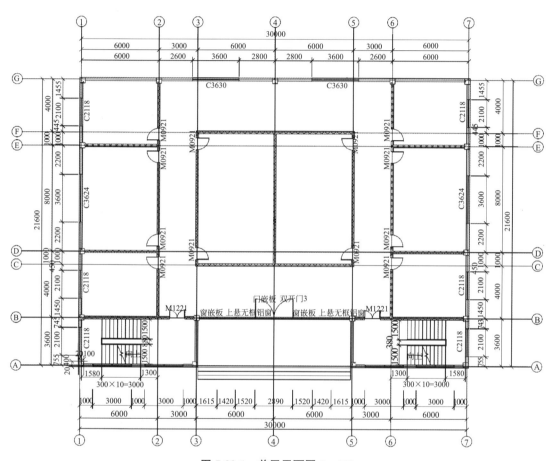

图 5-20-1 首层平面图 1:100

根据以下要求和给出的图纸，创建出模型。

1. BIM 建模的环境设置

设置项目信息：（1）项目发布日期 2019-2-16；（2）项目编码：2019002-16。

2. BIM 参数化建模

（1）根据给出的图纸创建标高、轴网、建筑形体，包括墙、门窗、幕墙、柱子、屋顶、楼板、楼梯、洞口，其中要求门窗位置、尺寸、标记名称正确，未注明尺寸样式不做要求。

（2）主要建筑构建参数要求见表 5-20-1～表 5-20-4。

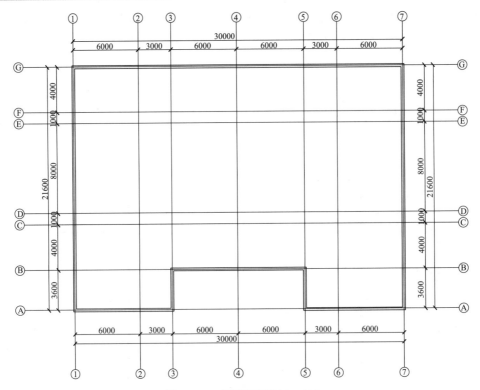

图 5-20-2　屋顶平面图 1：100

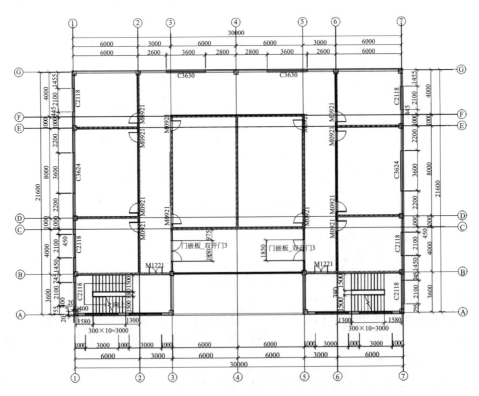

图 5-20-3　2-4 层平面图 1：100

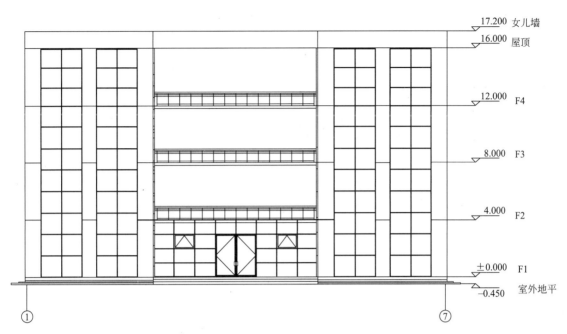

图 5-20-4 南立面图 1 : 100

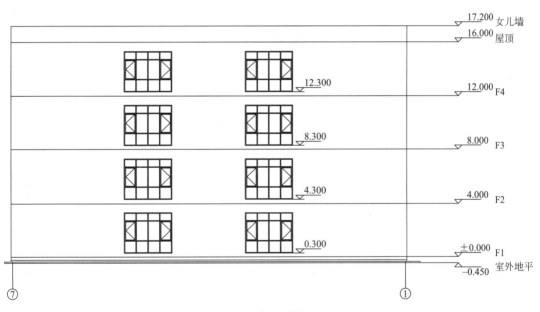

图 5-20-5 北立面图 1 : 100

3. 创建图纸

（1）创建门窗明细表，要求包含类型标记、宽度、高度、底高度、合计，并计算总和。

（2）创建 A4 尺寸图纸，创建 1-1 剖面图。

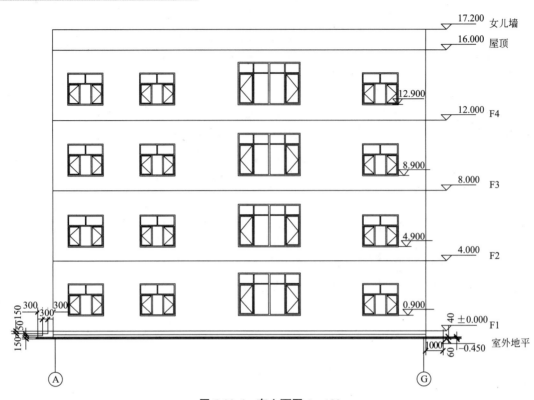

图 5-20-6　东立面图 1∶100

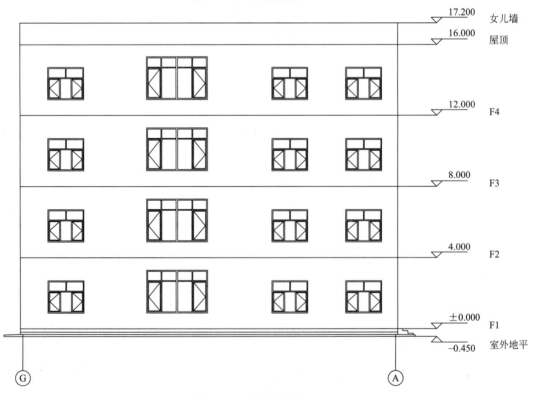

图 5-20-7　西立面图 1∶100

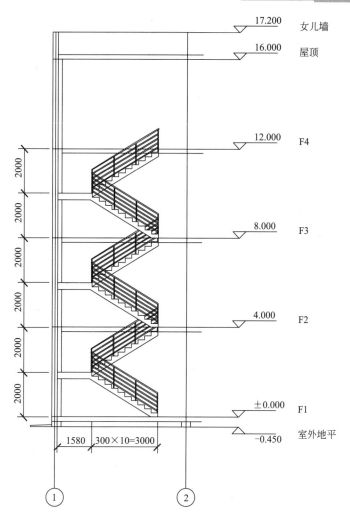

图 5-20-8　1-1 剖面图 1：100

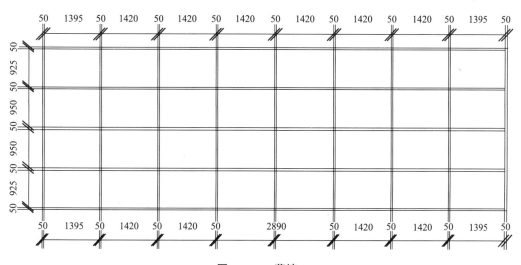

图 5-20-9　幕墙 1

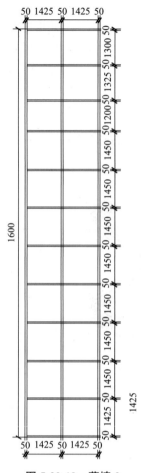

图 5-20-10　幕墙 2

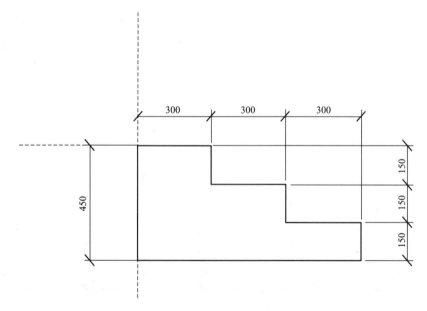

图 5-20-11　台阶明细图

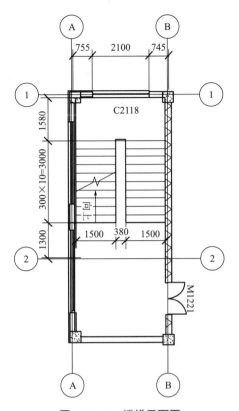

图 5-20-12　楼梯平面图

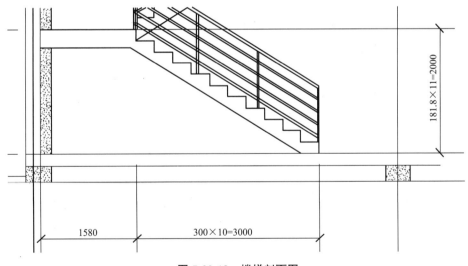

图 5-20-13　楼梯剖面图

4. 模型文件管理

（1）用【办公楼】为项目名称，并保存项目。

（2）将创建的"1-1 剖面图"导出为 AutoCAD DWG 文件，命名为"1-1 剖面图"。

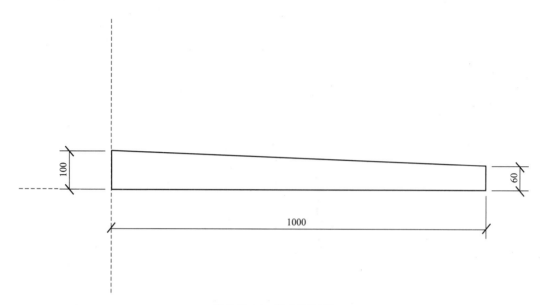

图 5-20-14 散水明细图

主要构件明细表   表 5-20-1

名称	材质	厚度
外墙	板岩	20
	混凝土	200
	板岩	20
内墙	粉刷,米色,平滑	20
	混凝土砌块	200
	粉刷,米色,平滑	20
楼板	瓷砖,瓷器,4 英寸	20
	混凝土-现场浇筑	180
屋顶	灰泥	20
	混凝土-现场浇筑	180

窗明细表（单位：mm）   表 5-20-2

类型标记	宽度	高度	底高度	合计
窗嵌板上悬无框铝窗	1420	950		2
C3630	3600	3000	300	8
C2118	2100	1800	900	24
C3624	3600	2400	900	8
总计：				42

门明细表（单位：mm）　　　　　　表 5-20-3

类型标记	宽度	高度	合计
M0921	900	2100	48
M1221	1200	2100	8
门嵌板双开门 3		2925	7
总计：			63

标高　　　　　　表 5-20-4

室外地坪	−0.450
F1	±0.00
F2	4.000
F3	8.000
F4	12.000
屋顶	16.000
女儿墙	17.200

5.20.5　任务总结

1. 培养学生熟练掌握系统设置、新建 BIM 文件及 BIM 建模环境设置操作。

2. 培养学生熟练掌握 BIM 参数化建模的方法。

3. 培养学生熟练掌握族的创建与属性的添加。

4. 培养学生熟练掌握 BIM 属性定义与编辑的操作。

5. 培养学生熟练掌握创建图纸与模型文件管理的能力。

▶▶ 教学单元 6 剪力墙住宅

6.1 新建项目

新建项目
创建标高

　　启动 Autodesk Revit 软件，单击软件界面左上角的【文件】按钮，弹出的菜单中依次单击【新建】→【项目】，如图 6-1-1 所示。项目的样板文件选择【建筑样板】，单击【确定】，如图 6-1-2 所示。
　　项目创建完成后需要对已创建的项目进行保存，单击软件界面左上角的【文件】按钮，在弹出的下拉菜单中依次单击【另存为】→【项目】，如图 6-1-3 所示。

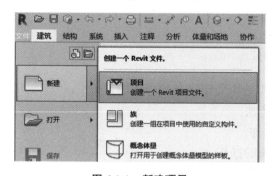

图 6-1-1　新建项目

图 6-1-2　建筑样板

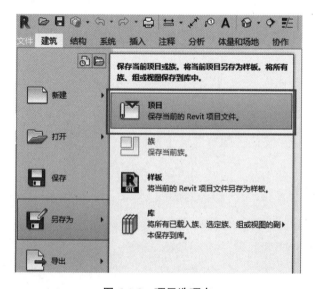

图 6-1-3　项目选项卡

在弹出的对话框右下角单击【选项】按钮，【文件保存选项】对话框中的【最大备份数】即为点击备份文件数量的设置，文件的最低备份数量为 1，如图 6-1-4 所示。

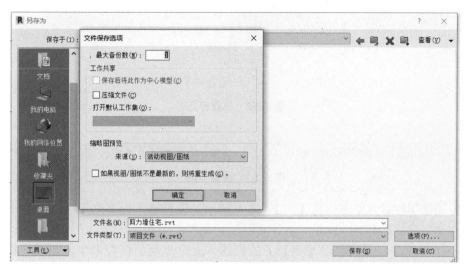

图 6-1-4　文件保存选项

6.2　创建标高

Revit 中任意立面绘制标高，其他立面均可显示。首先在北立面视图绘制所需的标高，双击项目浏览器中【立面（建筑立面）】，然后双击【北】进入北立面视图，如图 6-2-1 所示。系统默认设置两个标高——标高 1 和标高 2。单击【建筑】选项卡中【基准】面板的【标高】命令，在标高 1 下方绘制一个标高，单击标高文字重新命名为【室外地坪】，然后根据需要修改标高高度，室外地坪高度数值同样与标高文字相同，用鼠标单击后该数字变为可输入，将原有数值修改为【−0.300】m，用同样的方法，将标高 1 命名为【F1】，标高 2 命名为【F2】，高度修改为【3.000】m，如图 6-2-2 所示。

提示：样板文件中默认标高单位修改为"m"，保留"3 个小数位"。

由于 F2～F11 的层高相等为 3m，可用【阵列】的方式一次绘制多个间距相等的标高。选择标高【F2】，单击【修改｜标高】选项卡中的【阵列】工具，弹出设置选项栏，取消勾选【成组并关联】，输入项目数为【10】，即生成包含被阵列对象在内的共 10 个标高。保证正交勾选【约束】选项，如图 6-2-3 所示。

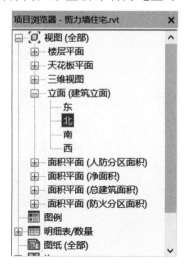

图 6-2-1　创建标高

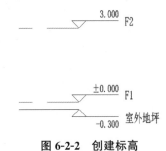

图 6-2-2　创建标高

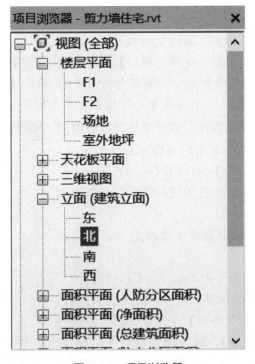

图 6-2-3　绘制标高

设置完选项栏后，单击标高【F2】，向上移动，键盘输入标高间距【3000】mm，按回车将自动生成标高 F3～F11。

【项目浏览器】中的【楼层平面】下的视图，通过复制的标高未生成相应平面视图，如图 6-2-4 所示。点击【视图】选项卡，依次单击【平面视图】→【楼层平面】，如图 6-2-5 所示，在弹出的【新建楼层平面】对话框中单击第一个标高【F3】，按住键盘上【Shift】键用鼠标单击最后一个标高 F11，全选所有标高，如图 6-2-6 所示，按【确定】按钮，再次观察【项目浏览器】，如图 6-2-7 所示，所有复制和阵列生成的标高已创建了相应的平面视图。

图 6-2-4　项目浏览器

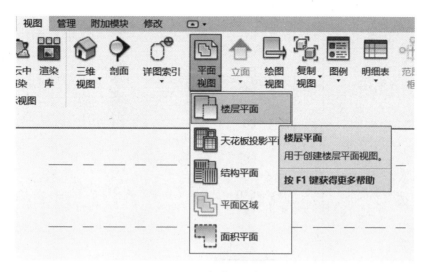

图 6-2-5　创建平面视图

图 6-2-6　新建楼层平面

图 6-2-7　项目浏览器

6.3 创建轴网

创建轴网

　　【项目浏览器】中双击【楼层平面】下的【F1】视图，单击【建筑】选项卡【基准】面板里的【轴网】工具，移动光标到绘图区域中左下角，单击捕捉一点为起点，从下向上垂直移动光标单击左键捕捉轴线终点，创建第一条垂直轴线，观察轴号为 1。选择 1 号轴线，单击功能区的【复制】命令，在选项栏勾选多重复制选项【多个】和正交约束选项【约束】。如图 6-3-1 所示。

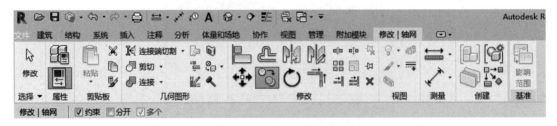

图 6-3-1　选项栏勾选多重复

　　移动光标到 1 号轴线上，单击一点为复制参考点，水平向右移动光标，依次输入间距值 1900mm、2100mm、1100mm、2000mm、3200mm、2400mm、1900mm、2700mm、1900mm、2400mm、3200mm、2000mm、1100mm、2100mm、1900mm，并在输入每个数值后按【Enter】键确认，完成 2～16 号轴线的复制，如图 6-3-2 所示。

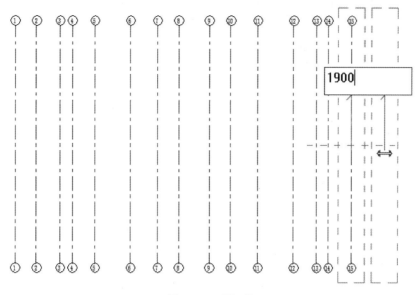

图 6-3-2　间距值

由于 17～31 号轴线与 1～16 号轴线间距相同，因此采用复制的方式快速绘制。从右上角向左下角交叉选择 2～16 号轴线，单击功能区【复制】工具，光标在 1 号轴线上任意位置单击作为复制的参考点，将光标水平向右移动，在 16 号轴上单击完成复制操作，生成 17～31 号轴线，完成后如图 6-3-3 所示。

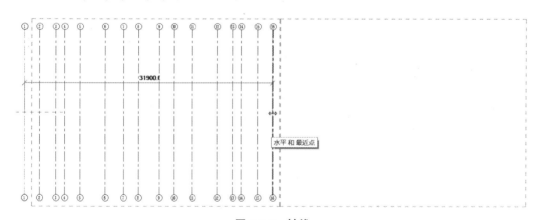

图 6-3-3　轴线

提示：本项目中进行镜像，同样可以生成轴线，但镜像后轴线的顺序将发生颠倒，因为在对多个轴线进行复制或镜像时，Revit 默认以复制源的绘制顺序进行排序，因此绘制轴网时不建议使用镜像的方式。

单击【建筑】选项卡→【基准】面板→【轴网】工具，使用同样的方法在轴线下方绘制水平轴线。单击刚创建的水平轴线的标头，标头数字被激活，输入新的标头文字【A】，选择轴线 A，单击选项卡【复制】命令，选项栏勾选【多个】和【约束】，单击轴线 A 捕捉一点为参考点，水平向上移动光标至较远位置，依次在键盘上输入间距值 1160mm、

2540mm、2700、700mm、2700mm、700mm，完成轴线的复制。

根据轴线所定位对轴线进行调整：选择 3 号轴线，取消勾选上标头下方正方形内的对钩，取消上标头的显示。单击轴线下标头旁边的锁形标记解锁，按住 3 号轴线下标头内侧的空心圆向上拖拽至 D 轴。如图 6-3-4 所示。

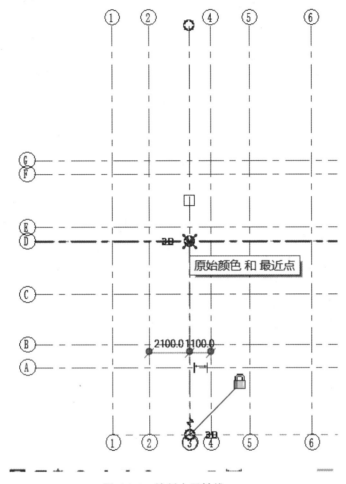

图 6-3-4　绘制水平轴线

下面为距离近而产生干涉的轴网添加弯头。本例中需要选择 D 号轴线，如图 6-3-5 所示。单击轴线标头内侧的【添加弯头】符号，偏移 D 号轴线标头，可拖拽夹点修改标头偏移的位置，如图 6-3-6 所示。使用以上的方法处理轴线标头，编辑完成后如图 6-3-7 所示。

框选全部轴线，单击【修改/轴网】选项卡→【基准】面板→【影响范围】工具，在弹出的【影响基准范围】对话框中，单击选择【楼层平面：标高】，按住 Shift 键单击视图名称【楼层平面：场地】，所有楼层及场地平面被选择，单击被选择的视图名称左侧的矩形选框，将勾选所有被选择的视图，单击【确定】按钮完成应用，如图 6-3-8 所示。打开平面视图【F2】，针对轴线弯头的添加及个别轴头的可见性控制已经传递到 F2 视图。

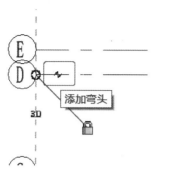

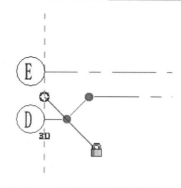

图 6-3-5 添加弯头   图 6-3-6 修改标头偏移的位置

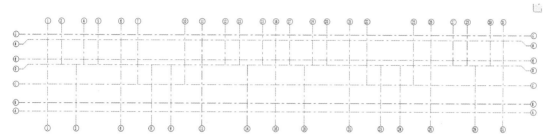

图 6-3-7 轴线标头编辑完成

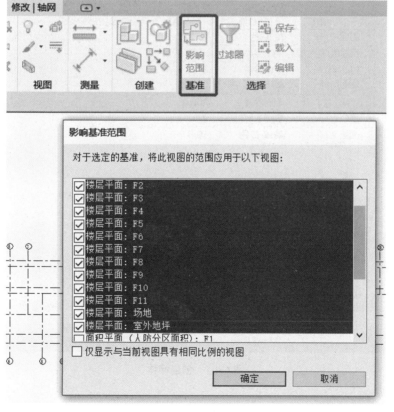

图 6-3-8 多选视图

6.4 创建墙体

创建墙体

【建筑】选项卡→【墙】工具，单击【属性】按钮，在弹出的【属性】对话框中选择墙类型【常规 200】，单击【编辑类型】→【复制】墙体命名为【外墙剪力墙 350】→【结构】编辑，如图 6-4-1 所示。

提示：如果【材质浏览器】中没有所需材料，可进行新建材质：点击【新建并复制材质】按钮→【新建材质】，如图 6-4-2 所示。将新建的材质重命名为所需名称，打开资源浏览器进行搜索，并选定所需材料，如图 6-4-3 所示。

编辑部件 ✕

族： 基本墙
类型： 外墙剪力墙2
厚度总计： 350.0   样本高度(S)： 6096.0
阻力(R)： 0.0000 (m² · K)/W
热质量： 0.00 kJ/K

层

外部边

	功能	材质	厚度	包络	结构材质
1	面层 1 [4]	砖-灰色	70.0	☑	☐
2	保温层/空气层 [	隔热层/保温	50.0	☑	☐
3	衬底 [2]	水泥砂浆	20.0	☑	☐
4	**核心边界**	**包络上层**	**0.0**		
5	结构 [1]	钢筋混凝土	200.0	☐	☑
6	**核心边界**	**包络下层**	**0.0**		
7	面层 2 [5]	墙漆-白色	10.0	☑	☐

内部边

[插入(I)] [删除(D)] [向上(U)] [向下(O)]

默认包络
插入点(N)： 结束点(E)：
两者 外部

修改垂直结构(仅限于剖面预览中)
[修改(M)] [合并区域(G)] [墙饰条(W)]
[指定层(A)] [拆分区域(L)] [分隔条(R)]

[<< 预览(P)] [确定] [取消] [帮助(H)]

图 6-4-1 创建墙体

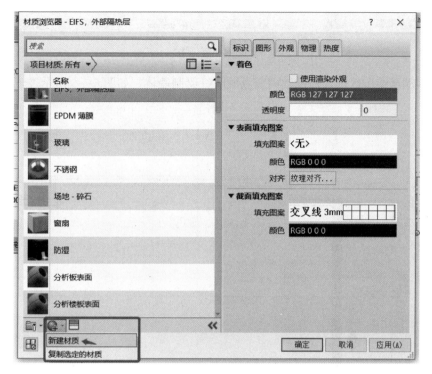

图 6-4-2　所需材料

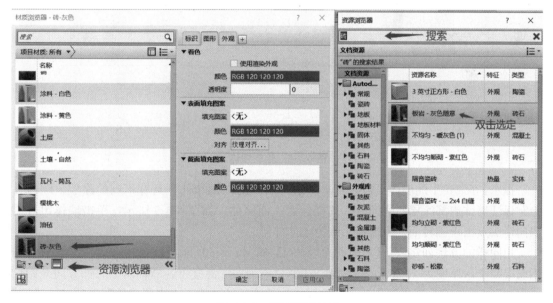

图 6-4-3　选定所需材料

进行墙体绘制前需设置绘图区上部的选项栏，如图 6-4-4 所示。单击【高度】，选择【F2】，即墙体高度为当前标高 F1，到设置标高 F2。然后，修改定位线为【核心层中心线】，勾选【链】便于墙体的连续绘制。

| 修改\|放置 墙 | 高度: | ∨ | F2 | ∨ | 3000.0 | 定位线: 核心层中心线 | ∨ | ☑链 偏移: 0.0 | □半径: 1000.0 | 连接状态: 允许 | ∨ |

图 6-4-4　选项栏

光标移动至绘图区域，借助轴网交点顺时针绘制墙体，如图 6-4-5 所示。

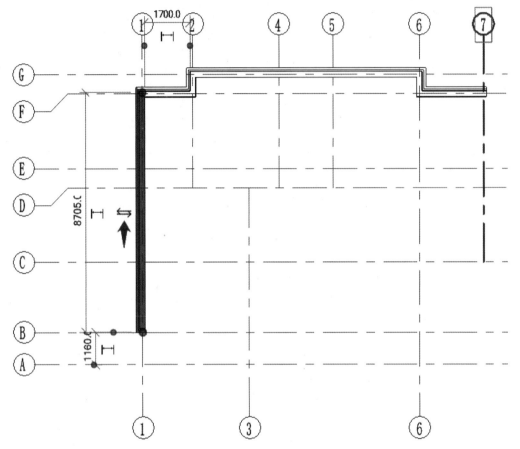

图 6-4-5　绘制墙体

提示：Revit 中的墙体可以设置真实层，墙体的内侧和外侧具有不同的涂层，顺时针绘制保证墙体内部涂层始终向内，选择任意一面墙体，如图 6-4-5 所示，单击墙体出现的双向箭头点击可翻转面，出现箭头侧为墙体外侧。

用同样的方法创建墙：【外墙剪力墙 290】如图 6-4-6 所示，【内墙剪力墙 200】材质为钢筋混凝土，厚度为 200。【内墙隔墙 200】材质为加气混凝土，沿轴网顺时针方向开始绘制，如图 6-4-7 所示。最后创建一个叠层墙，留作后续使用，点击【建筑】选项卡→【墙】工具，单击【属性】按钮，在弹出的【属性】对话框中选择墙类型【外部-砌块勒脚砖墙】，单击【编辑类型】→【复制】墙体命名为【外部剪力墙叠层墙】→【结构】编辑如图 6-4-8 所示。

最后调整墙体，如图 6-4-9 所示。

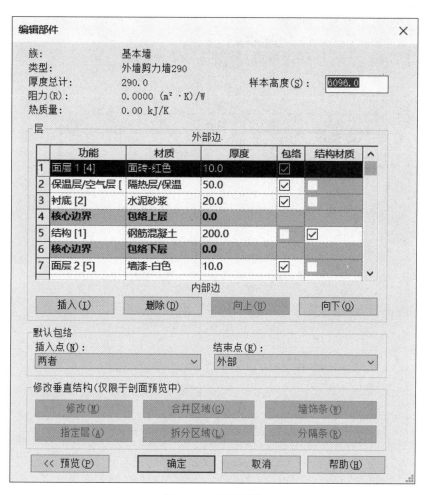

图 6-4-6　编辑部件

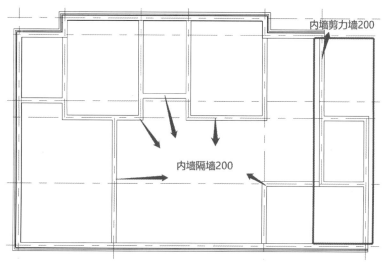

图 6-4-7　内墙图

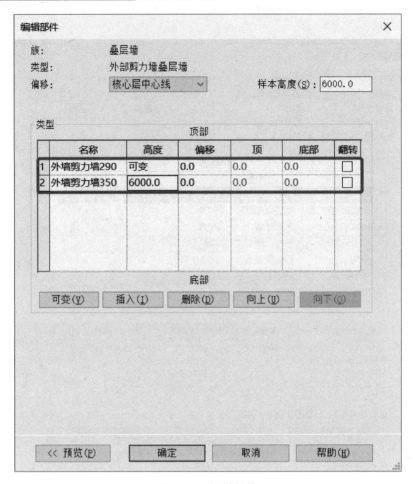

图 6-4-8　编辑部件

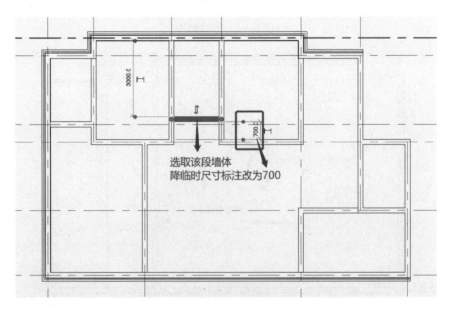

图 6-4-9　墙体图

6.5　创建门、窗

单击【建筑选项卡】→【门】工具，Revit 将自动打开【放置门】的选项卡，单击【属性】按钮，从下拉列表中选择门【600×2000mm】，光标移动到绘图区域 E 轴墙体上，出现门的预览，光标移动到墙体上下方，门的开启方向会随着光标改变，本项目中该门向上开启，光标停留在墙体略上位置，按键盘【空格】键可切换门的左右开启方向，通过光标和【空格】键将门调整到图 6-5-1 中的开启方向，单击放置【600×2000mm】，通过临时尺寸标注修改门距右墙为 100mm，如图 6-5-1 所示。

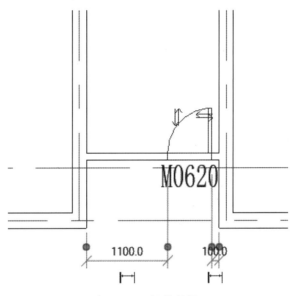

图 6-5-1　调整数据

用同样的方法继续放置【600×2000mm】到图 6-5-2 中的位置，并调整该门距上方墙体墙面 100mm。

提示：插入门窗时输入快捷键【SM】，自动捕捉中点插入；放置后的门可用双向箭头以及键盘【空格】键调整开启方向。

以【600×2000mm】为基础，复制新的门类型【1000×2200mm】，复制时将类型标记进行更改，如图 6-5-3 所示，将门宽度设置为 1000mm，并将门的高度设置为 2200mm。将门【1000×2200mm】按图 6-5-4 中的位置及开启方向放置，通过临时尺寸标注，距上侧墙体距离修改为 100mm。

单击【插入】→【从库中载入】→【载入族】，在弹出的【载入族】对话框中选择【所需族】文件夹中的族文件（按键盘上【Ctrl】键可多选，一次载入多个族文件），并单击右下角【打开】按钮，如图 6-5-5 所示。

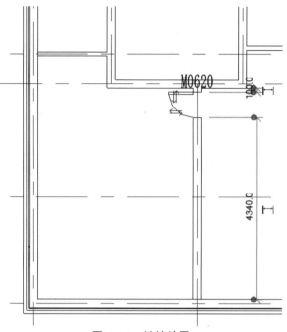

图 6-5-2　继续放置

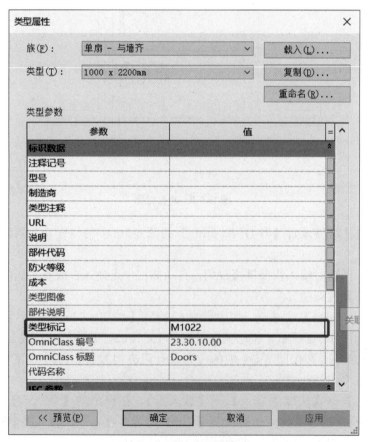

图 6-5-3　侧墙体距离修改

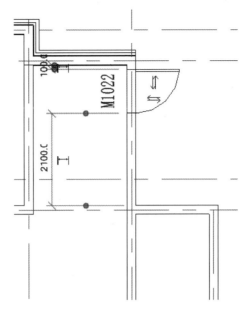

图 6-5-4　侧墙体距离修改

图 6-5-5　选择载入族

以【双扇推拉门】为基础，在其【类型属性】对话框中复制新的类型【TLM1521】，设置门宽为 1500mm，高度为 2100mm，并放置在图 6-5-6 所示的位置上，通过临时尺寸标注调整该门距离左右两侧墙面 100mm。

窗与门的添加方法类似，【载入族】选择【所需族】文件夹中的族文件，选择【ZHC2 + 1-1818】，将鼠标挪动至图 6-5-7 中 2、4 轴之间将其自动居中，单击鼠标将其放置。

提示：一般在插入门窗时，挪动鼠标至放置点，Revit 会自动选取中心放置，如果想要放置其他距离可轻微挪动鼠标调整距离，或者放置后利用临时尺寸标注精准定位。

用同样的方法将其他门窗设置，如图 6-5-8 所示，位置居中即可，具体尺寸信息参考图纸。

提示：

1. 在平面插入窗，其窗台高为【默认窗台高】参数值。在立面上，可以在任意位置插入窗。在插入窗族时，当立面出现绿色虚线，此时窗台高为【默认窗台高】参数值。

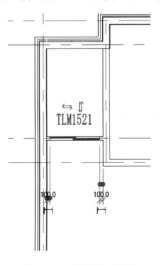

图 6-5-6　调整该门距离

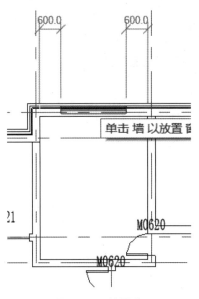

图 6-5-7　放置窗

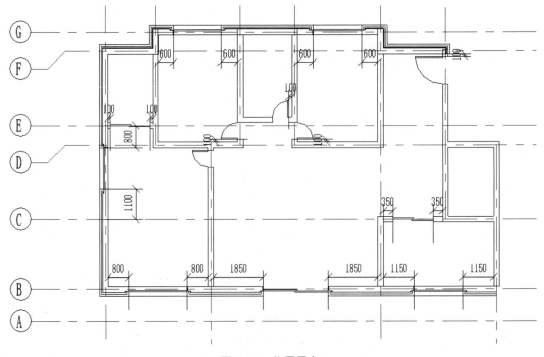

图 6-5-8　位置居中

2. 修改窗的实例参数中的【底高度】，实际上也就修改了【窗台高度】，但不会修改类型参数中的【默认窗台高】。修改了类型参数中【默认窗台高】的参数值，只会影响随后再插入的窗户的【窗台高度】，对之前插入的窗户的【窗台高度】并不产生影响。

6.6 放置家具

放置家具

依次点击【插入】→【从库中载入】→【载入族】，打开【所需族】，选择【家具族】，选择全部族文件，单击【打开】载入族文件，如图 6-6-1 所示。

提示：在项目中如无特殊要求优先选择二维构件，以此降低文件数据量，提高运行速度。本次使用为三维构建，在三维视图中可见。

图 6-6-1　放置家具

依次点击【建筑】→【构建】→【构件】，在【属性】下拉列表中选择【全自动坐便器-落地式】，在如图 6-6-2 所示位置进行放置，用相同操作完成淋浴间及梳妆台的放置，

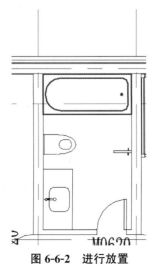

图 6-6-2　进行放置

完成后如图 6-6-2 所示。

提示：在放置之前，可通过【空格】键调整构件的放置方向。

重复上步操作，完成其他家具的摆放，如图 6-6-3 所示。

图 6-6-3 调整构件

6.7 阳台设计

以之前设置好的墙体【外墙剪力墙 290】进行阳台墙绘制。

在 F1 平面视图中，选择 A 轴上 3～6 轴，如图 6-7-1 所示绘制，可利用对齐命令进行对齐。

依次点击【建筑】→【栏杆扶手】→【编辑类型】，复制并重命名为 1200mm，将顶部扶栏高度设置为 1200mm，编辑【栏杆结构（非连续）】从上至下依次

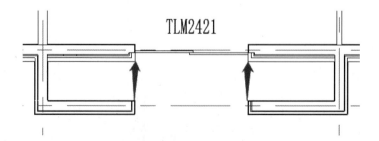

图 6-7-1 绘制阳台墙

设置为 900、600、300、100，如图 6-7-2 所示。编辑【栏杆位置】，将对齐更改为中心，如图 6-7-3 所示。

图 6-7-2　编辑扶手

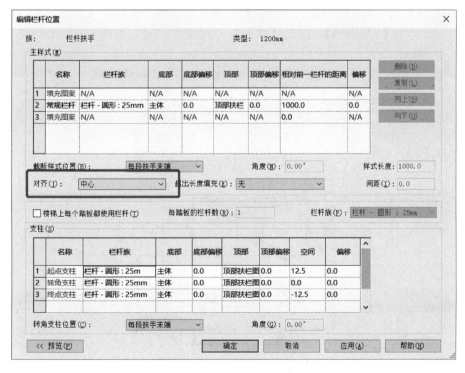

图 6-7-3　编辑栏杆位置

绘制最终样式如图 6-7-4 所示。

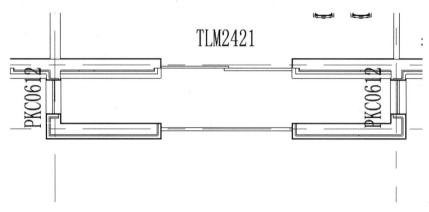

图 6-7-4　绘制最终样式

6.8 标准层设计

在【F1】视图，光标从视图左上方向右下方框选除了轴网外的所有构件，单击【选择多个】选项卡→【创建】面板→【创建组】工具，在弹出的【创建模型组和附着的详图组】对话框，模型组名称为【户型 A】，详图组名称为【4 户型 A】，单击【确定】，完成组的创建，如图 6-8-1 所示。

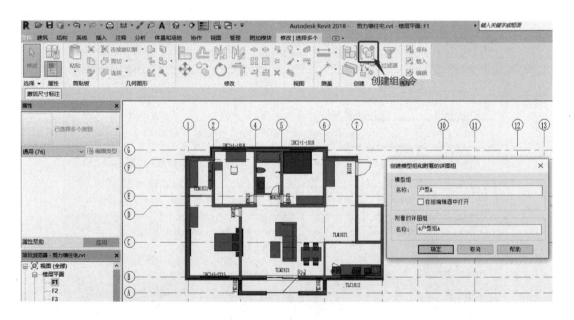

图 6-8-1　标准层设计

单击【建筑】选项卡→【工作平面】面板→【参照平面】工具，如图 6-8-2 所示，在8 到 9 轴之间绘制一条参照平面，选取该条参照平面，将临时尺寸标注的尺寸界限设置在8 轴和 9 轴上，设置数值为 1350mm，如图 6-8-3 所示。然后将光标移动到【户型 A】组上，外围出现矩形虚线时单击【选择组】，单击【修改模型组】选项卡→【修改】面板→【镜像】工具，将光标移动到绘图区域，在参照平面上单击，以参照平面为中心镜像组【户型 A】，完成后如图 6-8-4 所示。

图 6-8-2　【参照平面】工具

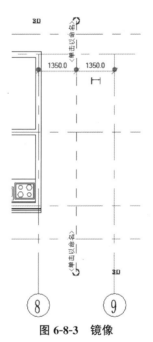

图 6-8-3　镜像

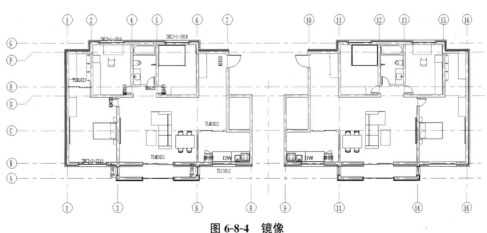

图 6-8-4　镜像

然后将 7～10 轴和 8～9 轴之间用墙体封闭，如图 6-8-5 所示。

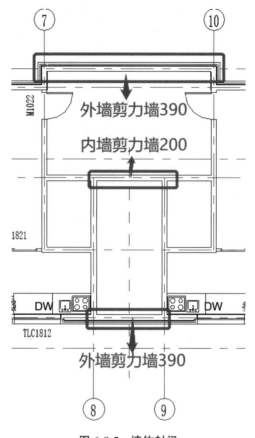

图 6-8-5　墙体封闭

选择现有的两个模型组并且选中刚才绘制的封闭墙体，用同样的方法单击【修改模型】选项卡→【修改】面板→【镜像】工具，以 16 轴为中心镜像两个模型组。

提示：右下角将弹出提示，如图 6-8-6 所示。

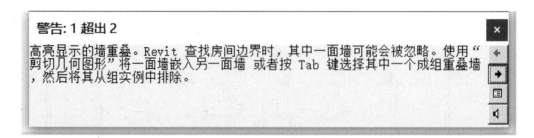

图 6-8-6　镜像

由于镜像组时有墙重叠，发生错误警告，将光标移动到 16 轴重叠的墙体上，按 Tab 键帮助选择重叠的墙，单击该墙旁边的【解除组成员】图标，如图 6-8-7 所示。重复以上

步骤，将另一面墙体也排除出组外，并重新在 16 轴上绘制墙体【内墙剪力墙 200】，如图
6-8-8 所示。

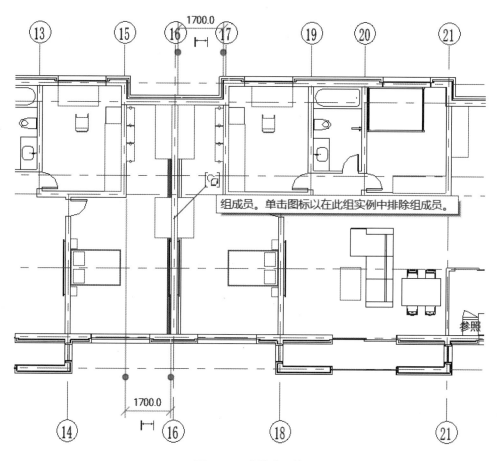

图 6-8-7 内墙剪刀墙

　　单击【建筑】选项卡→【构建】面板→【墙】工具，在【属性】面板下拉列表中选择
墙体【幕墙】，点击【编辑类型】，在打开的【类型属性】中勾选自动嵌入后的选项框，单
击确定。然后在选项栏墙体高度中设置为【F2】，在 G 轴上 8～9 轴之间从左向右绘制如
图 6-8-9 所示的墙体。

　　进入【北】立面视图，将视角调整到 8～9 轴，单击【建筑】选项卡→【构建】面板
→【幕墙网格】工具，如图 6-8-10 所示，对该面幕墙进行网格添加，利用临时尺寸标注进
行距离设置，纵向两条网格线距边侧 575mm，横向网格线距离上侧 800mm，如图 6-8-11
所示。

　　然后按【Tab】键选择中间嵌板，如图 6-8-12 所示，对其【编辑类型】→【载
入】。

　　选取所需族中的【幕墙门嵌板_双开门】，如图 6-8-13 所示。

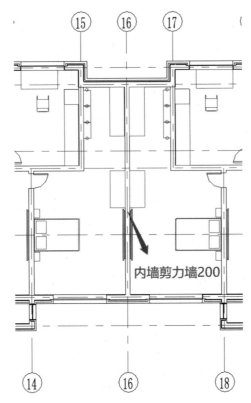

图 6-8-8　内墙剪刀墙

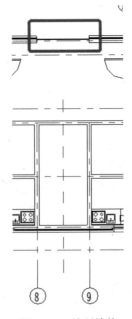

图 6-8-9　绘制墙体

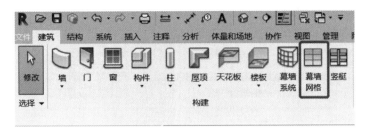

图 6-8-10　幕墙网格选项卡

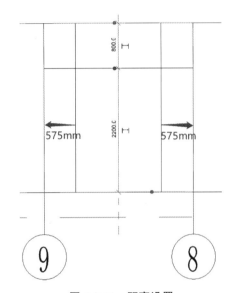

图 6-8-11　距离设置

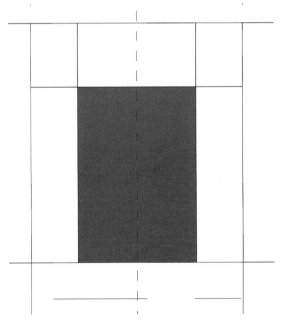

图 6-8-12　编辑类型

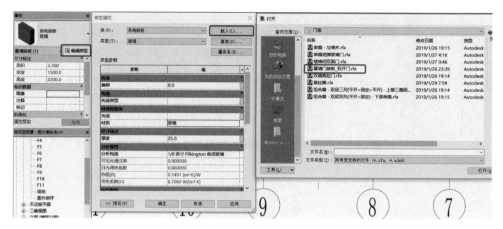

图 6-8-13 寻找双开门

在载入族后打开下拉列表选取【幕墙门嵌板 _ 双开门】，单击确定完成更改，如图 6-8-14 所示。

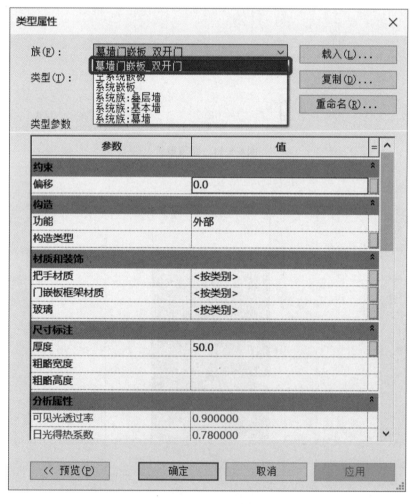

图 6-8-14 类型属性

重复以上操作完成 23～24 轴间的幕墙。

单击【建筑】选项卡→【构建】面板→【竖梃】工具，对建立好的网格线和边线进行竖梃添加，如图 6-8-15 所示。

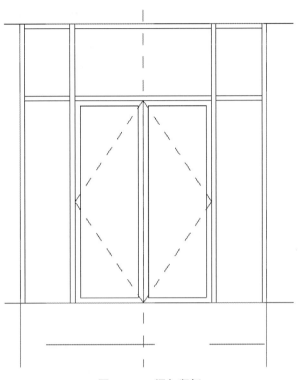

图 6-8-15　添加竖梃

6.9　整体搭建

确保打开平面视图 F1，首先单击上一任务中建立好的墙体将其顶部约束设置为：直至标高 F11，然后进入属性下拉列表中选择【外部剪力墙叠层墙】。如图 6-9-1 所示。

选取墙体及组【户型 A】，单击【修改 | 选择多个】选项卡中的【复制】，然后再单击【粘贴】下拉列表中的【与选定的标高对齐】命令，如图 6-9-2 所示。打开【选择标高】页面选择【F2】～【F10】，如图 6-9-3 所示。

进入平面视图【F2】，在【F1】玻璃嵌板门处，绘制一面 2700mm 幕墙，进行网格线添加，网格左右距离均为 900mm，上下距离为 1000mm。之后在网格线中添加竖梃，将中间玻璃嵌板更改为如图 6-9-4 所示，最后【镜像】到另一单元，选取两面幕墙将其【复制】→【粘贴】→【与选定标高对齐】。

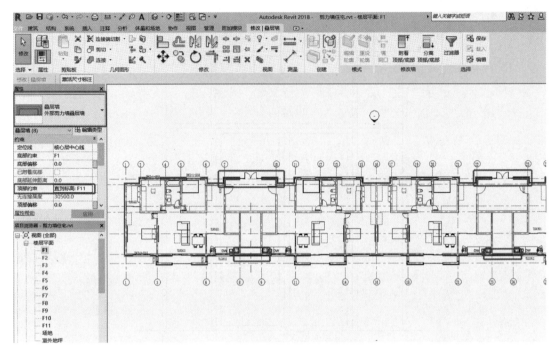

图 6-9-1　整体搭建

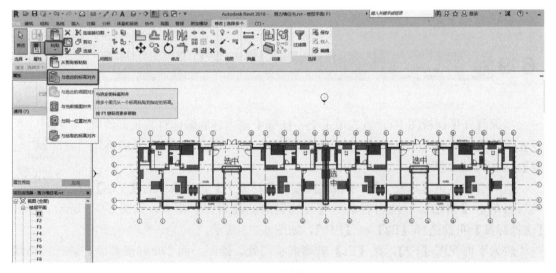

图 6-9-2　页面选择

图 6-9-3　选定标高

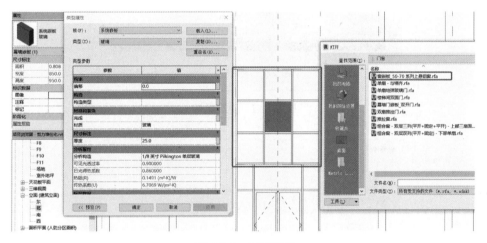

图 6-9-4　平面视图

6.10　创建楼板

将楼板分为两个区域：室内区域、室外区域。

首先进入【F1】视图，开始绘制室内区楼板：单击【常用】→【构建】→【楼板】，在【属性】对话框中单击【编辑类型】按钮，进入【类型属性】对话框，单击【类型】后面的【复制】按钮，在弹出的【名称】对话框中输入新名称【室内区-150mm】，单击确定，如图 6-10-1 所示。

单击【结构】后面的【编辑】按钮，厚度为 150mm，并选择材质【钢筋混凝土】，如6-10-2 所示。

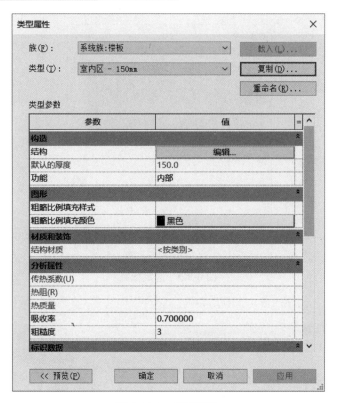

图 6-10-1　类型属性

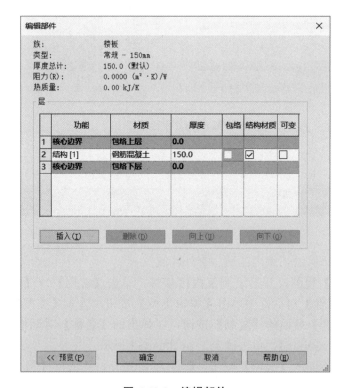

图 6-10-2　编辑部件

单击【创建楼板边界】选项卡→【绘制】面板→【边界线】的【拾取墙】工具，挪动光标到绘图区域拾取墙体，如图 6-10-3 所示。

图 6-10-3　修改创建楼层边界

提示：选择拾取生成的边界线，单击出现的双向箭头可切换该线条位置，可将边界线由内、外墙面进行转换。

顺时针拾取墙体，完成封闭的轮廓。多余的线条用修改命令处理，绘制完后如图 6-10-4 所示。

图 6-10-4　命令修改

提示：楼板轮廓必须为一个或多个闭合轮廓。不同结构形式建筑边界线位置：框架结构的楼板为外墙边；砖混结构为墙中心线；剪力墙结构为墙内边。

以【室内区－150mm】为基础，复制【室外区－150mm】，材质和结构层厚度不变，在绘图区域绘制闭合轮廓，如图 6-10-5 所示。

接下来绘制阳台楼板，步骤如上，楼板绘制完成后，利用【镜像】命令，将楼板镜像到另一面，如图 6-10-6 所示。

最后选取所有一层的楼板，使用前文中所使用的【复制】→【与选定的标高对齐】，粘贴到【F2】～【F10】层中。

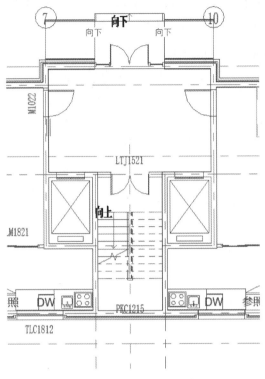

图 6-10-5　绘制闭合轮廓

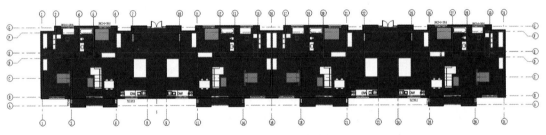

图 6-10-6　绘制阳台楼板

6.11　创建楼梯、电梯构件

创建楼梯、
电梯构件

进入【F1】开始绘制楼梯。首先在 8～9 轴之间做好参照平面，利用临时尺寸标注设置距离，如图 6-11-1 所示。

单击【建筑】选项卡→【楼梯坡道】面板→【楼梯】命令，进入楼梯的绘制模式，单击【创建楼梯】选项卡→【属性】面板下拉框，设置为【现场浇注楼梯】，并设置【定位线】为【梯边梁外侧：右】；【实际梯段宽度】为【1200】；【所需踢面数】为【20】；【实际踏板深度】为【280】，选取边与方向如图 6-11-2 所示。

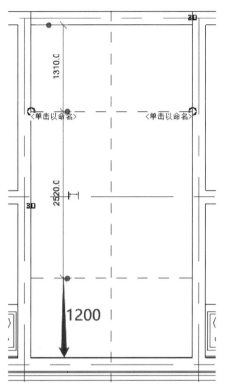

图 6-11-1　设置距离

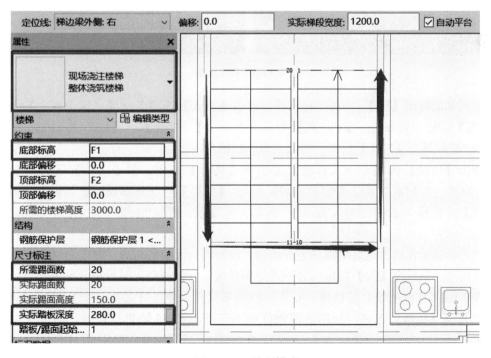

图 6-11-2　绘制模式

单击【完成编辑模式】按钮，完成楼梯的绘制。进入三维视图中，勾选【属性】→【剖面框】选项框，利用剖面框调整视图至楼梯位置，选择外围的扶手，单击【Delete】键，删除靠墙的扶手。完成楼梯的绘制后，如图 6-11-3 所示。

图 6-11-3　完成绘制

回到平面视图【F1】，添加电梯构件：单击【插入】选项卡→【从库中载入】面板→【载入族】按钮，在弹出的【载入族】对话框中选择【所需族】→【DT_电梯_后配重_多层.rfa】并单击【打开】按钮，完成电梯族的载入。

单击【建筑】选项卡→【构建】面板→【构件】按钮，在【属性】下拉列表选择【DT_电梯_后配重_多层2200×1100】，单击【属性】→【编辑属性】按钮，进入【类型属性】对话框，如图 6-11-4 所示。修改电梯设置：配重偏移＝0、层高＝3000、层数＝10。

将光标移动至绘图区域电梯井上方墙面，将自动拾取中心位置，单击放置电梯，如图 6-11-5 所示。最后在【F1】层电梯井底部绘制楼板，并将该楼板镜像至另一单元。

按 Ctrl 多选刚刚绘制的楼梯、扶手、电梯等构件，单击【选择多个】选项卡→【修改】面板→【镜像】工具，利用之前做好的参照平面和 16 轴进行镜像。将两个单元的楼梯和扶手选中，进行【复制】→【与选定的标高对齐】，粘贴到【F2】～【F9】层中。

图 6-11-4　编辑属性

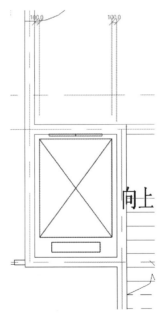

图 6-11-5　镜像

单击【建筑】选项卡→【洞口】面板→【竖井】工具,设置底部偏移为 0,顶部约束直至 F10,如图 6-11-6 所示进行绘制。最后将竖井镜像至另一单元。

进入楼层平面【F10】,编辑扶手,将顶层扶手绘制延伸至墙内,如图 6-11-7 所示。另一单元同上。

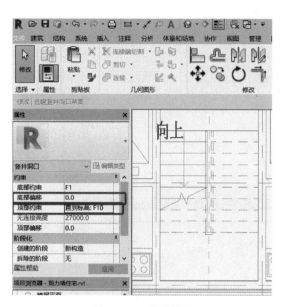

图 6-11-6　竖井镜像

图 6-11-7　编制扶手层

回到楼层平面【F1】，放置楼梯间门、窗，选取前面导入的【楼梯间双面门】族，如图 6-11-8 所示放置，选取【梯间推拉窗】，底部标高设置为 2000，按图 6-11-9 所示放置。之后选取门和窗【镜像】至另一单元楼梯间，最后选取楼梯间门进行【复制】→【粘贴】→【与选定标高对齐】F2～F10，将窗粘贴到 F2～F9。

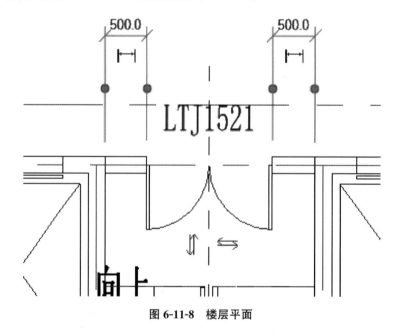

图 6-11-8　楼层平面

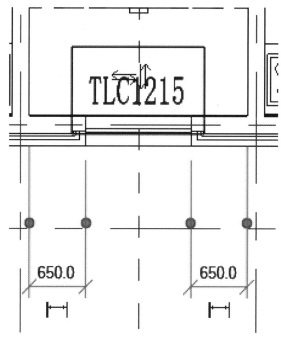

图 6-11-9　楼层平面

6.12　创建入口

单击【建筑】选项卡→【构建】面板→【楼板】工具，复制并命名【坡道楼板】，编辑其结构为 300mm 厚混凝土，绘制 1800×2700 闭合轮廓线，如图 6-12-1 所示，底部约束为【F1】，完成绘制。

创建入口

添加室外楼梯，首先进入楼层平面【室外地坪】，单击【建筑】选项卡→【构建】面板→【楼梯】工具，底部标高设置为【室外地坪】，顶部标高设置为【F1】，单击确定，所需踢面数设置为 2，做一条距离楼板 280mm 的参照平面，之后再以参照平面为起点，绘制楼梯，然后调整其宽度，如图 6-12-2 所示。单击完成后删掉栏杆扶手。

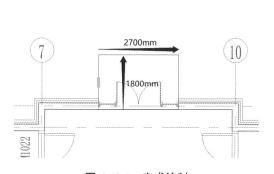

图 6-12-1　完成绘制

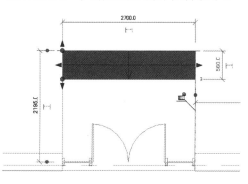

图 6-12-2　楼层平面

单击【建筑】选项卡→【楼梯坡道】面板→【坡道】工具，进入坡道的绘制界面，单击【编辑类型】，修改【类型属性】中坡道最大坡度为1，造型为实体，确定完成后，修改【实例属性】中基准标高为室外地坪，顶部标高为 F1，设置其宽度为 1460mm，单击【应用】完成设置，绘制梯段，单击【完成编辑模式】完成绘制，然后移动调整位置，如图 6-12-3 所示。

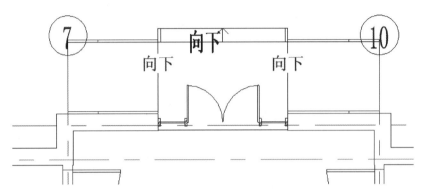

图 6-12-3　绘制梯段

然后选择楼板、楼梯、坡道，【镜像】至另一单元门前。

6.13　屋顶设计

打开【F11】平面视图，点击【属性】面板→【基线】，底部标高为【F10】，如图 6-13-1 所示。

单击【建筑】选项卡→【构建】面板→【屋顶】，进入屋顶轮廓的绘制界面，然后在【绘制】栏中选择【拾取墙】命令。取消勾选【定义坡度】，顺次选择外墙的外边界，完成后，通过【对齐外墙边缘】及【修剪】命令最终得到屋顶的

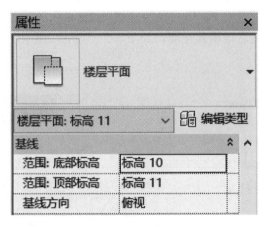

图 6-13-1　属性

闭合轮廓。最后在【模式】面板单击【完成编辑模式】，如图 6-13-2 所示。

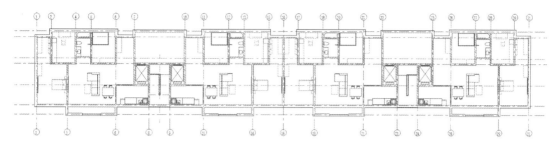

图 6-13-2 闭合轮廓

提示：如将屋顶勾选【定义坡度】则会出现坡度屋顶，如果取消勾选【定义坡度】，则屋顶是平的。

整体模型如图 6-13-3 所示。

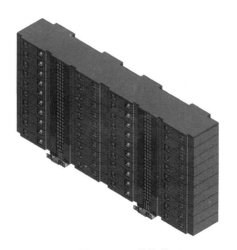

图 6-13-3 整体模型

6.14 练习题

6.14.1 学习目标

1.掌握 BIM 建模软件的基本概念和基本操作（建模环境设置、标高及轴网绘制、命令与数据的输入等）。

2.掌握样板文件的创建（参数、族、视图设置等）。

3.掌握 BIM 参数化建模过程及基本方法：基本模型元素的定义和创建基本模型元素及其类型。

4.掌握 BIM 参数化建模方法及操作：包括基本建筑形体，墙体、门窗、楼板、屋顶、楼梯等基本建筑构件。

5.掌握 BIM 实体编辑及操作：包括移动、复制、阵列、镜像、删除及分组等。

6.掌握模型的族实例编辑：包括修改族类型的参数、属性，添加族实例属性等。

7.掌握创建 BIM 属性明细表及操作：从模型属性中提取相关信息，以表格的形式进行显示，包括门窗、构件及材料统计表等。

6.14.2 任务情境（任务描述）

1.以剪力墙住宅建筑为例创建建模模型。

2.设置建模环境，项目设置、创建标高及轴网。

3.创建墙体、门窗、屋顶、楼梯等基本建筑构件。

4.创建模型中所需的族类型参数，属性，添加族实例属性等。

5.创建 BIM 属性明细表，包括门窗、构件及材料统计表等。

6.14.3 任务分析

1.熟悉系统设置、新建 BIM 文件及 BIM 建模环境设置。

2.熟悉建筑方案设计 BIM 建模，包括建筑方案造型的参数化建模和 BIM 属性定义及编辑。

3.熟悉建筑方案设计的表现，包括模型材质及纹理处理。

4.熟悉建筑施工图绘制与创建。

6.14.4 任务实施

根据以下要求和给出的图纸（图 6-14-1～图 6-14-11），创建模型。

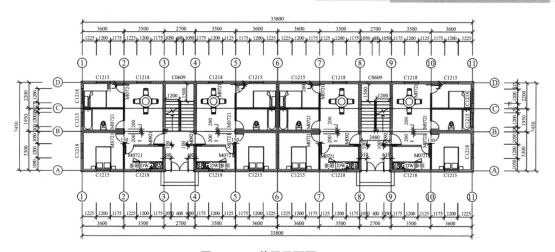

图 6-14-1 首层平面图 1：100

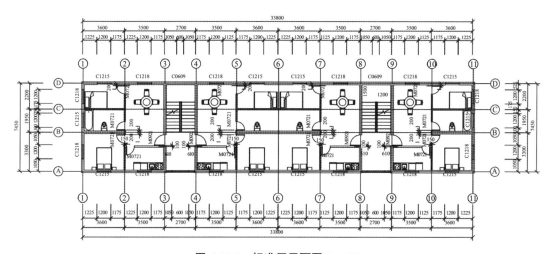

图 6-14-2 标准层平面图 1：100

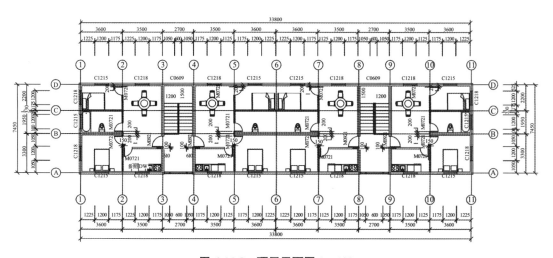

图 6-14-3 顶层平面图 1：100

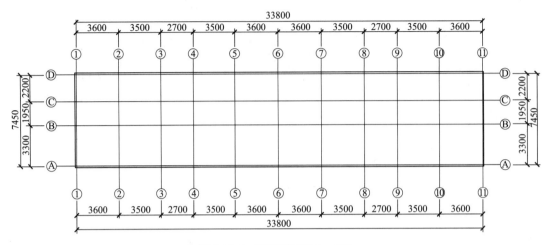

图 6-14-4　屋顶平面图 1∶100

图 6-14-5　南立面图 1∶100

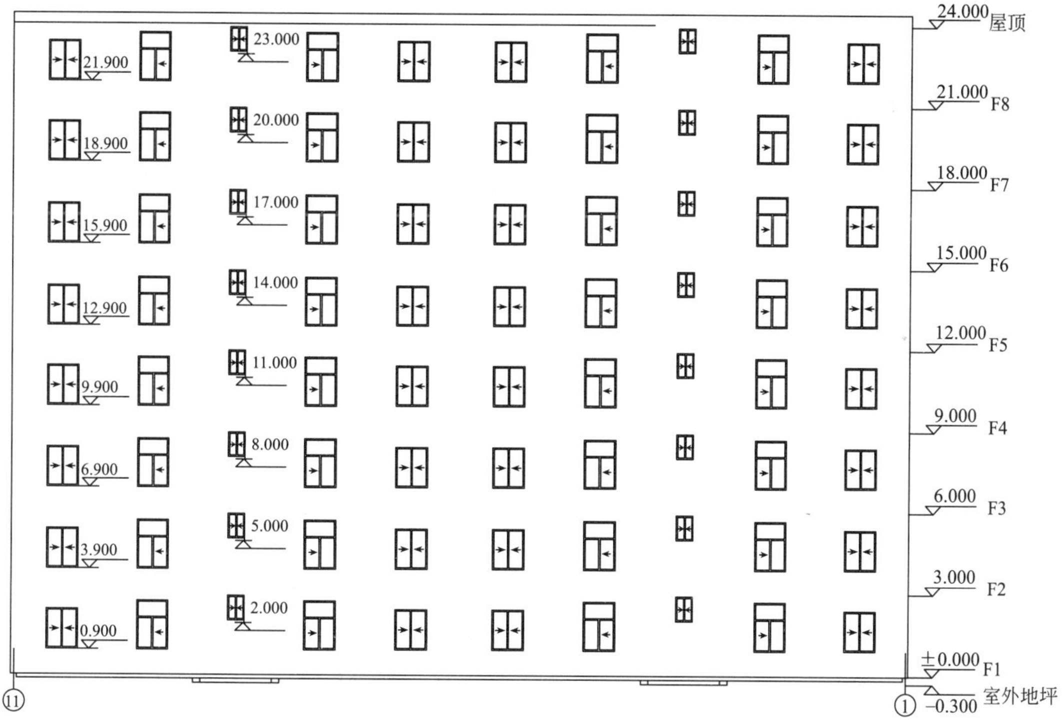

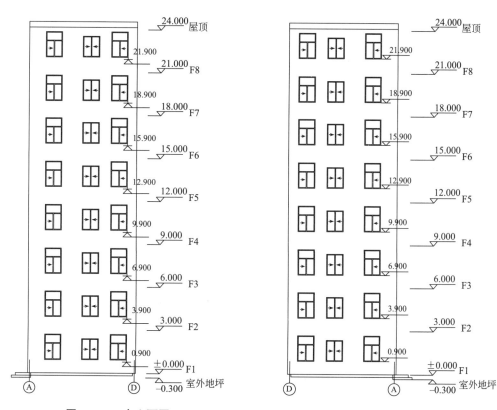

图 6-14-6　北立面图 1：100

图 6-14-7　东立面图

图 6-14-8　西立面图

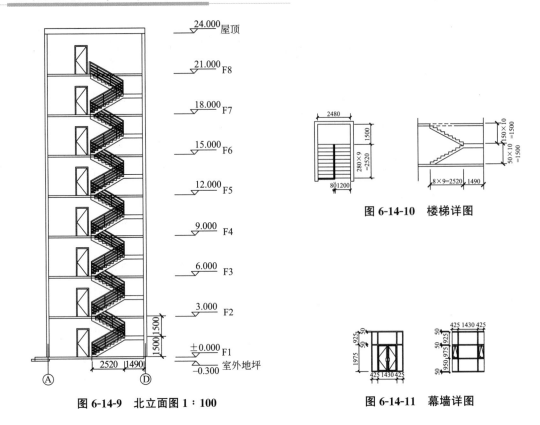

图 6-14-9　北立面图 1：100

图 6-14-10　楼梯详图

图 6-14-11　幕墙详图

1. BIM 参数化建模

（1）根据给出的图纸创建标高、轴网、墙、门窗、幕墙、楼板、楼梯、屋顶。其中，要求门窗尺寸、位置、标记名称正确。未标明尺寸的样式不做要求。

（2）墙体尺寸：外剪力墙 220：外面层涂料黄色 10mm 厚，结构层混凝土 200mm 厚，内面层涂料白色。内剪力墙 220：外面层涂料白色 10mm 厚，结构层混凝土 200mm 厚，内面层涂料白色。内隔墙 120：外面层涂料白色 10mm 厚，结构层混凝土 100mm 厚，内面层涂料白色。

（3）门窗尺寸见表 6-14-1。

（4）放置家具。根据平面图，布置位置参考图中取适当位置即可。

2. 创建门窗表

要求包含类型标记、宽度、高度。

3. 模型文件管理

用"八层住宅楼"为项目文件命名，并保存项目。

门窗明细表　　　　　　　　　　　　　　　　　　　　　　　　　　表 6-14-1

窗明细表			门明细表		
类型标记	宽度	高度	类型标记	宽度	高度
C0609	600	900	M0721	700	2100
C1215	1200	1500	M0921	900	2100
C1218	1200	1800	—	—	—

6.14.5　任务总结

1. 培养学生熟练掌握系统设置、新建 BIM 文件及 BIM 建模环境设置操作。

2. 培养学生熟练掌握 BIM 参数化建模的方法。

3. 培养学生熟练掌握族的属性的添加。

4. 培养学生熟练掌握 BIM 属性定义与编辑的操作。

教学单元 7　餐饮中心

创建标高

选择【建筑】选项卡中【基准】面板的【标高】命令，任意打开一个立面图，根据图纸进行标高的绘制。

在绘制标高的同时修改标高的属性，如图 7-1-1 所示。

14.400　女儿墙
13.800　屋顶

10.800　F4

7.500　F3

4.200　F2

±0.000　F1
-0.300　室外

图 7-1-1　创建标高

7.2　创建轴网

创建轴网

打开【楼层平面 F1】，进行轴网的绘制，如图 7-2-1 所示。

414

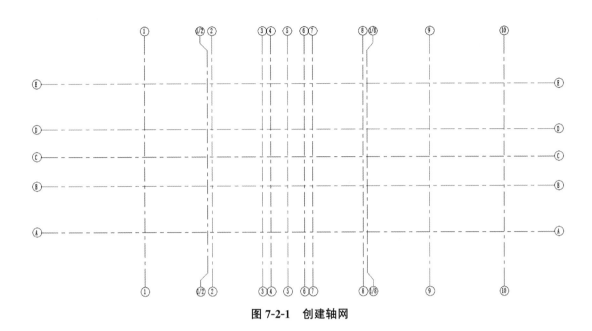

图 7-2-1　创建轴网

7.3　创建外墙

选择【建筑】选项卡【构建】面板中的【墙】命令。单击【属性】面板中的【编辑类型】选项后，进行外墙的创建。

首先复制创建【外墙】，如图 7-3-1 所示。

开始编辑墙的结构，如图 7-3-2 所示。

创建外墙

类型属性			✕
族(F)：	系统族:基本墙	▼	载入(L)...
类型(T)：	外墙	▼	复制(D)...
			重命名(R)...

图 7-3-1　创建外墙

如果【材质浏览器】中没有所需的材料，可创建所需的材料，具体步骤如下：

先创建一个材料，如图 7-3-3 所示。

创建新材质后修改名称为所需要的材料名称，如图 7-3-4 所示。

打开位于下方的【材质库】，替换所需材料，如图 7-3-5 所示。

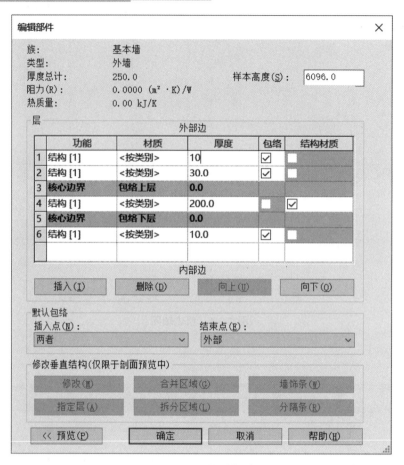

图 7-3-2　开始编辑墙

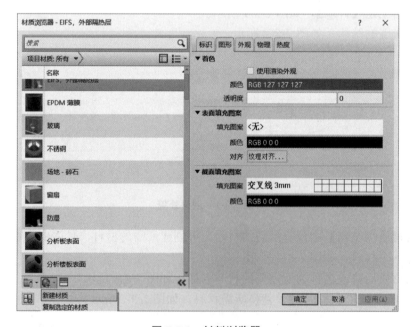

图 7-3-3　材料浏览器

图 7-3-4　饰面砖

图 7-3-5　替换材料

出现【材质库】，根据需要材料的分类或搜索材料名称，找到材料，如图 7-3-6 所示。

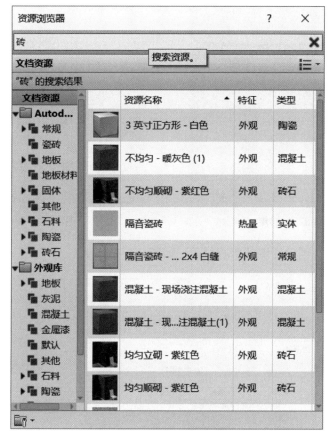

图 7-3-6　材料浏览器

找到材料后，左键双击所需材质，将材料的属性添加到刚刚复制创建的材料中，如图 7-3-7 所示。

图 7-3-7　修改材料

关闭【材质库】，查看新建的材料属性，如图 7-3-8 所示。

如果想让模型的外观更加真实，可以勾选【使用渲染外观】，如图 7-3-9 所示。

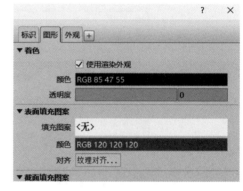

图 7-3-8　材料库　　　　　　　　　　　　　　　图 7-3-9　材料库

根据以上步骤，创建外墙的所有材质，如图 7-3-10 所示。

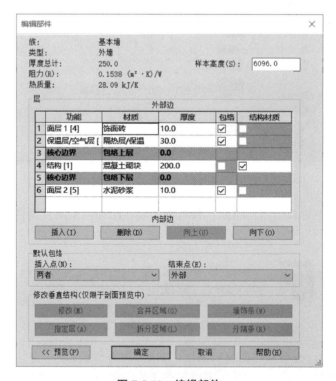

图 7-3-10　编辑部件

创建完成后绘制一层的外墙，如图 7-3-11 所示。

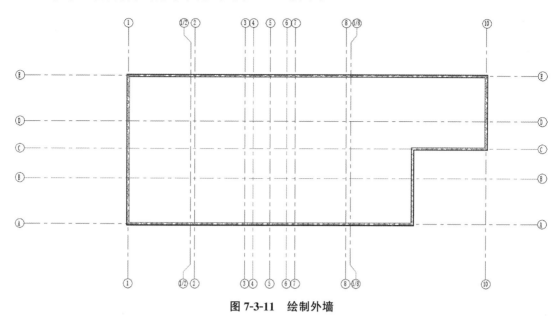

图 7-3-11   绘制外墙

单击绘图区域左下角的【详细程度】图标，有三个图标：【粗略】【中等】【精细】。选择详细程度可改变面层的显示。在粗略的显示下的墙体，没有显示出墙体的颜色与面层。选择视觉样式可以选择墙体的颜色，如图 7-3-12 所示。

1 : 100   □ ⊡ ✿ ◔ ⬠ ⬡ ♡ ♀ ⬚ ⬛ ⊟ ‹

图 7-3-12   选择墙体的颜色

修改之后可变为如图 7-3-13 所示。

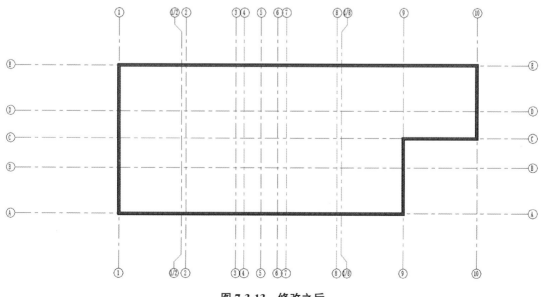

图 7-3-13   修改之后

7.4 创建内墙

在【建筑】选项卡【构建】面板中选择【墙】命令，复制创建名为【内墙】，如图 7-4-1 所示。

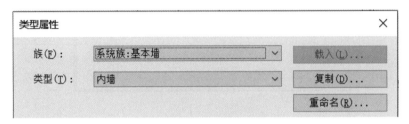

图 7-4-1　创建内墙

编辑内墙的结构，如图 7-4-2 所示。

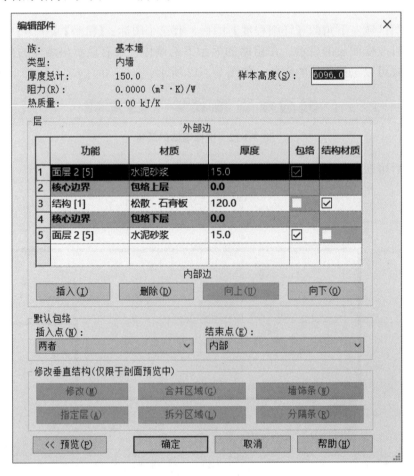

图 7-4-2　编辑内墙的结构

绘制一层内墙，绘制完成后如图 7-4-3 所示。

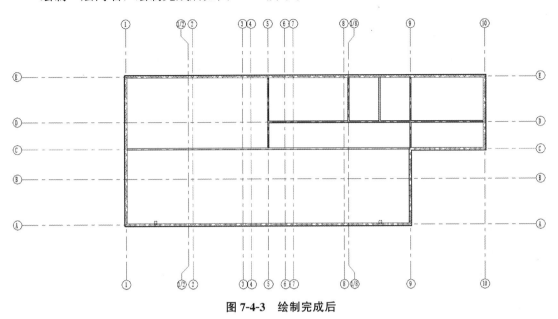

图 7-4-3　绘制完成后

7.5　复制墙体

F2、F3、F4 的外墙可以采用复制命令来快速绘制。

首先选择外墙，然后单击【修改】选项卡【剪贴板】中的【复制】图标，将所选外墙复制到剪贴板，如图 7-5-1 所示。

图 7-5-1　复制墙体

然后单击【粘贴】命令中的【与选定标高对齐】，如图 7-5-2 所示。

复制创建完成所有外墙，如图 7-5-3 所示。

因为每层外墙位置相同而高度不同，所以单击进入平面图 F2，然后选择外墙，如图 7-5-4 所示。

然后在左侧【属性】中将【底部约束】修改为【F2】，将【顶部约束】修改为【F3】，将【底部偏移】和【顶部偏移】都修改为【0】，如图 7-5-5 所示。

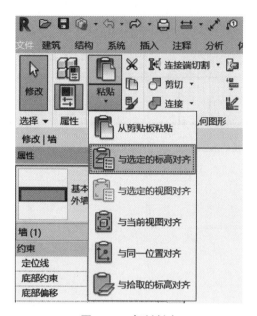

图 7-5-2　复制创建

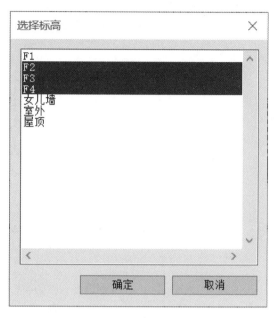

图 7-5-3　创建完成

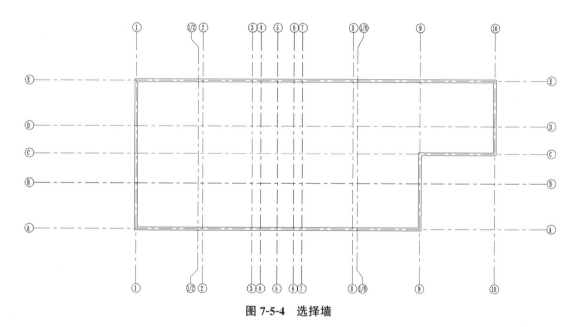

图 7-5-4　选择墙

创建 F3、F4 的外墙，可以参考 F2。女儿墙采用外墙绘制，方法同 F2。

创建 F2 的外墙，创建后如图 7-5-6 所示。

创建 F3、F4 的内墙，创建后如图 7-5-7 所示。

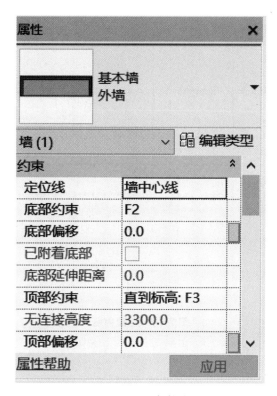

图 7-5-5　顶部偏移

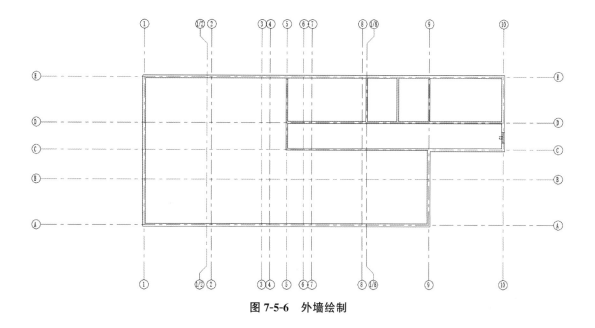

图 7-5-6　外墙绘制

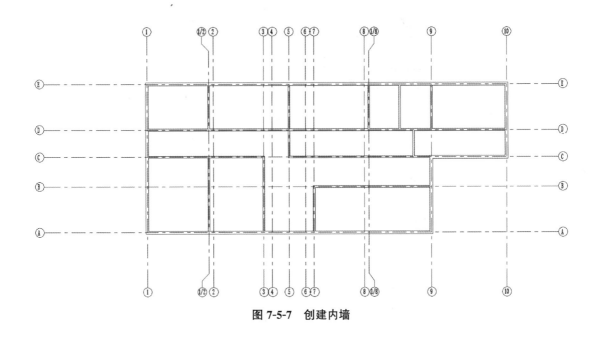

图 7-5-7　创建内墙

7.6　创建楼板

首先来进行一层楼板的创建。选择【楼板】命令，创建楼板如图 7-6-1 所示。

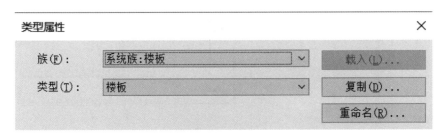

图 7-6-1　类型属性

然后创建楼板材质，如图 7-6-2 所示。

边界线选择【拾取墙】，创建楼板，如图 7-6-3 所示。

下面开始创建二、三、四层楼板。选择创建好的一层楼板，复制粘贴创建二、三、四层楼板，如图 7-6-4、图 7-6-5 所示。具体方法请参照项目五任务 5 中创建复制墙的章节。

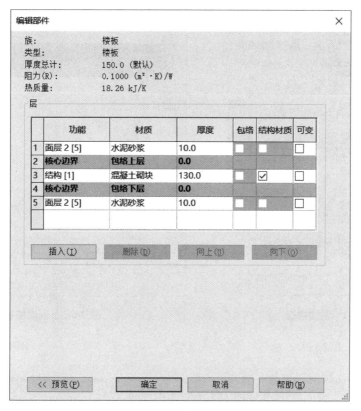

图 7-6-2　创建楼板

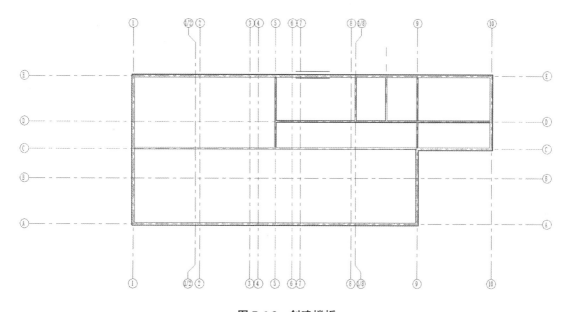

图 7-6-3　创建楼板

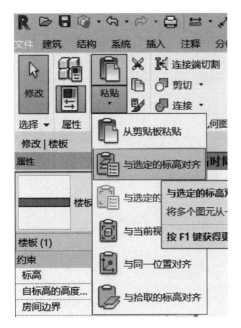

图 7-6-4 创建楼板

图 7-6-5 创建楼板

7.7 创建屋顶

创建屋顶

在【建筑】选项卡【构建】面板中选择【屋顶】，复制创建【屋顶】，如图 7-7-1 所示。

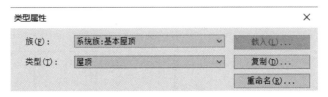

图 7-7-1 创建屋顶

在【编辑】中编辑屋顶的结构，如图 7-7-2 所示。

开始绘制屋顶，选择【修改】选项卡【绘制】面板中的【拾取线】，并将【偏移】修改为 500，拾取轴线，如图 7-7-3～图 7-7-5 所示。

接着使用【修改】选项卡【绘制】面板中的【坡度箭头】，如图 7-7-6 所示。

设置屋面的坡度，如图 7-7-7 所示。

在【属性】面板中修改限制条件中【指定】为【坡度】，尺寸标注中【坡度】为 1%（0.57°），如图 7-7-8 所示。

图 7-7-2　编辑屋顶

图 7-7-3　绘制屋顶

图 7-7-4　绘制屋顶

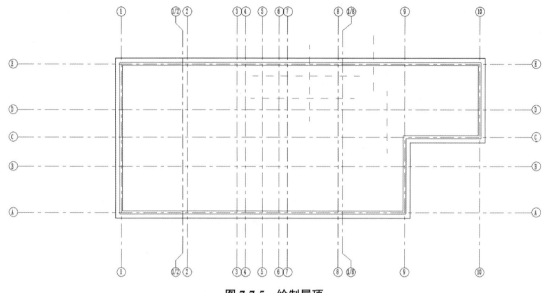

图 7-7-5　绘制屋顶

图 7-7-6　选项卡

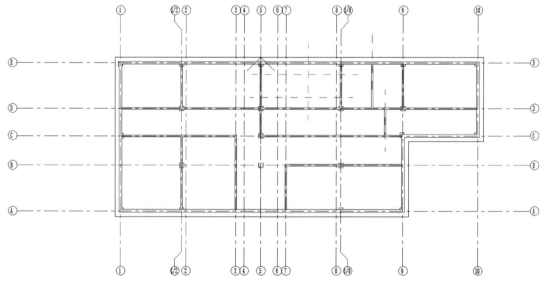

图 7-7-7　屋面的坡度

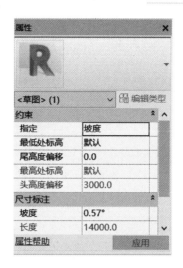

图 7-7-8   修改属性

7.8 创建门窗

在【建筑】选项卡【构建】面板中选择【窗】，复制创建窗为【C1】，并修改宽度为 900mm，高度为 1200mm，如图 7-8-1 所示。

创建门窗
(1)

创建门窗
(2)

图 7-8-1   类型属性

在【建筑】选项卡【构建】面板中选择【窗】，复制创建窗为【C2】，并修改宽度为900mm，高度为900mm，如图7-8-2所示。

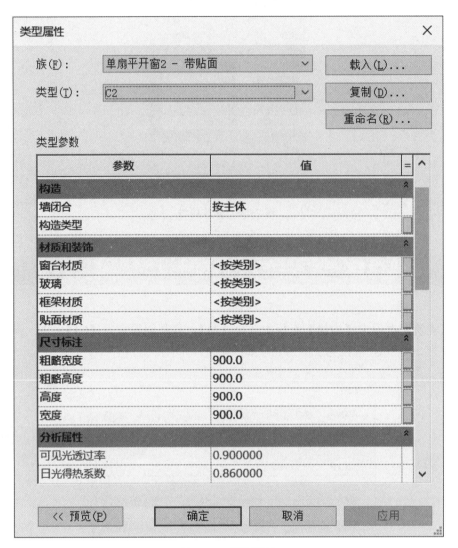

图 7-8-2　类型属性

在【建筑】选项卡【构建】面板中选择【窗】，复制创建窗为【C3】，并修改宽度为3000mm，高度为2000mm，如图7-8-3所示。

在【建筑】选项卡【构建】面板中选择【窗】，复制创建窗为【C4】，并修改宽度为1800mm，高度为1200mm，如图7-8-4所示。

放置窗C1，如图7-8-5所示。

然后在一层中进行C1，C2，C3的放置，如图7-8-6所示。

二层，三层，四层的窗如图7-8-7，图7-8-8所示。

创建门，复制创建【M1】【M3】【M4】，如图7-8-9～图7-8-11所示。

创建结束之后，将门放置到图中，如图7-8-12～图7-8-14所示。

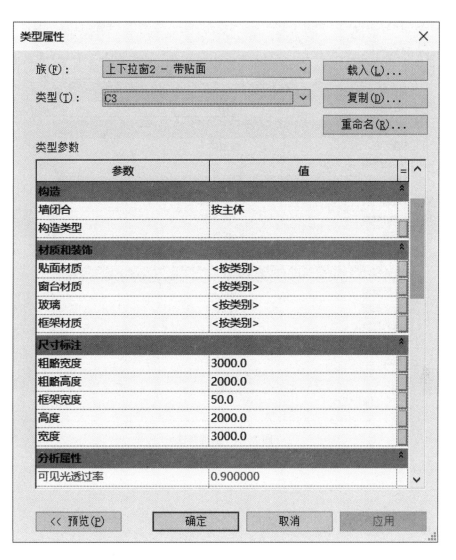

图 7-8-3　类型属性

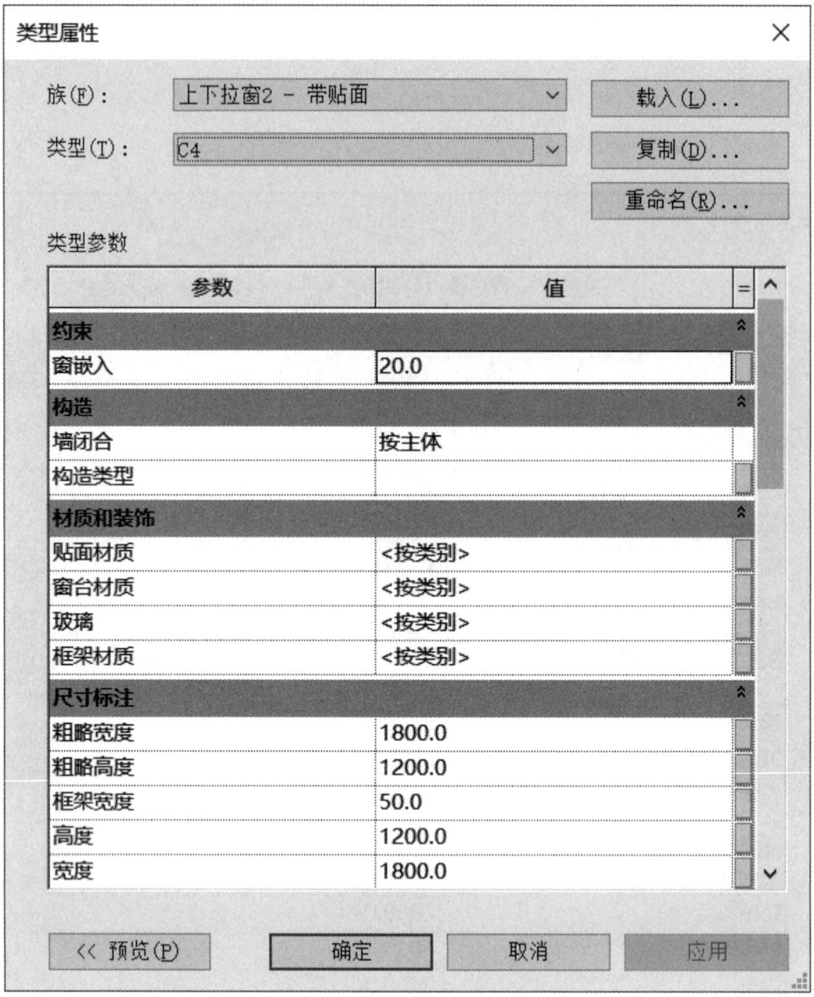

类型属性 ×

族(F)： 上下拉窗2 - 带贴面 ∨ 载入(L)...

类型(T)： C4 ∨ 复制(D)...

重命名(R)...

类型参数

参数	值	=
约束		⩔
窗嵌入	20.0	
构造		⩔
墙闭合	按主体	
构造类型		
材质和装饰		⩔
贴面材质	<按类别>	
窗台材质	<按类别>	
玻璃	<按类别>	
框架材质	<按类别>	
尺寸标注		⩔
粗略宽度	1800.0	
粗略高度	1200.0	
框架宽度	50.0	
高度	1200.0	
宽度	1800.0	

<< 预览(P) 　　确定　　 　取消　 　应用　

图 7-8-4　类型属性

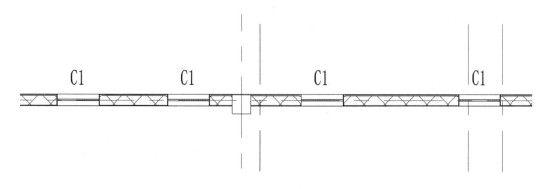

图 7-8-5　放置窗

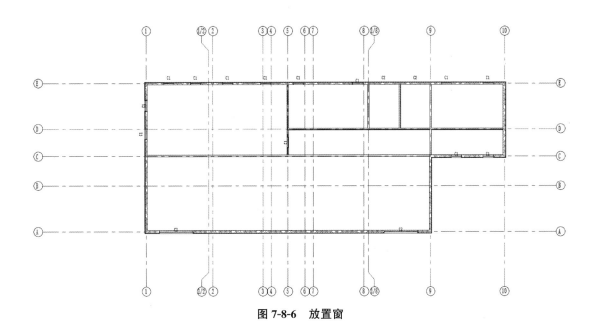

图 7-8-6　放置窗

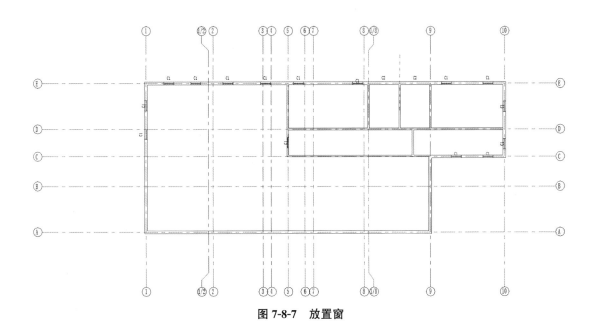

图 7-8-7　放置窗

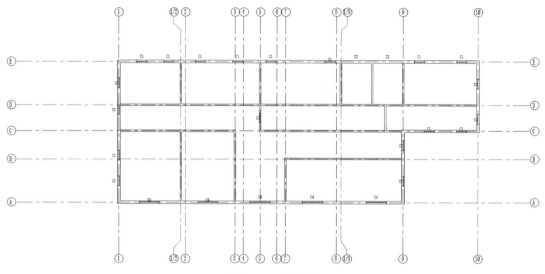

图 7-8-8　放置窗

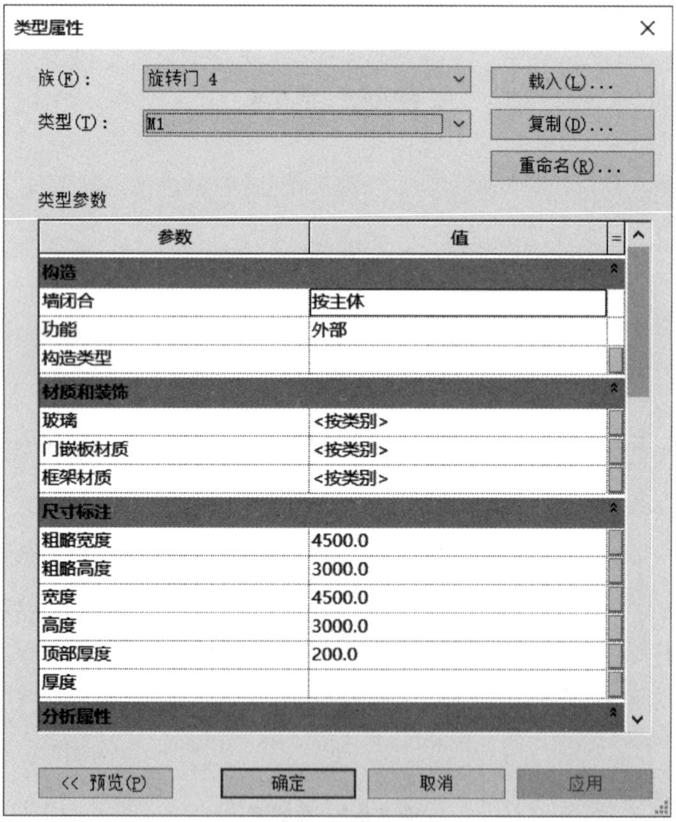

图 7-8-9　类型属性

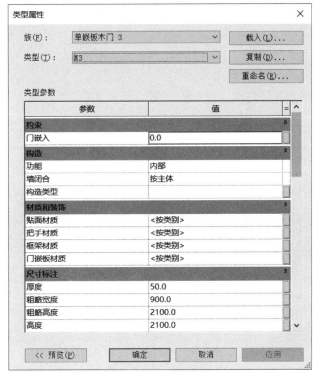

图 7-8-10　类型属性

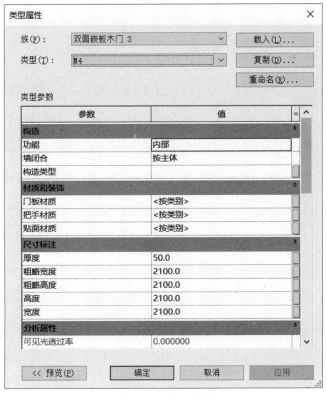

图 7-8-11　类型属性

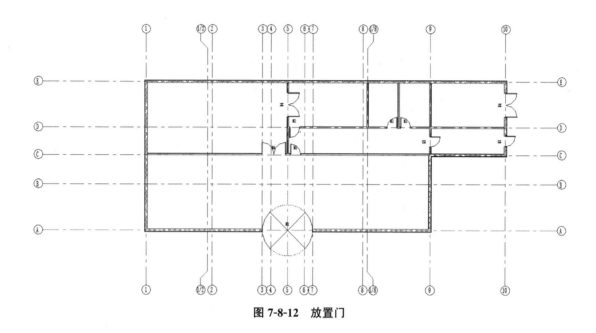

图 7-8-12　放置门

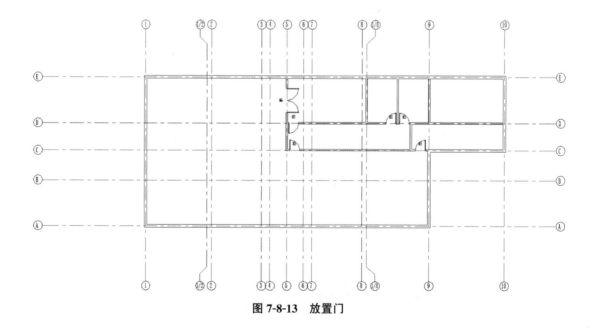

图 7-8-13　放置门

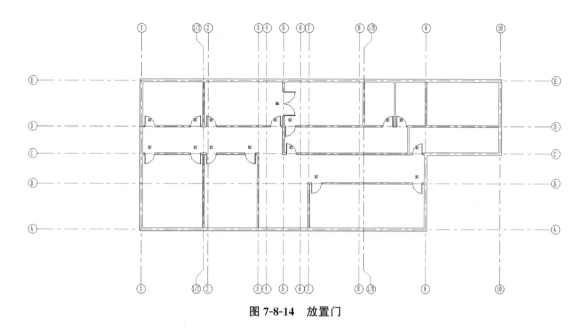

图 7-8-14　放置门

7.9 创建柱

首先选择【建筑】选项卡【构建】面板中的【柱】命令，选择【结构柱】。如图 7-9-1 所示。

在【属性】面板中点击【载入】，如图 7-9-2 所示。

在【结构】中找到【混凝土-矩形-柱】并对它进行【复制】，命名为【柱】，修改尺寸为 400mm×400mm，如图 7-9-3 所示。

创建柱

图 7-9-1　创建柱

在 F1 楼层平面中放置柱。柱的高度选择 F2，如图 7-9-4 所示。

在【修改】面板中选中【垂直柱】，如图 7-9-5 所示。

在放置柱时用<Tab>键和【对齐】命令进行调整。修改后柱的放置情况如图 7-9-6 所示。

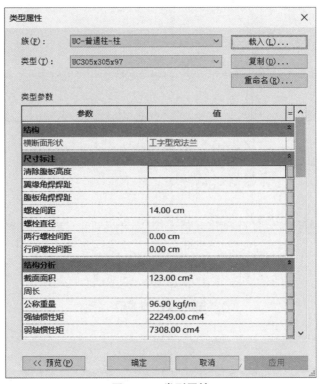

图 7-9-2 类型属性

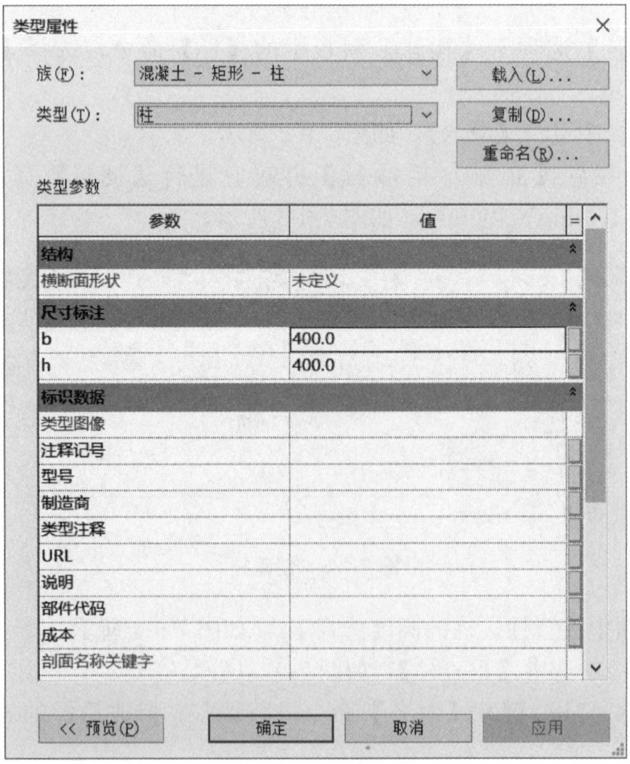

图 7-9-3 类型属性

修改 | 放置 结构柱	□ 放置后旋转	高度: ∨	F2 ∨	2500.0	☑ 房间边界

图 7-9-4　放置柱

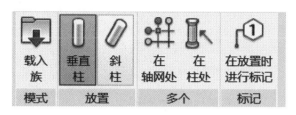

图 7-9-5　垂直柱

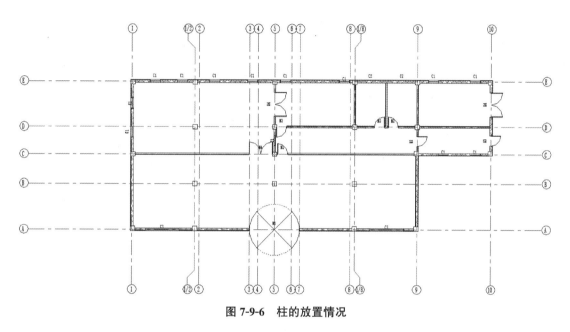

图 7-9-6　柱的放置情况

F2，F3，F4 的柱可以采用复制的方法。

7.10　创建幕墙

选择【墙】命令，并在【属性】面板中找到【幕墙】命令，如图 7-10-1 所示。

打开【属性】面板中的【编辑类型】，勾选【自动嵌入】，如图 7-10-2 所示。

在 F1 楼层平面中绘制幕墙，修改高度，【底部约束】为 F1，【顶部约束】为未连接，高度为 3000，如图 7-10-3 所示。

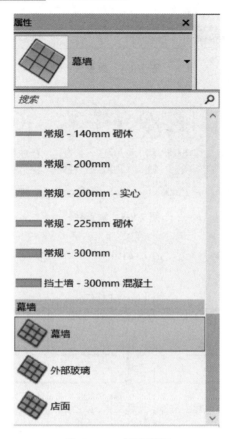

图 7-10-1　创建幕墙

图 7-10-2　类型属性

图 7-10-3　绘制幕墙

单击鼠标左键拾取幕墙起始的位置，然后继续单击鼠标左键拾取幕墙结束的位置。原来墙的位置会自动变成幕墙，如图 7-10-4 所示。

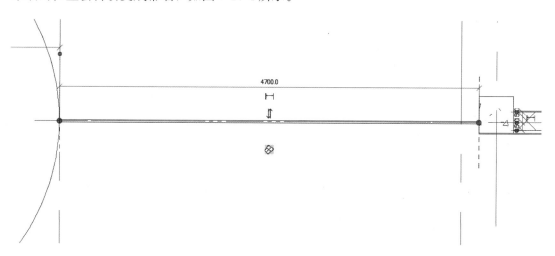

图 7-10-4　创建幕墙

将三维视图切换到南立面，继续创建幕墙网格与竖梃，如图 7-10-5 所示。

在【建筑】选项卡的【构建】面板中选择【幕墙网格】，先绘制网格以确定竖梃的具体位置再安放竖梃，如图 7-10-6 所示。

当光标移动到幕墙上时，会自动显示临时尺寸标注，单击左键即可放置网格，如图 7-10-7 所示。

图 7-10-5　创建幕墙网格与竖梃

图 7-10-6　绘制网格

图 7-10-7　放置网格

按照尺寸绘制网格之后，选择【竖梃】命令，用鼠标点击网格时会自动形成竖梃，如图 7-10-8 所示。

图 7-10-8　形成竖梃

然后我们需要做 M2，M2 是在幕墙中的门嵌板，首先，将鼠标放置在需要的嵌板边缘，使用<Tab>键，选中需要的嵌板，如图 7-10-9 所示。

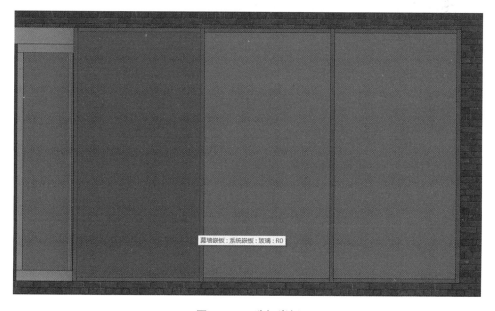

图 7-10-9　选择嵌板

然后在【属性】中的【载入】里载入一个门嵌板，如图 7-10-10 所示。

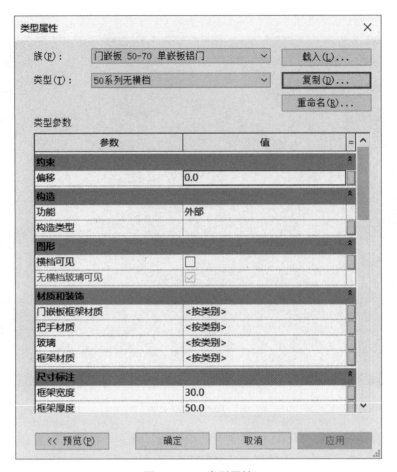

图 7-10-10　类型属性

其余幕墙绘制方法相同。

7.11 创建楼梯

在【建筑】选项卡中选择【楼梯】，如图 7-11-1 所示。

图 7-11-1　创建楼梯

　　在 F1 中首先修改楼梯的属性。在属性面板中将楼梯的类型改为【整体浇筑楼梯】，如图 7-11-2 所示。

　　点击【属性】面板，修改【实际踏板深度】为 300mm，【所需梯面数】为 24，如图 7-11-3 所示。【实际梯段宽度】为 1800mm，如图 7-11-4 所示。

图 7-11-2　编制类型	图 7-11-3　修改深度	图 7-11-4　修改宽度

　　开始绘制，如图 7-11-5 所示，完成一个楼梯的绘制。

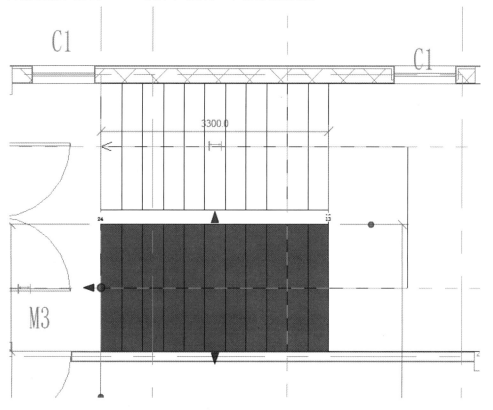

图 7-11-5　开始绘制

第二个楼梯可以绘制一条【参照平面】采取【镜像】的方式完成，如图 7-11-6、图 7-11-7 所示。

图 7-11-6　平面参照与镜像

图 7-11-7　修改与楼梯

完成后如图 7-11-8 所示。

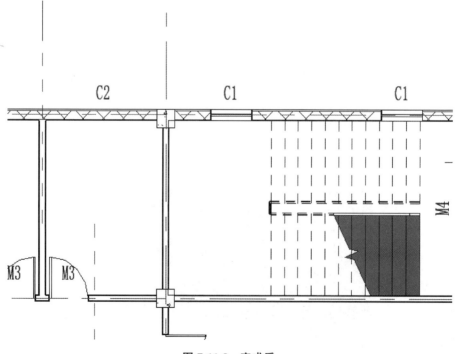

图 7-11-8　完成后

F2 的楼梯绘制方法同 F1，但【所需梯面数】修改为 20，如图 7-11-9 所示。

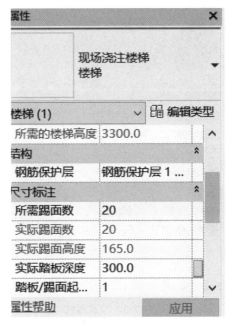

图 7-11-9　修改属性

F3 的楼梯与 F2 相同，可以采用复制粘贴的方式进行绘制。

7.12　创建楼梯洞口

下面我们开始创建洞口。在【建筑】选项卡中选中【竖井】命令，如图 7-12-1 所示。

创建楼梯洞口

在 F2 中按照楼梯的轮廓绘制【竖井】的轮廓，如图 7-12-2 所示。

修改【属性】面板中竖井的【底部偏移】与【顶部约束】，如图 7-12-3 所示。

图 7-12-1　创建楼梯洞口

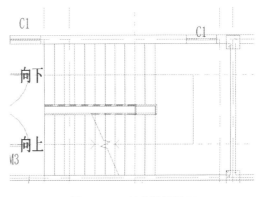

图 7-12-2　创建楼梯洞口

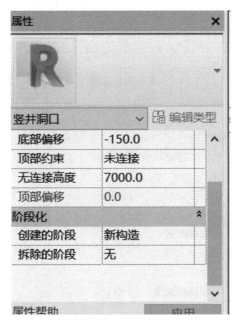

图 7-12-3　修改属性

完成绘制，另一个楼梯洞口的创建步骤与第一个一致。

7.13 创建散水

创建散水、台阶、坡道

在教学单元 1 中，我们学习了族的基本概念，本节我们要利用轮廓族来创建散水。

单击应用程序菜单按钮，选择【新建】，创建族，出现了族库界面，选择【公制轮廓】族样板，开始绘制散水轮廓，如图 7-13-1 所示。

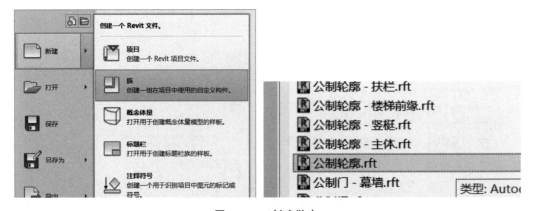

图 7-13-1　创建散水

族的创建界面与模型的创建界面有些不同，如图 7-13-2 所示。

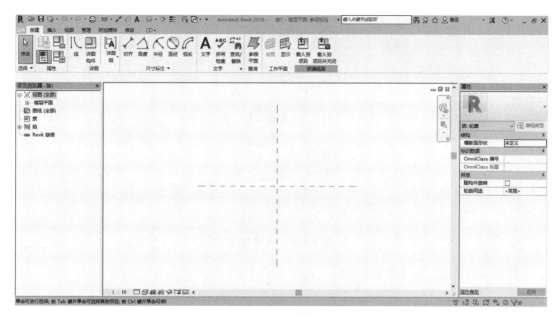

图 7-13-2　创建界面

使用直线绘制如图 7-13-3 所示图形。

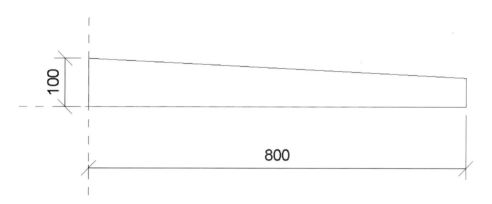

图 7-13-3　直线绘制

保存并载入项目中，文件名为【散水】，如图 7-13-4 所示。

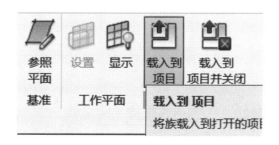

图 7-13-4　保存并载入项目

在三维视图中，选择【墙饰条】命令，并复制创建室外散水，如图 7-13-5 所示。

图 7-13-5　选择命令

打开编辑类型，在【轮廓】中载入创建的【散水】轮廓族文件，如图 7-13-6 所示。

类型属性

族(F):	系统族:墙饰条		载入(L)...
类型(T):	散水		复制(D)...
			重命名(R)...

类型参数

参数	值	=
约束		
剪切墙	☑	
被插入对象剪切	☐	
默认收进	0.0	
构造		
轮廓	散水 : 散水	
材质和装饰		
材质	<按类别>	
标识数据		
墙的子类别	墙饰条 - 檐口	
类型图像		
注释记号		
型号		
制造商		
类型注释		
URL		

<< 预览(P)　　　确定　　　取消　　　应用

图 7-13-6　类型属性

单击墙体边缘即可放置散水，如图 7-13-7 所示。

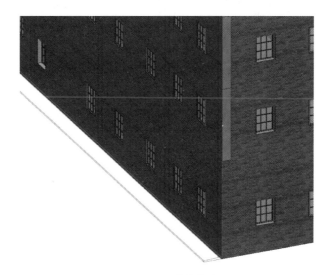

图 7-13-7　放置散水

室外散水创建成功，创建完成情况如图 7-13-8 所示。

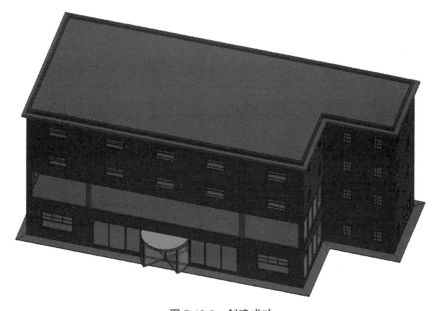

图 7-13-8　创建成功

7.14　创建台阶

单击应用程序菜单按钮创建一个新的台阶轮廓族，如图 7-14-1 所示。

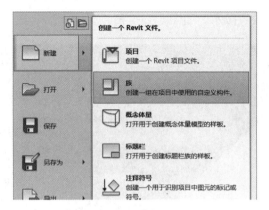

图 7-14-1　创建台阶

绘制如图 7-14-2 所示图形，保存并载入族中，文件名为【台阶】。

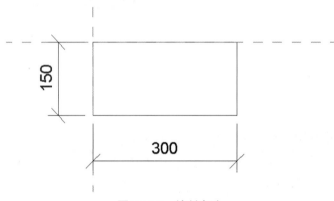

图 7-14-2　绘制台阶

　　在【楼层平面 F1】中创建台阶。首先选择【楼板：建筑】绘制台阶主体，如图 7-14-3 所示。

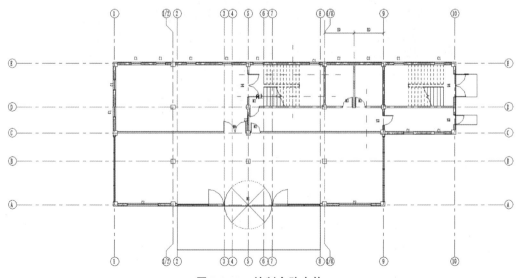

图 7-14-3　绘制台阶主体

单击【完成】，如图 7-14-4 所示。

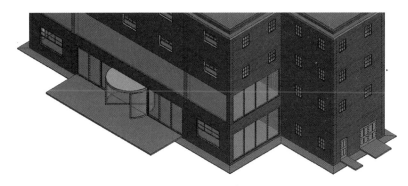

图 7-14-4　完成后

在三维视图中，选择【楼板边】命令，并复制创建室外台阶，如图 7-14-5 所示。在【轮廓】中载入创建的【台阶】轮廓族文件。

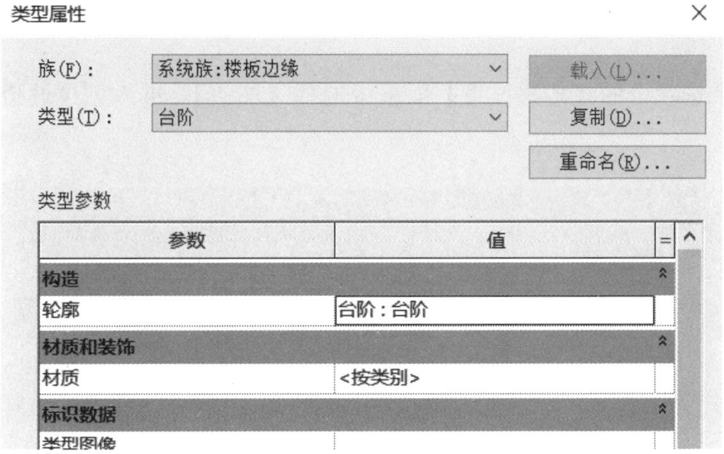

图 7-14-5　创建室外台阶

单击刚刚创建的楼板边缘即放置成功，如图 7-14-6 所示。

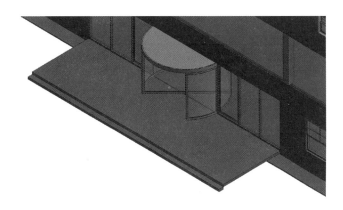

图 7-14-6　放置成功

用相同方法创建其他室外台阶，如图 7-14-7 所示。

图 7-14-7　创建其他台阶

7.15　创建坡道

在【建筑】选项卡的【楼梯坡道】面板中选择【坡道】，进入创建坡道的界面中，如图 7-15-1 所示。

图 7-15-1　创建坡道

绘制坡道轮廓，如图 7-15-2 所示。

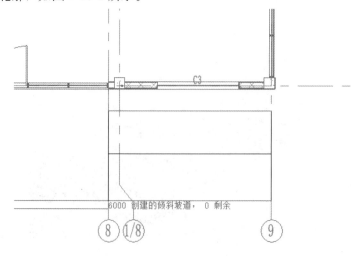

图 7-15-2　绘制坡道轮廓

单击【属性】面板中的【编辑类型】，修改【造型】为【实体】，将坡道最大坡度修改为"坡度的长度/坡道的高度"，如图 7-15-3 所示。

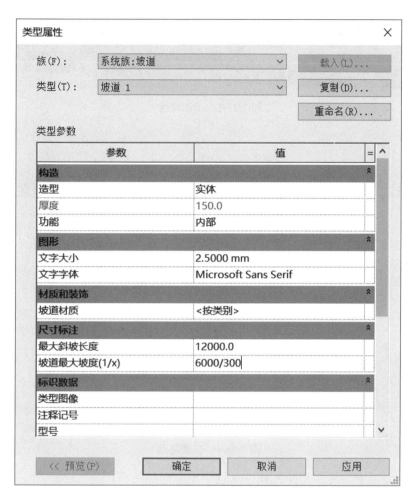

图 7-15-3 类型属性

坡道绘制完毕，如图 7-15-4 所示。

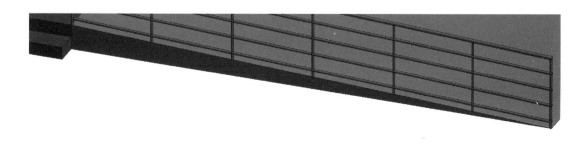

图 7-15-4 坡道绘制完成

另一侧坡道绘制方法相同，完成后如图 7-15-5 所示。

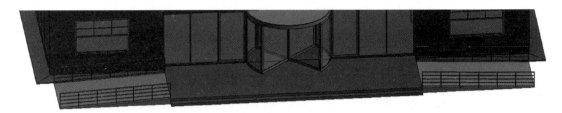

图 7-15-5　绘制坡道

7.16　创建场地

在【体量与场地】选项卡的【场地建模】面板中选择【地形表面】，进入创建场地的界面中，如图 7-16-1 所示。

图 7-16-1　创建场地

单击【放置点】命令，如图 7-16-2 所示。

图 7-16-2　编辑表面

进行点的放置，如图 7-16-3 所示。

同时将点的高程修改到室外标高，如图 7-16-4 所示。

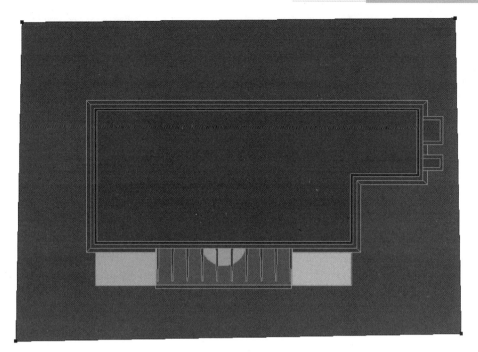

图 7-16-3　创建场地

边界点	高程:	-300.0

图 7-16-4　修改标高

7.17　创建雨棚

在【插入】选项卡的【从库中载入】面板中选择【载入族】载入雨棚，如图 7-17-1 所示。

在【建筑】选项卡的【构件】面板中选择【构件】【放置构件】，如图 7-17-2 所示。

创建雨棚

图 7-17-1　创建雨棚

图 7-17-2　创建雨棚

进行雨棚的放置，如图 7-17-3 所示。

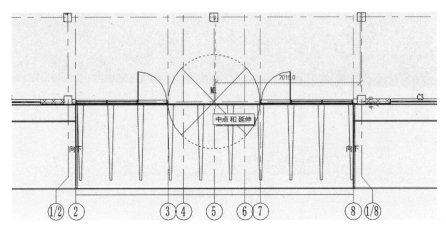

图 7-17-3　进行雨棚的放置

然后在【属性】中修改【偏移】为 3000，如图 7-17-4 所示。

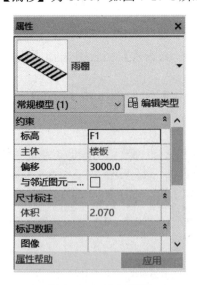

图 7-17-4　修改属性

7.18　创建明细表

在【视图】选项卡的【创建】面板中选择【明细表】，单击【明细表/数量】，如图 7-18-1 所示。

在【过滤器列表】中，勾选【建筑】，如图 7-18-2 所示。

在【类别】中，选择【窗】，单击确定，如图 7-18-3 所示。

创建明细表

图 7-18-1　创建明细表

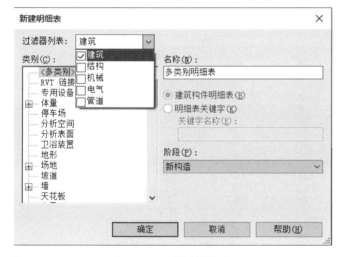

图 7-18-2　创建明细表

图 7-18-3　创建明细表

在【明细表属性】中，选择类型、高度、宽度、底高度、合计，如图 7-18-4 所示。

单击确定，明细表会自动排布，如图 7-18-5 所示。

然后可以在【属性】中对明细表的排序、字段等进行修改，如图 7-18-6 所示。

选择【排序/成组】将【排序方式】改为【类型】，并将【逐项列举每个实例】勾掉，如图 7-18-7 所示。

完成后如图 7-18-8 所示。

门的明细表制作方式同窗，完成后如图 7-18-9 所示。

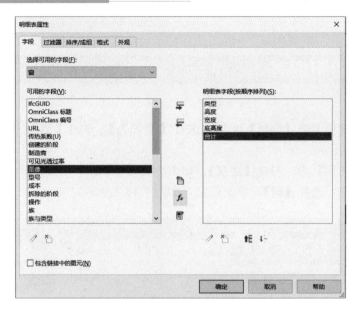

图 7-18-4　明细表属性

		〈窗明细表〉		
A	B	C	D	E
类型	高度	宽度	底高度	合计
C1	1200	900	900	1
C1	1200	900	900	1
C1	1200	900	900	1
C1	1200	900	900	1
C1	1200	900	900	1
C1	1200	900	900	1
C1	1200	900	900	1
C1	1200	900	900	1
C1	1200	900	900	1
C1	1200	900	900	1
C1	1200	900	900	1
C1	1200	900	900	1
C1	1200	900	900	1
C2	900	900	1500	1
C2	900	900	1500	1
C3	2000	3000	900	1
C3	2000	3000	900	1
C1	1200	900	900	1
C1	1200	900	900	1
C1	1200	900	900	1
C1	1200	900	900	1
C1	1200	900	900	1
C1	1200	900	900	1
C1	1200	900	900	1
C2	900	900	1500	1
C2	900	900	1500	1
C1	1200	900	900	1
C1	1200	900	900	1
C1	1200	900	900	1
C1	1200	900	900	1
C1	1200	900	900	1
C1	1200	900	900	1
C1	1200	900	900	1

图 7-18-5　确定明细表

图 7-18-6　修改属性

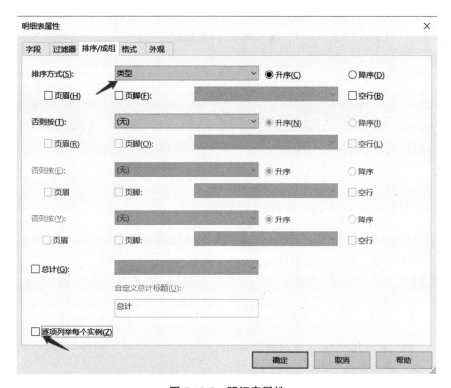

图 7-18-7　明细表属性

〈窗明细表〉

A	B	C	D	E
类型	高度	宽度	底高度	合计
C1	1200	900	900	66
C2	900	900	1500	8
C3	2000	3000	900	2
C4	1200	1800	900	10

图 7-18-8　窗明细表

〈门明细表〉

A	B	C	D
类型	高度	宽度	合计
M1	3000	4500	1
M2	2900	1425	2
M3	2100	900	41
M4	2100	2100	6

图 7-18-9　门明细表

7.19　练习题

7.19.1　学习目标

1.掌握 BIM 建模软件的基本概念和基本操作（建模环境设置、项目设置、坐标系定义、标高及轴网绘制、命令与数据的输入等）。

2.掌握样板文件的创建（参数、族、视图、渲染场景、导入\导出以及打印设置等）。

3.掌握 BIM 参数化建模过程及基本方法：基本模型元素的定义和创建基本模型元素及其类型。

4.掌握 BIM 参数化建模方法及操作：包括基本建筑形体，墙体、柱、门窗、屋顶、地板、天花板、楼梯等基本建筑构件。

5.掌握 BIM 实体编辑及操作：包括移动、拷贝、旋转、阵列、镜像、删除及分组等。

6.掌握模型的族实例编辑：包括修改族类型的参数、属性，添加族实例属性等。

7.掌握创建 BIM 属性明细表及操作：从模型属性中提取相关信息，以表格的形式进行显示，包括门窗、构件及材料统计表等。

7.19.2 任务情境(任务描述)

1.以商业公共建筑为例创建建模模型。

2.设置建模环境设置,项目设置、坐标系定义、创建标高及轴网。

3.创建墙体、柱、门窗、屋顶、地板、天花板、楼梯等基本建筑构件。

4.创建模型中所需的族类型参数,属性,添加族实例属性等。

5.创建 BIM 属性明细表,包括门窗、构件及材料统计表等。

6.创建设计图纸,定义图纸边界、图框、标题栏、会签栏。

7.19.3 任务分析

1.熟悉系统设置、新建 BIM 文件及 BIM 建模环境设置。

2.熟悉建筑族的制作流程和技能。

3.熟悉建筑方案设计 BIM 建模,包括建筑方案造型的参数化建模和 BIM 属性定义及编辑。

4.熟悉建筑方案设计的表现,包括模型材质及纹理处理、建筑场景设置、建筑场景渲染、建筑场景漫游。

5.熟悉建筑施工图绘制与创建。

6.熟悉模型文件管理与数据转换技能。

7.19.4 任务实施

根据以下要求和给出的图纸(图 7-19-1～图 7-19-9),创建模型并将结果输出。建立新文件夹"输出结果",将结果保存在该文件夹内。

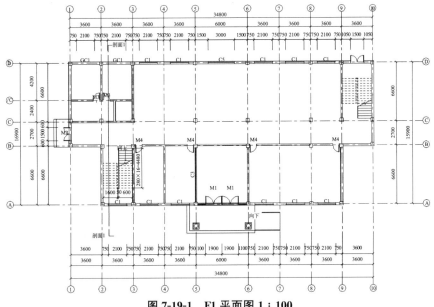

图 7-19-1 F1 平面图 1∶100

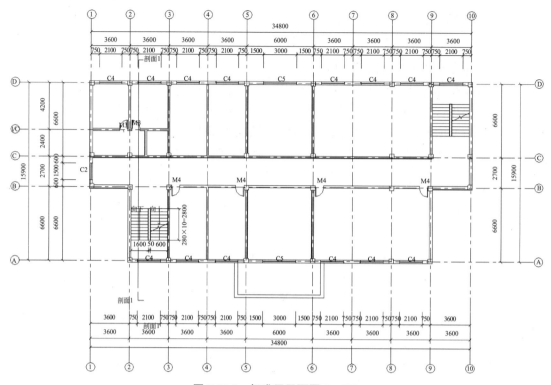

图 7-19-2　标准层平面图 1∶100

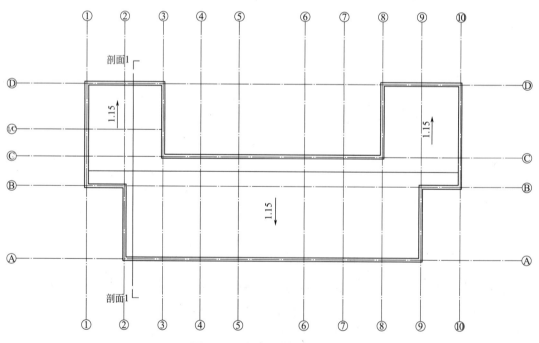

图 7-19-3　屋顶平面图 1∶100

图 7-19-4　南立面图 1∶100

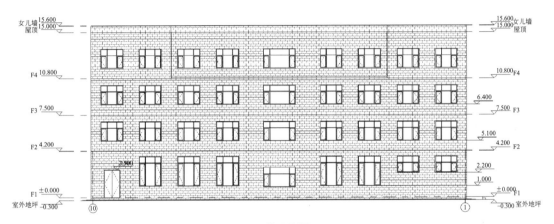

图 7-19-5　北立面图 1∶100

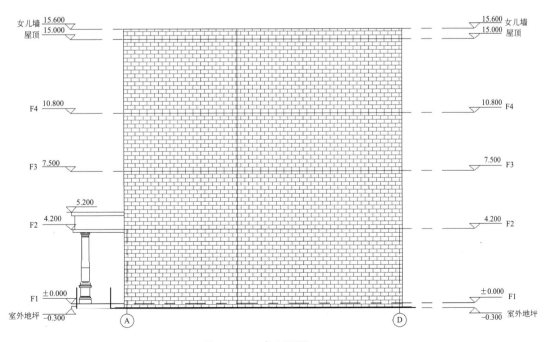

图 7-19-6　东立面图 1∶100

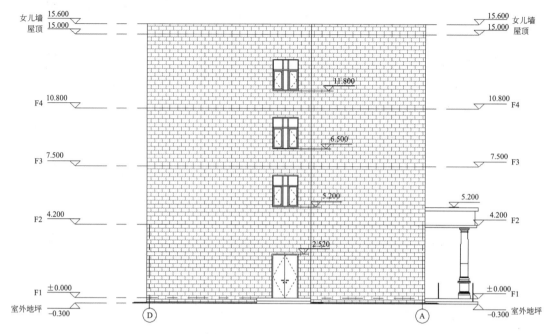

图 7-19-7　西立面图 1∶100

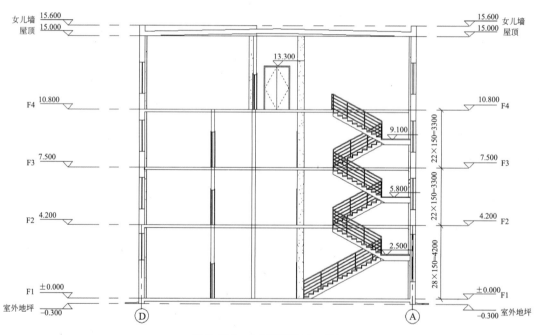

图 7-19-8　1-1 剖面图 1∶100

1. BIM 建模环境设置

设置项目信息：（1）项目发布日期：2019 年 1 月 10 日；（2）项目编号：2019001-10。

2. BIM 参数化建模

（1）根据给出的图纸创建标高、轴线、建筑形体，包括：墙、门、窗、幕墙、柱、屋

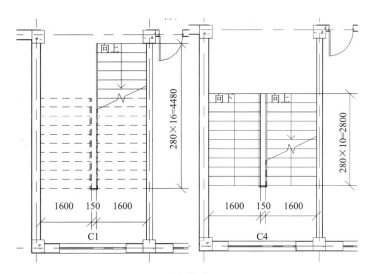

图 7-19-9　楼梯详图 1：100

顶、楼板、楼梯、洞口。其中，要求门窗尺寸、位置、标记名称正确。未标明尺寸与样式不作要求。

（2）主要建筑构件参数要求见表 7-19-1～表 7-19-3。

建筑构造表　　　　　　　　　　　　　　　　　　　　　　表 7-19-1

外墙	10 厚红色外墙外涂料	楼板	10 厚水泥砂浆
	280 厚混凝土砌块		140 厚混凝土
	10 厚灰色外墙内涂料	屋顶	10 厚黄色涂料
内墙	10 厚内墙涂料		30 厚空气保温
	180 厚松散石膏板		10 厚水泥砂浆
	10 厚内墙涂料		200 厚混凝土
柱	400×400 混凝土柱		10 厚水泥砂浆

窗明细表　　　　　　　　　　　　　　　　　　　　　　表 7-19-2

A	B	C	D	E
类型	高度	宽度	底高底	合计
C1	2700	2100	1000	11
C2	1800	1500	1000	3
C3	1500	6080	1000	1
C4	1800	2100	900	42
C5	1800	3000	900	7
GC1	1500	2100	2200	2

门明细表　　　　　　　　　　　　　　　　表 7-19-3

A	B	C	D
类型	高度	宽度	合计
M1	2575	1850	2
M2	2500	1500	2
M3	2000	750	6
M4	2000	750	15
M5	2500	1500	2

3. 创建图纸

创建门窗表，要求门包括：类型、宽度、高度、合计。窗包括：类型、宽度、高度、底高度、合计。

4. 模型文件管理

（1）用"教学楼"为文件名命名，并保存项目；

（2）将"F1 平面图"导出为 AutoCAD DWG 文件，命名为"F1 平面图"。

7.19.5　任务总结

1. 培养学生熟练掌握系统设置、新建 BIM 文件及 BIM 建模环境设置操作。

2. 培养学生熟练掌握 BIM 参数化建模的方法。

3. 培养学生熟练掌握族的创建与属性的添加。

4. 培养学生熟练掌握 BIM 属性定义与编辑的操作。

5. 培养学生熟练掌握创建图纸与模型文件管理的能力。

参考文献

［1］刘鑫，王鑫.Revit 建筑建模项目教程.北京：机械工业出版社，2017.

［2］王鑫，董羽.Revit 建模案例教程.北京：中国建筑工业出版社，2019.

［3］徐勇戈，高志坚，孔凡楼.BIM 概论.北京：中国建筑工业出版社，2018.

［4］朱溢镕，焦明明.BIM 概论及 Revit 精讲.北京：化学工业出版社，2018.

［5］任青阳.工程 BIM 概论.北京：人民交通出版社，2018.

［6］刘照球.建筑信息模型 BIM 概论.北京：机械工业出版社，2017.

［7］王鑫，刘晓晨.全国 BIM 应用技能考试通关宝典.北京：中国建筑工业出版社，2018.

［8］叶雯，路浩东.建筑信息模型（BIM）概论.重庆：重庆大学出版社，2017.

［9］BIM 技术人才培养项目辅导教材编委会.BIM 快速标准化建模.北京：中国建筑工业出版社，2018.

［10］BIM 技术人才培养项目辅导教材编委会.BIM 技术概论（第二版）.北京：中国建筑工业出版社，2018.

［11］BIM 技术人才培养项目辅导教材编委会.BIM 应用与项目管理（第二版）.北京：中国建筑工业出版社，2018.

［12］BIM 技术人才培养项目辅导教材编委会.BIM 建模应用技术（第二版）北京：中国建筑工业出版社，2018.

［13］BIM 技术人才培养项目辅导教材编委会.BIM 设计施工综合技能与实务（第二版）.北京：中国建筑工业出版社，2018.

［14］BIM 技术人才培养项目辅导教材编委会.BIM 应用案例分析（第二版）.北京：中国建筑工业出版社，2018.

［15］林标锋，卓海旋，陈凌杰.BIM 应用：Revit 建筑案列教程.北京：北京大学出版社，2018.